海洋生态保护
修复技术与实践
——以山东省为例

主　编：冯银银　张焕君

副主编：刘元进　苗　飞　孙　硕　王玉祯

中国农业出版社

北　京

图书在版编目（CIP）数据

海洋生态保护修复技术与实践：以山东省为例 / 冯银银，张焕君主编 . -- 北京：中国农业出版社，2025.5. -- ISBN 978-7-109-33307-9

Ⅰ . X321.252

中国国家版本馆 CIP 数据核字第 2025XR2185 号

中国农业出版社出版

地址：北京市朝阳区麦子店街 18 号楼
邮编：100125
责任编辑：蔺雅婷　郝小青　王金环
版式设计：杨　婧　责任校对：吴丽婷
印刷：北京通州皇家印刷厂
版次：2025 年 5 月第 1 版
印次：2025 年 5 月北京第 1 次印刷
发行：新华书店北京发行所
开本：787mm×1092mm　1/16
印张：17
字数：403 千字
定价：108.00 元

编写人员名单

主　编：冯银银　张焕君

副主编：刘元进　苗　飞　孙　硕　王玉祯

参　编：（按姓氏笔画排序）

马元庆　王　鑫　牛余泽　朱明明

刘春霞　刘爱委　孙万辉　孙贵芹

孙浩亮　孙鹏飞　李　伟　李　笑

李　斌　李文清　李晓磊　李效岳

李维祥　吴云凯　汪健平　宋秀凯

陈　玮　陈秀涛　胡顺鑫　姜向阳

秦华伟　贾晓娜　徐艳东　梁　峰

彭永志　潘广道　魏陆海

党的十八大以来，以习近平同志为核心的党中央站在中华民族永续发展的战略高度，做出了加强生态文明建设的重大决策部署。党的十九大报告明确指出，重点实施近岸海域综合治理，实施重要生态系统保护和修复重大工程，坚持节约优先、保护优先、自然恢复为主的方针，建设美丽中国。党的二十大报告强调，尊重自然、顺应自然、保护自然是全面建设社会主义现代化国家的内在要求。必须牢固树立和践行绿水青山就是金山银山的理念，站在人与自然和谐共生的高度谋划发展。

本书从海洋生态系统服务功能需求角度出发，通过对已开展的海洋生态修复相关工作进行收集、整理、概括，对成功的修复经验进行了认真分析和总结，呈现了较为完整和典型的海洋生态修复方案。通过对典型的生态修复案例进行研究，建立了优化的海洋生态修复工作程序。针对不同的海域、海岸带开发现状与存在的问题，寻找最合适的海洋生态修复方案，以期为山东省乃至全国后续开展海洋生态修复工作提供案例参考和理论依据。

山东省濒临黄海和渤海，全省海岸线北起山东、河北两省交界的漳卫新河河口，南至山东、江苏两省交界的绣针河河口，总长 3 505km，管辖海域总面积约为 4.63 万 km^2，海岛 589 个。拥有河口湿地、海湾湿地、海岛岛群、海草床和牡蛎礁等多种典型的海洋自然生态系统，孕育了丰富的生物多样性。近年来，山东省践行绿水青山就是金山银山的理念，坚持人与自然和谐共生，坚持节约优先、保护优先、自然恢复为主的方针，开展渤海攻坚海洋生态修复、"蓝色海湾"整治行动等工作，在烟台、潍坊、东营等重点海洋生态区域组织实施生态保护和修复项目，黄河口、莱州湾、庙岛群岛等典型海洋生态系统健康状况整体呈改善趋势，山东省海岸带生态系统健康状况得到极大改善。但是，山东省生态脆弱局面仍未得到根本性改变，部分海岸带开发利用不尽合理，削弱了海岸生态系统的综合服务功能，湿地萎缩、海草床退化等生态问题依然存在，部分海域富营养化问题较为突出，黄河口、莱州湾等典型生态系统呈亚健康状态，自然岸线保护面临较大压力。

全书共分为9章。第1章绪论，主要介绍了海洋生态修复的研究背景、意义和价值，以及海洋生态修复项目的监管及存在问题；第2章分析了国内外海洋生态保护修复做法和经验启示；第3章系统介绍了常见的海洋生态修复技术；第4章为山东省海洋生态保护修复研究背景，介绍了山东省的社会经济概况、海洋生态状况、海洋生物资源状况、海洋空间资源状况以及海洋生态灾害与风险，探讨了目前山东省存在的海洋生态问题；第5章介绍及总结了山东省开展海洋生态保护修复工作基础；第6章介绍了山东省海洋生态保护修复典型案例；第7章分析研究了2020年以来山东省获得中央财政支持的11个海洋生态保护修复实践项目；第8章探讨了山东省海洋生态保护修复发展方向、总体布局及重点任务；第9章对山东省海洋生态保护修复现状、工作经验进行了思考总结，提出了对未来海洋生态保护修复项目实施和监管的建议。

本书在编写过程中得到了山东省海洋局、各县（市、区）海洋主管部门的大力指导和帮助，在此致以诚挚的谢意！山东省海洋资源与环境研究院的同事等在相关工作的开展和本书的编写过程中给予了诸多帮助，在此一并表示衷心的感谢。

由于作者水平有限，本书难免有不足之处，敬请广大读者批评指正！

编　者

2024 年 10 月

CONTENTS 目 录

第1章 绪 论

1.1 海洋生态修复的研究背景

1.1.1 海洋生态修复的发展与内涵

1.1.1.1 海洋生态修复的发展

随着社会经济的发展以及人们资源节约和生态系统管理理念的不断加强，各阶段的海洋生态修复目标、工程、相关法律法规和制度建设内容也发生了变化。随着时代的发展，海洋生态修复的内涵得到不断拓展和丰富。我国现行的海岸带修复项目内容主要包括海岸防护与整治修复、沙滩资源整治修复、近岸构筑物整治修复、海域和滩涂清淤、海岸景观美化和修复、海洋生态系统恢复与重建以及滨海湿地生态建设与修复。

（1）海洋生态修复制度的发展

海洋生态修复制度的发展与相关法律制度的发展密不可分。随着我国对海洋资源利用程度的加深，相关法律制度对海洋生态修复的关注不断增强。《中华人民共和国海洋环境保护法》对海洋生态保护提出总体要求。《中华人民共和国海域使用管理法》对保护和改善海洋生态环境提出进一步要求，并开始实行海域有偿使用制度，解决了部分海洋生态修复的资金来源；随着我国海洋经济的高速发展，海域使用金收缴量逐渐增加，中央开展的海域海岛海岸带整治修复工程正是将收缴的海域使用金对地方进行返还。《中华人民共和国海岛保护法》对保护海岛及其周边海域生态系统等方面提出要求，进一步补充和完善了实施海洋生态修复的地理单元。

随着海洋生态修复工作的推进，一整套为海洋生态修复工作保驾护航的制度体系也在探索中初见雏形。2010年以来，我国从中央资金支持、管理办法、实施方案、入库指南、行动计划和技术标准等方面出台了相关海洋生态修复政策（表1-1），这些制度文件的发布为我国科学开展海洋生态修复提供了政策指导和技术支撑。同时，许多沿海省市为贯彻落实国家政策文件精神，也陆续颁布了相应的省市海洋生态修复政策，提出海洋生态保护和修复规划，积极开展海洋生态修复工作。

表 1-1   我国海洋生态修复相关政策文件及其意义

年份	政策文件	意义
2010	《关于组织申报 2010 年度中央分成海域使用金支出项目的通知》（财建便函〔2010〕83 号）	海洋生态修复工程全面实施元年
	《关于开展海域海岛海岸带整治修复保护工作的若干意见》（国海办字〔2010〕649 号）	全国各省市启动了一系列海域、海岛和海岸线的整治修复工作
2013	《关于印发〈海岛整治修复项目管理暂行办法〉和〈海岛整治修复项目验收暂行办法〉的通知》（国海办字〔2013〕168 号）	对中央资金安排使用的海岛整治修复项目管理和验收作出了具体规定
2015	《国家海洋局海洋生态文明建设实施方案（2015—2020 年）》（国海发〔2015〕8 号）	注重实施生态修复重大工程："蓝色海湾""银色海滩""南红北柳""生态海岛"
2016	《关于中央财政支持实施蓝色海湾整治行动的通知》（财建〔2016〕262 号）	对"蓝色海湾"整治给予奖补支持，统筹支持地方实施重大修复工程
2017	《海岸线保护与利用管理办法》（国海发〔2017〕2 号）	对海岸线保护、利用与整治修复提出具体的管理要求
2018	《国务院关于加强滨海湿地保护严格管控围填海的通知》（国发〔2018〕24 号》	进一步加强滨海湿地保护，严格管控围填海活动，解决围填海历史遗留问题，开展围填海项目生态修复
	《关于贯彻落实〈国务院关于加强滨海湿地保护严格管控围填海的通知〉的实施意见》（自然资规〔2018〕5 号）	
	《自然资源部关于进一步明确围填海历史遗留问题处理有关要求的通知》（自然资规〔2018〕7 号）	进一步加快处理围填海历史遗留问题，促进海洋资源严格保护、有效修复和集约利用
2019	《财政部关于印发〈重点生态保护修复治理资金管理办法〉的通知》（财建〔2019〕29 号）	规范了重点修复项目的专项资金使用、申报、分配和管理要求
	《财政部办公厅 自然资源部办公厅关于组织申报中央财政支持蓝色海湾整治行动项目的通知》（财办建〔2019〕26 号）	对中央财政资金支持内容作出了规定
2020	《财政部办公厅 自然资源部办公厅关于组织申报中央财政支持海洋生态保护修复项目的通知》（财办资环〔2020〕3 号）	对 2020 年海洋生态保护修复资金支持重点、申报内容等作出了要求
	《海岸带保护修复工程工作方案》	推进海岸带保护修复工程，提出海岸带生态系统保护修复
	《财政部关于印发〈海洋生态保护修复资金管理办法〉的通知》（财资环〔2020〕76 号）	围绕加强和规范海洋生态保护修复资金管理，提高资金使用效益，促进海洋生态文明建设和海域的合理开发、可持续利用
	《自然资源部关于全面加强自然资源系统中央财政转移支付支持项目监督管理的通知》（自然资发〔2020〕28 号）	进一步明确部门职责，加强项目日常监管，落实绩效管理等工作
	《自然资源部 国家林业和草原局关于印发〈红树林保护修复专项行动计划（2020—2025 年）〉的通知》（自然资发〔2020〕135 号）	提出利用海洋生态保护修复方面的中央财政资金支持红树林保护和修复工作
	《自然资源部办公厅 财政部办公厅关于印发〈中央重点生态保护修复资金项目储备库入库指南（2020 年）〉的通知》（自然资办函〔2020〕1209 号）	正式建立了生态修复项目库制度
	21 项海岸带保护修复工程系列技术标准	为海岸带生态系统调查和评估、项目监管监测方法等提供技术支持，为沿海各省（自治区、直辖市）实施海岸带保护修复工程提供科学指导

（续）

年份	政策文件	意义
2021	《自然资源部办公厅关于印发〈海洋生态修复技术指南（试行）〉的通知》（自然资办函〔2021〕1214 号）	明确了生态修复的基本要求，规定了生态修复的基本流程以及开展生态调查、退化问题诊断与修复目标确定、修复措施、跟踪监测与效果评估等的技术要求
	《财政部办公厅 自然资源部办公厅关于组织申报中央财政支持海洋生态保护修复项目的通知》（财办资环〔2021〕4 号）	对 2021 年海洋生态保护修复资金支持重点、申报内容等作出了要求
	《财政部办公厅 自然资源部办公厅关于组织申报 2022 年中央财政支持海洋生态保护修复项目的通知》（财办资环〔2021〕48 号）	对 2022 年海洋生态保护修复资金支持重点、申报内容等作出了要求
	《自然资源部办公厅关于印发〈海洋生态修复指南（试行）〉的通知》（自然资办函〔2021〕1214 号）	旨在提高海洋生态修复工作的科学化、规范化水平，通过生态修复最大限度地修复受损和退化的海洋生态系统，恢复海岸自然地貌，改善海洋生态系统质量，提升海洋生态系统服务功能
2022	《财政部办公厅 自然资源部办公厅关于组织申报 2023 年海洋生态保护修复工程项目的通知》（财办资环〔2022〕39 号）	对 2023 年海洋生态保护修复资金支持重点、申报内容等作出了要求
2023	《自然资源部办公厅关于加强国土空间生态修复项目规范实施和监督管理的通知》（自然资办发〔2023〕10 号）	对各级财政资金支持并由自然资源部牵头组织实施的国土空间生态修复项目规范实施和监督管理提出了要求
	《财政部办公厅 自然资源部办公厅关于组织申报 2024 年海洋生态保护修复工程项目的通知》（财办资环〔2023〕28 号）	对 2024 年海洋生态保护修复资金支持重点、申报内容等作出了要求
2024	《自然资源部北海局关于印发〈北海区海洋生态保护修复项目监管工作细则（试行）〉的函》（自然资北修函〔2024〕6 号）	推动北海区中央资金支持的海洋生态保护修复项目监管工作制度化、规范化

（2）海洋生态修复项目的发展

海洋经济发展增强海洋生态修复的内在需求，相关法律制度奠定海洋生态修复的制度基础，海洋生态文明建设加强了海洋生态修复的体制保障、促进了海洋生态修复项目的快速发展。

第一阶段，注重污染治理（2010 年以前）。2010 年以前，海洋生态修复多为单纯零散的治污、造林和清淤工程以及局部地区的海岸带综合管理（ICM）。厦门的 ICM 示范工程于 1994—1998 年由相关国际组织实施，主要是治污等工程，之后由厦门市政府及相关部门在治污的基础上进行生态修复。

第二阶段，开展综合整治（2010—2015 年）。2010 年《关于开展海域海岛海岸带整治修复保护工作的若干意见》（国海办字〔2010〕649 号）要求地方通过海域海岛海岸带整治、修复和保护工作优化资源配置和改善生态环境。与此同时，海洋生态修复的技术指南和评价标准开始建立，如《海岛生态整治修复技术指南》《海岛整治修复项目管理暂行办法》和《海岛整治修复项目验收暂行办法》。在国家的大力推进下，地方陆续出台海域海岛海岸带整治修复保护规划，其中包括准备建设的海洋生态修复保护工程项目库。此阶段的海洋生态修复项目侧重于海域海岛海岸带综合整治，整治修复的内容多种多样，涵盖防波堤码头、生态展厅和红树林种植等建设项目，中央资金来源主要是海域使用金返还。

第三阶段，开始注重生态系统整体性（2016—2020年）。由于生态文明建设的不断推进，保护海洋生态环境的规范密集出台，并开始实施"蓝色海湾""南红北柳"和"生态岛礁"等项目。2017年《海岸线保护与利用管理办法》提出全面落实大陆自然岸线保有率不低于35％的管控目标，提出海岸线整治修复的"硬要求"，明确中央财政海岛和海域保护专项资金支持开展海岸线整治修复，并对中央和地方的责任进行划分。其中：国家编制全国海岸线整治修复五年规划和年度计划，建立全国海岸线整治修复项目库，制定海岸线整治修复技术标准，确定将重点项目安排在沙滩修复养护、近岸构筑物清理和清淤疏浚整治、滨海湿地植被种植与恢复以及海岸生态廊道建设等工程；地方编制地方海岸线整治修复五年规划和年度计划，提出项目清单，纳入全国海岸线整治修复项目库，完善海岸线整治修复资金投入机制，引入社会资金。2018年机构改革后，海洋生态修复工作不断加强，同年的《国务院关于加强滨海湿地保护严格管控围填海的通知》（国发〔2018〕24号）要求严控新增围填海造地、加快处理围填海历史遗留问题以及加强海洋生态保护修复，这是解决海洋生态修复"旧账未还，新账又欠"难题的重要文件。在此阶段，海洋生态修复更加注重生态系统的整体性，支持力度和持续性不断增强。中央财政自2016年起先后5次支持"蓝色海湾"项目，《渤海综合治理攻坚战行动计划》简化了海洋生态修复项目用海审批程序，从制度上支持了海洋生态修复项目。

第四阶段，海洋生态修复内容不断充实，增加了生态和减灾功能协同发展以及生态价值实现等内容（2020年至今）。在陆海统筹背景下，海洋生态修复成为国土空间生态修复的一部分。2020年，在《关于开展省级国土空间生态修复规划编制工作的通知》（自然资办发〔2020〕45号）的指导下，国土空间生态修复规划工作在各地展开；中央海洋生态修复项目新增"海岸带保护修复工程"，海洋生态减灾功能备受重视。与此同时，海洋生态修复的规划、制度和标准进一步完善，《全国重要生态系统保护和修复重大工程总体规划（2021—2035年）》从国家层面明确海洋生态修复工程的规划布局，《海洋生态保护修复资金管理办法》进一步完善资金管理制度，海岸带保护修复工程技术标准体系已具雏形。在此阶段，海洋生态修复工程的概念开始被广泛使用，系统和综合的修复治理理念进一步加强，中央资金支持的海洋生态修复项目数量减少但单项支持资金大幅增加。

（3）海洋生态修复实践情况

自2010年来，我国在海洋生态整治修复方面投入了大量的资金，包括海岛、海域中央分成专项使用金整治修复项目，中央财政奖补资金支持的"蓝色海湾""生态岛礁""美丽海湾"等生态建设和整治修复项目，海岸带保护修复工程，渤海综合治理攻坚战行动计划，红树林保护修复专项行动计划，以及地方性政府自筹资金整治修复项目。据统计，2010—2017年中央财政累计下达专项资金137亿元，支持沿海各地实施的270个海域、海岛和海岸带整治修复项目以及18个城市实施的"蓝色海湾"整治行动项目。"十三五"期间，中央财政累计拨发海岛及海域保护资金68.9亿元，共支持28个沿海城市开展"蓝色海湾"整治行动。我国的海洋生态修复工作受到极大的支持和重视。

由于各省份积极实施"蓝色海湾"整治行动、海岸带保护修复工程、渤海综合治理攻坚战行动计划、红树林保护修复专项行动，全国新增湿地面积 20 万 hm^2，湿地保护率 52% 以上，"十三五"期间累计整治修复岸线 1 200km、滨海湿地 2.3 万 hm^2、海岛 20 个。全国沿海各省份整治修复效果显著，海洋生态环境明显改善、海洋整体趋稳向好发展。其中，"十三五"期间山东争取并使用中央财政资金 24.72 亿元，开展了 88 个海洋生态保护修复项目，共整治修复岸线 157.15km、恢复滨海湿地 5 373.39hm^2、修复海岛 18 个，有效改善了山东近海海域生态环境，丰富了海洋生物多样性，有力提升了山东海域、海岛和海岸带的环境价值和生态价值。随着各省份生态修复工作的推进，我国海洋生态修复管理机制逐渐形成，并在实践中不断完善。通常，国家、省级层面先设计、编制规划和发布行动计划，沿海地市作为修复主体通过深入分析辖区内生态问题进而进行修复设计再申报修复资金，国家、省级则以奖励性资助的方式建立修复项目库，国家再以生态修复目标为考核标准监督地方进行生态修复。

1.1.1.2　海洋生态修复的内涵

（1）海洋生态修复的概念

《海洋生态损害评估技术导则　第 1 部分：总则》（GB/T 34546.1—2017）将"海洋生态修复"定义为"通过人工措施的辅助作用，使受损海洋生态系统恢复至原来或与原来相近的结构和功能状态"。

《海洋生态修复技术指南　第 1 部分：总则》（GB/T 41339.1—2022）将"海洋生态修复"定义为"协助退化、受损或破坏的海洋生态系统恢复的过程"。

《海洋生态修复综合效益评估技术方法指南》对"海洋生态修复"的概念进行了补充，将其定义为"协助退化、受损或破坏的海洋生态系统恢复的过程，即利用其自身修复能力，并配以必要的人工辅助措施，协助退化、受损或破坏的海洋生态系统恢复至原来或与原来接近的结构和功能状态"。

根据《自然资源部办公厅 财政部办公厅 生态环境部办公厅关于印发〈山水林田湖草生态保护修复工程指南（试行）〉的通知》（自然资办发〔2020〕38 号），生态修复（Ecological Restoration）的定义为：协助退化、受损生态系统恢复的过程，生态修复亦称生态恢复。国土空间生态修复的基本内涵：它是为实现国土空间格局优化、生态系统健康稳定和生态功能提升的目标，按照山水林田湖草沙是一个生命共同体的原理，对长期受到高强度开发建设、不合理利用和自然灾害等影响而生态系统严重受损退化、生态功能失调和生态产品供给能力下降的区域，采取工程和非工程等综合措施，对国土空间生态系统进行生态恢复、生态整治、生态重建、生态康复的过程和有意识的活动。

国土空间生态修复规划定位于对国土空间生态修复活动的统筹谋划和总体设计，是在一定时间周期、一定国土空间范围内开展生态保护修复活动的指导性、纲领性文件。在这一框架下海洋生态修复可以定义为：基于海洋生态系统健康要求，综合运用工程、技术、经济、行政、法律等手段，因地制宜地保护和增强生态系统结构、提高生态系统保护能力、完善区域生态格局、维护生态系统服务功能，使生态系统对长期或突变的自然或人为扰动保持弹性和稳定性，最终实现海洋生态系统的可持续性。主要包含三方面内容：一是海洋生态修复的本质是对"人海"关系的再调适，其目的是维护海洋生态系统本身的完整性和弹性，保障海洋生态系统健康，提高海洋保护利用综合效率和效益，最终实现"人海和谐"；二是海洋生态问题主要缘于人对海洋及其邻近的陆地资源和空间的不合理开发利用，所以海洋生态修复不能只关注生态空间，还应关注生产和生活空间；三是海洋生态修复的手段是综合的，要达到保护修复的目的，既要实施具体的保护修复工程技术措施，还应实施严密的管理措施、构建合理的制度体系和运转机制等。

海洋生态修复的内容可以分为生境修复和生物修复。生境修复是指采取水文修复、沉积学修复和化学修复等有效措施，对受损的生境进行恢复与重建，使退化状态得到遏制和改善；生物修复是通过采取自然或人工措施恢复和重建受损的一种或多种生物。

从方法上可将海洋生态修复分为主动修复、被动修复和创建。主动修复需要人们通过控制和干预来修复、再建或促进群落结构和海洋生态系统形程，如重新塑造自然形态、通过水控制设施来重塑水流通道、土壤移植和人工移植植被等。被动修复是指减少导致海洋生态系统退化或损害的影响因子，使受损生态系统在自然条件下恢复到健康的状态，如停止过度捕捞、减少污染排放，或者设立保护区，让环境自行修复。创建指的是在某地建造一个之前从未出现过的海洋生态系统的过程。

根据海洋生态修复中人工措施的实施程度，可将其分为自然生态修复、人工促进生态修复和生态重建。自然生态修复是指采取相应的措施减少和消除人为干扰和环境压力，遏制海洋生态系统的退化，使其得以自然恢复。人工促进生态修复是指通过判断生态系统自我修复能力，选择实施必要的物理、化学、生物等人工干扰措施，以使海洋生态系统恢复。而当海洋生态系统受损严重至退化甚至完全丧失时，则采用必要措施重新建立生态系统，这个过程被称为生态重建。生态重建还包括在一些没有某些生态系统的区域建立新的生态系统。

综上，海洋生态修复是受损海洋生态系统修复和优化的过程，通过多种措施的系统修复，受损海洋生态系统的群落组成及其结构由简单恢复到复杂、生态功能则由单一功能恢复到多功能。海洋生态修复不是仅对某个受损物种的简单恢复，而是整合资源，从海洋生态系统的结构、功能、生物多样性和持续性及与邻近海洋生态系统的共通性等多方面进行有效的修复。海洋生态修复过程注重生态系统的自然调节、恢复和演化，尽量降低人工干扰程度，使受损海洋生态系统得以最大限度地恢复。

（2）海洋生态修复的对象

海洋生态系统可划分为海岸带生态系统（潮上带、潮间带、潮下带）、岛屿生态系统、浅海生态系统、外海和大洋生态系统、极地海洋生态系统。目前，国际上对海洋生态系统的保护已经覆盖了全部类型，还对大洋和极地生物多样性及其生物资源的保护建立了许多国际公约和保护区。而对于一个主权国家来说，海洋生态修复主要是开展海岸带、岛屿两种生态类型的修复。海洋生态修复的重点对象就是海洋生物、栖息地（生境）或者二者兼而有之。

海洋生态保护修复一般包括三类措施：一是就地保护，如建立保护地；二是迁地保护，如建立珍稀濒危物种的保护站等；三是增殖放流等。因为物种生存繁衍高度依赖栖息地及其质量，目前各国重点开展生物栖息地的修复，秉承的是"自然恢复为主""筑巢引凤"的理念（即栖息地好了，生物群落就会逐渐恢复）。因此，海洋生态保护修复的重点对象应该是海岸带和海岛的重要生物栖息地（生境）。美国和一些国际组织将海岸带生境分为河口和海湾水体、沙滩、潮滩、沙坝潟湖、沙丘、贝壳礁、珊瑚礁、海岛、海草（藻）床、湿地、三角洲等类型。这些生境类型都具有独特的生物群落，有极高的生态价值。这些生境类型在空间上可能重叠和组合，如：湿地通常与潮滩、沙滩等组合；沙坝潟湖通常与沙丘共生；三角洲通常包括前面的所有类型等。在此背景下，海洋生态保护和修复的主要对象有较大差别。

（3）海洋生态修复的空间范围

海岸带是陆海相互作用的地带，其空间范围描述和定义不一，有广义和狭义之分。广义的海岸带可向陆上溯至 200m 等高线区域，向海到大陆架；狭义的海岸带则是向陆至波浪作用的最高界，向海到波浪作用的下限。自然资源部将海岸带空间范围定位为向陆到沿海县级行政边界（重点是海岸线以上 10km 范围），向海到领海外部界限。基于陆海统筹的理念，海岸带生态修复的空间范围应向陆地延伸一定距离。

一是从海岸带自然属性来看，需要向陆地延伸一定距离。根据海岸带的定义，海岸带向陆至少要延伸至最高高潮位，即海岸带陆域范围为海岸线至最高高潮位之间的地带，这一地带通常称为海岸。虽然大多数情况下海岸不受海洋的影响，但是其生物群落、土壤等具有明显的海洋特征，如土地多是盐碱地、植被也多耐盐碱等。因此，从自然生态系统的完整性来看，海岸带生态修复不能仅限于海岸线以下。

二是为了实现修复目的，海岸带生态修复需要向陆延伸一定距离。有植被的海岸具有非常高的生态功能：海岸以及潮间带共同组成了陆域土地、城市等的安全防护带，能有效抵御台风风暴潮等的侵袭；海岸植被可以过滤和阻挡陆域污染物、水土等进入海洋；海岸是一些两栖生物的栖息地和演替的通道。因此，为了有效地保护沿海城市、土地，减轻陆源污染入海，需要统筹考虑海岸线附近的修复措施。

三是当前很多国家海洋生态修复的实践，都是根据实际需要而向陆延伸一定的距离。国际上对于水陆交界带的生态修复，一个重要的措施就是构建"滨岸缓冲带"，即主要通过一定宽度的各类植被带发挥作用，这在稳固河湖海等堤岸、净化水质、削减非点源污染、改善生物栖息地功能、提高景观多样性等方面具有很好的作用。

1.1.2　海洋生态修复的目标

一是推进陆海统筹。海洋和陆地相互影响，海洋和陆地之间的信息以及能量不断地转换，海洋的问题大部分来自陆地，陆地也影响着海洋的发展，所以我们需要加强入海河流以及排污口的治理分析，做到从源头上全面控制入海污染物的排放管理，全面加强对港口养殖以及海洋作业的控制，保证海岸线两侧的开发和利用，防止陆海出现不利的相互影响，打通和构建生态廊道，实现陆海生物转换，提高海洋资源的开发水平。

二是推动海洋保护利用格局优化。海洋保护修复需要考虑生产、生活、生态的统一完整，基于海洋生态保护系统的修复，全面推动三类空间的调整，最终构成一个统一、相互促进的海洋保护利用格局。要实施基于生态系统的管理，以资源环境的承载能力为基础，加快推进空间规划的编制与实施，以最严格的空间用途管制，推动空间布局和生产生活方式的转变，推动海洋保护利用格局优化。

三是筑牢海洋生态安全屏障。海岸带以及近海地区不仅是我国进行战略发展的主要地区，还是保证沿海地区经济发展的根本，为了百姓的生命财产安全，需要进一步构建和摸清海洋生态以及资源发展情况，加强生物群落保护和利用规划，对于已经退化的空间，需要进一步加强环境修复，提高环境质量，加强防灾减灾和应急能力建设，建设生态海堤，筑牢海洋生态安全屏障。

四是建立健全海洋保护修复制度方案。充分整合现有的保护修复、规划等政策，完善海洋保护修复的组织机制、资金筹集机制、监管保障机制等，结合资源产权保护、空间规划、资源管理和利用、生态补偿、环境治理、市场机制、绩效考核等多个方面全面形成完善的制度体系。

1.1.3　海洋生态修复的程序

海洋生态修复是一项系统性的工程，主要涉及生态修复选址、生态调查与资料收集、生态系统退化诊断、生态修复目标确定、生态修复措施制定、生态修复影响分析及评价、生态修复实施、生态修复监测、生态修复成效评估和后期管护多个环节（图1-1）。

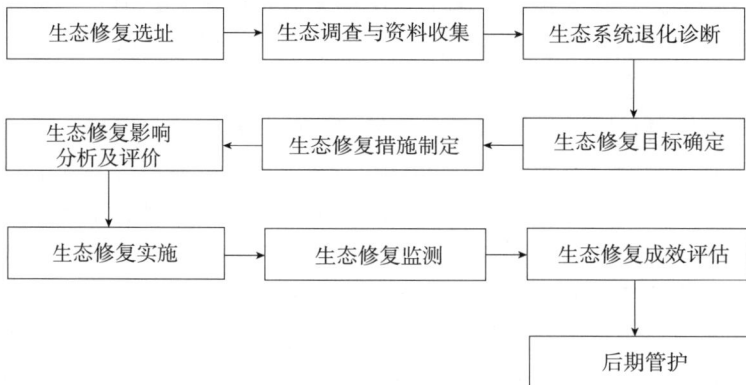

图1-1　海洋生态修复的程序

1.1.3.1　生态修复选址

生态修复选址需要从生态修复的可行性、必要性和重要性三方面考虑。生态修复的可行性是生态修复选址需首要考虑的因素，不仅包括自然条件的可行性，而且包括社会经济条件的可行性，具体包括：①自然条件适宜性，如气候条件、水文条件、底质条件、环境质量、生物因素等是否能满足恢复的生态系统的自我维持；②修复技术措施的可行性；③是否与区域发展规划相吻合，如是否符合当地社会经济发展规划、海洋空间规划、生态保护规划等；④当地政府、社会公众支持与否；⑤周边人类活动干扰对生态修复可能造成影响的可接受性；⑥修复成本是否在可承受范围内等。生态修复的必要性主要为生态系统自身的退化对区域生态平衡、社会经济发展等方面的制约和影响程度，以及政府和公众的强烈要求和意愿。生态修复的重要性考虑潜在的生态重要性（如珍稀濒危物种的生境），区域社会经济发展的重要性，退化生态系统恢复后的受益范围和受益群体，以及预期产生的生态效益、社会效益和经济效益。在这些因素中，首先需要考虑潜在的生态重要性和修复成功的可能性。

1.1.3.2　生态调查与资料收集

生态调查与资料收集是整个生态修复过程的基础工作，为生态系统退化诊断、生态修复目标制定、生态修复措施制定、生态修复成效评估等提供依据，对每个环节均起着重要的作用。在时间尺度上，一般至少需要两个不同时期的数据，即干扰前或历史的、干扰后或当前的。在干扰前或历史数据无法获得的情况下，可收集拟选取的参照系统的数据替代。

生态调查与资料收集的具体内容需根据生态系统的类型、生态退化类型、生态修复目标确定，一般包括生态修复区周边区域的社会经济条件、气候条件、区域相关规划、污染源、水文动力条件、地形地貌、底质条件、环境质量、生物群落、生境、关键物种等。不同类型、不同区域的生态修复所涉及的具体内容有差异，侧重点也不同。

1.1.3.3　生态系统退化诊断

退化的生态系统是一种"病态"的生态系统，生态退化程度的准确诊断是进行生态系统修复与重建的基础和前提。海岸带生态系统退化诊断是对海岸带生态系统（包括系统动力、生物组成和结构、环境状况、物质循环、能量流动、现状与历史）的多尺度状况调查基础上的客观判断。有了准确的退化诊断，才能"对症下药"，达到最好的管理效果。退化生态系统是个相对的概念，因而退化程度诊断的方法更强调与退化前生态系统的比较，一般是利用评估指标体系的方法对生态系统的生态承载力进行评估，进而对退化生态系统进行诊断。通过诊断评价样点的现状，揭示生态系统退化的原因，阐明其退化过程、退化类型、退化阶段及退化强度，找出控制和减缓退化的方法。

1.1.3.4　生态修复目标确定

通过生态系统退化的综合诊断，确定修复与重建的生态系统的结构及功能目标，制定易测量的修复标准，提出优化方案，选取适当的方法，对生态修复工程对生态环境、经济等各方面可能产生的影响进行分析、预测和评估。总体而言，无论是对于什么类型的退化生态系统，海洋生态修复基本的修复目标或要求包括：①实现生态系统生境的稳定性；②恢复关键生态过程，实现生态的完整性；③实现物种的保护与恢复；④实现生物群落的恢复，提高生物多样性；⑤实现环境条件的恢复和改善；⑥实现生态系统自然功能的恢复；⑦实现生态系统服务功能的恢复。生态修复实践中，必须制定具体的、详细的、明确的目标。例如，生态修复项目的目标包括增加湿地的面积、增加生物多样性、增加生境异质性、恢复湿地水文结构和功能等。

1.1.3.5　生态修复措施制定

生态修复的模式分为自然生态保护修复、人工促进生态修复及生态重建。自然生态保护修复适用于生态系统受损程度未超过负荷、生态系统轻度退化、生态系统退化因素消除后恢复可以在自然过程中发生的情况。自然生态保护修复是最简单的生态修复模式，即去除、减缓、控制或者更改某些特定干扰，从而使生态系统沿着正常生态过程独立恢复。人工促进生态修复适用于生态系统受损程度超过负荷、生态结构和功能出现局部或部分退化、即便生态退化因素消除也无法实现自然修复的情况。这种情况下，生态系统受到较为严重的干扰，但生境、生态系统未遭到毁灭性破坏，可以基于生态系统的自我恢复能力，结合生物、物理、化学等一定的人为辅助措施，使生态系统退化发生逆转。生态重建适用于生态系统受损程度严重、生态结构和功能完全退化或被破坏、需采取人为辅助措施重建新生态系统的情况，包括重建某区域历史上没有的生态系统。

1.1.3.6 生态修复影响分析及评价

生态修复影响分析是指选取适当的方法，对生态修复工程实施对生态环境、经济等各方面可能产生的影响进行分析、预测和评估。生态修复评价的内容应根据生态修复区域、修复类型、修复措施、修复规模等确定。具体而言，海洋生态修复的影响分析包括水文动力、地形地貌、海洋生态、海水水质、海洋沉积物，以及社会经济、景观等方面。不同的生态修复项目的影响分析与评价内容的侧重点有差异，应根据项目的具体情况确定。

1.1.3.7 生态修复实施

生态修复实施包括三个内容，即施工前准备、施工、施工监测及施工验收。其中，施工是指生态修复管理和技术措施的实施。施工前准备：在施工前准备阶段，施工预算和时间进度需明确，资金需有保证。施工监测：参照《海岸带生态系统现状调查与评估技术导则》（T/CAOE 20.1—2020），结合项目所在区域环境特征，针对改善海洋生态环境、海洋生物资源恢复和岸线整治与修复等制订跟踪监测计划。施工验收：依据《国土空间生态保护修复工程验收规范》（TD/T 1069—2022）等标准及资金管理等有关规定，针对海洋生态保护修复项目特点，分级分类规范开展项目验收。

1.1.3.8 生态修复监测

海洋生态修复工程结束后，必须进行长期的跟踪监测，旨在通过现场调查与收集获取的数据资料，分析和阐明评价海域修复后的海洋生态环境要素和因子的时间、空间分布特征，分析海水水质、沉积物、生物等的季节和年际变化特征，评价海洋生态健康状况，分析变化范围、程度和特点，验证海洋生态修复的效果。

1.1.3.9 生态修复成效评估

海洋生态修复成效评估是运用科学的方法、标准和程序，对生态系统动态变化进行跟踪、监测与分析，综合评估生态修复工程影响和效果的过程。成效评估工作依据生态修复的目标、修复类型、生态系统特征等确定，不同目标、不同修复类型的生态修复成效评估的侧重点不同。对于生态修复的某些区域，可以采用单指标对比分析的评估方法，即根据评价区域特点，选取特征因子进行监测并评估修复后现状，或对比修复前后特征因子变化程度来评价修复效果。不同的生态类型应该结合实际建立不同的评价指标体系，可以选取岸线类型、滩面地形、沉积物粒度、水环境质量、湿地面积、植被分布、植被种类、景观评价要素等作为成效评估指标，用静态评价和动态评价相结合的方法对比分析生态恢复前后生态资源情况，评估过程的监测应尽量运用现代化技术，对修复效果进行定性、定量评价，确保评价管理科学化。

1.1.3.10 后期管护

后期管护是海洋生态修复项目成功的关键，需通过监测、污染控制、社区参与、政策法规及资金保障等多方面措施，确保修复效果的持续性和生态系统的健康。监测与评估：定期跟踪水质、生物多样性、植被覆盖等指标，评估修复效果。生物多样性维护：保护关键物种，防止外来物种入侵，维护修复后的栖息地，确保其适合目标物种生存。污染控制：持续监控水质，防止陆源污染。定期清理海洋垃圾，减少对生态系统的破坏。社区参与与教育：鼓励社区参与管护，增强环保意识，通过活动提高公众对海洋保护的认知。政策与法规：确保有相关政策支持长期管护，加强执法，打击非法捕捞和污染行为。资金与资源：确保有持续的资金支持。引入新技术，提升管护效率。长期规划：根据监测结果调整管护策略，确保修复区域的长期生态平衡。

1.1.4　海洋生态修复面临的问题

我国生态修复工作起步较晚且基础薄弱，在法治体系、政策制度、资金来源、理论技术、标准规范、人才培养和公众参与等方面还存在"短板"。《全国重要生态系统保护和修复重大工程总体规划（2021—2035 年）》指出，我国生态保护和修复工作中存在的主要问题包括生态系统质量功能问题突出、生态保护压力依然较大、生态保护和修复系统性不足、水资源保障面临挑战、多元化投入机制尚未建立以及科技支撑能力不强。作为我国生态修复的重要组成部分，海洋生态修复也面临法规、政策、资金和技术等方面的问题。

1.1.4.1　海洋生态修复资金监管相关立法不完善

（1）相关立法位阶较低

海洋生态保护修复资金的落实离不开有效的资金监管机制，海洋生态保护修复资金监管法律制度是海洋生态保护修复资金落到实处的有力保障。世界上多数发达国家，如美国、加拿大、日本等，都将本国的海洋生态修复专项转移支付资金纳入法律，从而使资金落实到位，达到预期效果。相比之下，我国海洋生态保护修复资金监管的相关立法位阶较低，主要表现在：第一，在我国现行法律体系中，没有针对海洋生态保护修复资金的专门的法律。海洋生态保护修复资金最高位阶的法律为《中华人民共和国预算法》《中华人民共和国海域使用管理法》和《中华人民共和国海岛保护法》，三部法律关于海洋生态保护修复资金监管的条款较为笼统，在实施过程中通常要结合当地海洋生态环境情况、当地财政能力等实际情况加以应用。第二，《中央对地方专项转移支付管理办法》《海洋生态保护修复资金管理办法》本质上属于国务院部委颁布的部门规章。众所周知，我国广义上的法律包括法律、司法解释、行政法规、部门规章、省级法规规章、市级法规规章。部门规章虽然属于广义上的法律，但相对于狭义上的法律而言，其法律位阶相对较低。部门规章在实施过程中可能会面临权威性不足等问题，一旦与地方性法规冲突，将在很大程度上阻碍海洋生态保护修复资金监管法律制度的落实。

（2）地方性法规不完善

海洋生态保护修复资金监管地方性法规是海洋生态保护修复资金监管法律制度得以落实到地方的重要法律保障。在我国现行法律中，海洋生态保护修复资金监管法律制度的相关部门规章主要有《中央对地方专项转移支付管理办法》和《海洋生态保护修复资金管理办法》，二者对海洋生态保护修复资金监管法律制度的规定都较为笼统。《海洋生态保护修复资金管理办法》第 19 条明确了沿海地区省级财政部门和业务主管部门有权制定海洋生态保护修复资金地方性法规。迄今为止，海洋生态保护修复资金监管地方性法规主要有《浙江省中央海洋生态保护修复资金管理办法实施细则》《山东省贯彻落实〈海洋生态保护修复资金管理办法〉实施细则》《天津市中央海洋生态保护修复资金管理办法实施细则》《河北省〈海洋生态保护修复资金管理办法〉实施细则》，其余临海省、自治区、直辖市尚未出台相应的地方性法规，享有地方立法权的省级人大及政府有义务制定相应的地方性法规，在保障每一项制度落实到地方的前提下促进本地区法治水平的提高。海洋生态保护修复资金监管地方性法规的缺失，将导致海洋生态保护修复资金在落实到地方的过程中不能有效结合当地具体情况，影响相关制度的实施效果，不利于对海洋生态保护修复资金的监管。

1.1.4.2　海洋生态修复标准体系建设、学科理论应用与顶层设计不足

一般来说，海洋生态系统破坏程度较轻的采取生态恢复手段，海洋生态系统破坏较为严重的采取人工辅助生态修复手段，海洋生态系统遭到完全破坏的采取生态重建手段。但对于如何界定海洋生态系统是轻度受损还是严重受损，目前还没有出台相关技术标准，生态恢复、人工辅助生态修复和生态重建等修复手段也没有明确的技术标准可参考。当前海洋生态修复标准编制重视必要性、忽视系统性，在标准制定过程中缺少整体规划指导，整体布局不太合理，导致现行和在研的标准碎片化较为严重，热点方向往往存在多个类似标准，相互之间存在内容不协调的情况；而急需急用标准却空缺，导致无适用标准。

尽管近年来海洋生态修复理论支撑逐渐建立并完善，但在技术应用方面亟待加强，各类生态修复技术的适用性仍需提升。修复规范与修复链条不匹配，颁布的相关技术标准少且不成体系，大部分修复规范只集中在监测评估阶段，而前期规划、具体实施以及后期适应性管理阶段缺乏规范，除红树林修复有较好的标准支撑外，其他各类修复的标准都存在明显不足，迫切需要结合工程实践进一步研究和完善修复技术，进而制定相关国家或行业标准。此外，需要对海洋生态系统的结构功能、群落演替规律及生态系统的稳态转化等方面进行充分的研究分析，才能制定科学的海洋生态修复规划和实施方案。目前，许多海洋生态修复工程缺乏科学性，主要原因是恢复生态学的科学理论应用不足，生态修复工程开展之前缺乏深入的生态问题诊断分析，仓促立项导致多数整治修复项目以人工修复为主，偏工程景观，较少体现自然恢复，没有深刻研究生态恢复机制。

1.1.4.3　协同治理制度体系缺乏

生态环境问题具有整体性、复杂性的特征，探索多元主体协同治理路径很有必要。我国的海洋生态修复一般针对局部地区的典型生态系统进行修复，并无有效机制协同海洋生态环境整治修复与水土流域整治修复、土壤整治修复、河口海湾整治修复，尚未出台具有战略引领作用的海陆生态环境协同治理相关专项规划，进而缺乏区域协同治理修复工作的顶层设计和整体指导，无法形成跨区域生态协同修复示范区，无法整合优化多个修复项目资金来充分发挥区域整体修复效益。同时，协同治理工作的管理体系不够健全，仍然按要素、部门管理，造成生态保护和修复工作缺乏整体性、系统性。

多区域协同整治修复涉及诸多部门的协调规划，若个别部门和政府在重叠交叉的海域、流域或陆域环境整治的修复规划问题上出现冲突，会显著影响区域整治的实施效果。因此，海洋生态修复必须对陆地与海域进行协同治理，准确把握陆域、流域、海域生态环境治理的整体性、系统性、联动性和协同性特征，实行从内陆土壤到海洋水体的总体布局，进行水陆同治、河海共治，突出抓好海岸线向海陆两侧的国土空间管控、污染治理、生态保护修复等。

1.1.4.4　生态修复资金来源单一

我国生态修复资金以中央财政拨款为主，地方财政配套跟不上，企业出资困难，生态修复资金来源十分单一。且修复项目申报数量多，而能通过评审成功获得中央财政资金的项目极少，导致许多地区缺乏资金而无法开展生态修复工作。PPP 模式（即政府和社会资金合作进行公共基础设施建设的项目运作模式）尚未被成熟运用，部分地市仍在探索中。目前中央财政支持的海洋生态修复项目多按照"部级监管、省负总责、市县实施"的原则，采用项目法进行分配。这种自上而下的实施模式的优势在于能够迅速建立统一的标准规范，从而加快工程进度，但也存在重考核、重绩效的弊端，不利于推广新技术。地方政府在申请中央财政支持时，可能会为了争取资金而上马项目或出现项目同质化的问题，不能充分体现海洋生态修复项目的因地制宜和"精打细算"。为扩大资金来源，须采取私募基金等金融手段，但对于投资者而言，海洋生态修复工程属于高风险和低收益项目。仅靠市场难以吸引投资者而须有政策支持，而仅靠政策支持又不足以培养市场。此外，海洋生态修复工程须有科技投入，科技投入又须有资金支持，而仅靠中央财政难以推动海洋生态修复科技的发展。

1.1.4.5　生态修复项目启动、实施和验收程序未规范化

2020 年，自然资源部出台了 21 项海岸带保护修复工程的规范性技术指南或标准，这些技术标准规定了我国海岸带生态修复工作程序、调查和评估内容，主要应用于修复技术工作的实施过程，但对于海洋生态修复项目的启动以及验收程序并未使之规范化，尚未形成系统完整、能贯穿整个修复项目的体系指导。一些生态修复的项目方案中的修复目标设定不尽合理、绩效指标设置不符合实际从而影响工程实施和项目验收，因此，从项目启动开始就需要进行严格把关。另外，海洋生态修复内涵丰富，海岸带保护修复工程建设涉及生态、减灾、水利、环境等多个领域，统筹工程实施后，由于缺乏海洋生态修复工程验收的规范和工程质量控制标准，往往造成项目验收困难，或验收后存在工程反影响环境的情况。

1.2　海洋生态修复的意义和价值

1.2.1　落实海洋生态文明建设的重要环节

党的十九大提出进一步推进海洋生态文明建设，坚持以人与海洋和谐共生为理念，提升海洋生态环境，以实现美丽海洋的建设为目标，统筹推进"蓝色海湾""南红北柳""生态岛礁"三大生态修复工程，加强海洋保护区建设管理。

党中央、国务院作出了关于全面推进海洋生态文明建设、预防和控制海洋污染、保护海洋生态环境、"一带一路"等的工作部署；《国家海洋局海洋生态文明建设实施方案（2015—2020 年）》中提出要加强海洋生态保护与修复；《国务院关于加强滨海湿地保护严格管控围填海的通知》（国发〔2018〕24 号）更是提出了切实提高滨海湿地保护水平，对围填海活动要求进行生态损害赔偿和生态修复。这一系列部署和方案的实施，进一步规范了用海行为，同时为海洋生态修复提供了法律依据与政策保障。

1.2.2　保障海洋生态安全的必要手段

海岸带是陆海相互作用的重要区域，蕴藏着丰富的海洋资源，是重要的生态过渡带、资源富集区和人类海洋开发利用活动的聚集区。随着沿海城市经济快速发展，一些重要海湾、河口受到了过度和粗放性开发的破坏和污染，自然岸线减少，红树林、海草床和珊瑚礁等特色生态系统受到严重威胁，海岸带滨海湿地生态系统功能退化，从而威胁到海洋资源的可持续利用及海洋生态安全。截至 2023 年，全国有涉海自然保护地 352 处，保护海域面积 933 万 hm^2。《2023 中国海洋生态环境状况公报》对 10 处涉及海洋的国家级自然保护区开展了生态环境状况等级评价：辽宁大连斑海豹国家级自然保护区、山东黄河三角洲国家级自然保护区、广东惠东海龟国家级自然保护区、广东湛江红树林国家级自然保护区、广西合浦儒艮国家级自然保护区 5 处保护区生态环境状况等级为 I 级，整体状况优良；江苏盐城湿地珍禽国家级自然保护区、上海九段沙湿地国家级自然保护区、广东徐闻珊瑚礁国家级自然保护区、广西山口红树林生态国家级自然保护区和广西北仑河口国家级自然保护区 5 处保护区生态环境状况等级为 II 级，整体状况一般。

生态安全在国家安全体系中有十分重要的基础地位。生态安全提供了人类生存发展的基本条件，同时也是经济发展的基本保障。维护生态安全就是维护人类生命支撑系统的安全。面对当今海洋生态环境受损与生态系统日益失衡的问题，海洋生态修复作为一种重要救济手段是有效的应对之策，在抑制海洋生态环境恶化、保障海洋生态安全方面起到重要的作用，同时可促进海洋经济发展方式的转变，提高海洋开发、控制和综合管理能力，不仅能使海洋生态系统得到一定程度的恢复，更重要的是能修复日趋恶化的人与海洋、人与自然的关系，不断推动海洋生态文明建设。

1.2.3　开展海洋生态环境保护的主要抓手

2024 年 5 月发布的《2023 中国海洋生态环境状况公报》显示：2023 年，我国共对 1 359 个海洋环境质量国控点位、230 个入海河流国控断面、455 个污水日排放量大于或等于 100t 的直排海污染源开展了水质监测，对 24 处典型海洋生态系统开展了健康状况监测，对 32 个海水浴场和 35 个海洋渔业水域开展了环境状况监测。监测结果表明：2023 年我国管辖海域水质总体稳中趋好，夏季符合第一类海水水质标准的海域面积占管辖海域面积的 97.9%；近岸海域水质持续改善，优良（一类、二类）水质面积比例为 85.0%，同比上升 3.1 个百分点。劣四类水质海域主要分布在辽东湾、长江口、杭州湾、珠江口等近岸海域，主要超标指标为无机氮和活性磷酸盐。监测的典型海洋生态系统中 7 处呈健康状态、17 处呈亚健康状态、无不健康状态。全国入海河流水质状况总体良好。海水浴场水质、海洋渔业水域环境质量总体良好。这一系列的结果表明，我国海洋生态环境质量还有很大的提升空间。

我国推进海洋生态文明建设的一项重要内容就是保护海洋环境。而加强海洋环境保护，首先要以区域重点海域为抓手，加强重点海域、重点港湾的海域整治，以应对出现的海洋生态环境问题，保护海洋环境。海洋生态修复实施开展将以点带面，为全面实现海洋环境保护和海洋环境质量的提升提供示范和抓手，同时也是贯彻落实党中央关于海洋生态文明建设和海洋环境保护部署的具体举措。

1.2.4 提升海域碳汇能力的根本措施

滨海"蓝碳"生态系统包括红树林、盐沼和海草床，主要通过光合作用吸收空气中的二氧化碳并进行固定。与陆地生态系统相比，滨海湿地尤其是红树林的固碳速率与单位面积碳储量更具优势，分别是热带森林的 10 倍和 5 倍。3 种典型滨海"蓝碳"生态系统在我国海域均有分布。红树林主要分布在南部沿海，总面积大约为 2.56 万 hm^2，每年固碳量为 28 万 t 左右；盐沼分布较为广泛，几乎遍布全国沿海地区，每年最大固碳量可达 91 万 t；海草床则主要分布在北部环渤海、黄海沿岸以及热带地区沿岸，总面积大约为 1.68 万 hm^2，年固碳量仍需进一步测算。由于以前对滨海"蓝碳"资源关注不足，加上大规模的围填海活动、海洋污染、外来物种如互花米草的入侵等因素，我国"蓝碳"生态系统的面积减小，生态功能减退，碳汇能力大打折扣。海洋碳汇能力需要通过海洋生态保护修复得到显著恢复和提升。

1.2.5 提升自然岸线保有率的有效途径

2017 年，国家海洋局印发了《海岸线保护与利用管理办法》。作为我国出台的首个海岸线保护法规，该办法明确将自然岸线纳入海洋生态红线管控。《海岸线保护与利用管理办法》提出了海岸线整治修复的硬要求。一是制定整治修复规划和计划。编制国家和省级海岸线整治修复五年规划和年度计划，并建立全国海岸线整治修复项目库。二是明确整治修复项目实施要求。以提高自然岸线保有率为主要目标，明确了项目的类型、技术标准等内容。三是建立完善的整治修复投入机制。

为推动自然岸线的保护，保障地方自然岸线保有率管控目标的实现，全国沿海省、自治区、直辖市一方面实行分类保护，根据海岸线自然资源条件和开发程度，将海岸线分为严格保护、限制开发和优化利用三类，并提出了分类管控要求；另一方面积极组织开展了海岸线整治修复工程，通过对受损岸线进行整治修复，使受损的岸线重新发挥作用，使整个岸段及水域具备了海岸生态和景观功能。

1.2.6 提供中国海洋绿色发展的坚实保障

中国海洋的绿色发展，需要以健康的海洋环境为前提。相较于陆地而言，海洋生态系统更脆弱、连通性更强，具有高度的动态性，因此必须采取明确有效的针对性行动，加强海洋生态保护，为海洋绿色发展创造条件。

2023 年 4 月发布的《2022 年中国海洋经济统计公报》显示，海洋旅游业、海洋交通运输业、海洋化工业与渔业贡献了 76.2% 的海洋经济总量，是中国海洋经济的支柱产业，海上新能源产业方兴未艾。中国海洋的绿色发展，应该以支柱产业的绿色发展、传统产业的绿色转型、新兴产业的绿色导向为核心，而海洋生态保护修复可为各类产业的绿色发展提供良好的基础环境。

1.3　海洋生态保护修复项目的监管及存在的问题

为加强中央财政支持的海洋生态保护修复项目的日常监管工作,提高海洋生态修复的科学性、规范性和实效性,建立形成分工明确、制度完善的项目监管体系,自然资源部制定了《海洋生态保护修复项目监管指南(试行)》,在此基础上,自然资源部北海局印发《北海区海洋生态保护修复项目监管工作细则(试行)》,旨在推动北海区海洋生态保护修复项目监管工作制度化、规范化,提高监管效能。本节主要依据《北海区海洋生态保护修复项目监管工作细则(试行)》,详细说明北海区海洋生态保护修复项目申报、实施、验收、后期管护与长期监测评估全过程各阶段的监管要点、技术要求,为北海区沿海省市强化项目监督管理、保障修复项目顺利实施提供具体指导。

1.3.1　项目流程

中央财政资金支持海洋生态保护修复项目流程包括申报、实施、验收、后期管护与长期监测评估4个阶段(图1-2)。

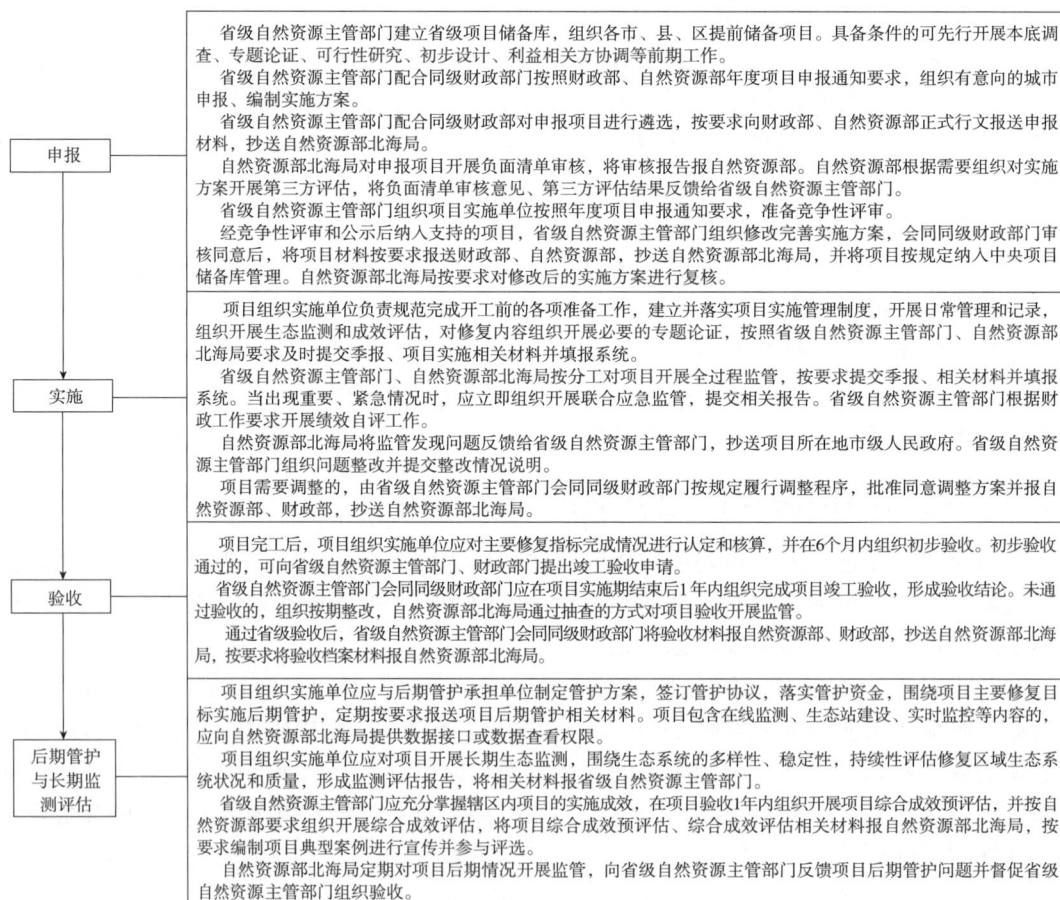

图1-2　中央财政资金支持海洋生态保护修复项目流程

1.3.2 监管主体和职责分工

中央财政支持的海洋生态保护修复项目大多针对无明确责任主体的情形。目前海洋生态保护修复项目仍以政府出资和管理为主,从中央到地方再到实施单位都负有监管责任,按照各自职责组织监管工作,但尚未组建专门的项目监管队伍。当前主要为多部门联合监管,如财政部和自然资源部联合开展监管。遵循"部级指导、省负总责、市县实施"的机制,按照权责对等的原则,完善项目监管工作制度,全面落实项目监管属地责任,对项目申报、实施、验收、后期管护等各个环节实施全过程监督管理,确保项目合法合规、科学有序推进。遵循生态系统演替规律和内在机理,按照陆海统筹、河海联动、综合治理的要求,对受损、退化、服务功能下降的海洋生态系统进行整体保护、系统修复、综合治理,提升海洋生态系统多样性、稳定性、持续性,提升海洋生态修复工作的科学化、制度化、规范化水平。

申报城市地市级人民政府及其有关部门对项目实施承担主体责任,负责辖区内中央财政支持海洋生态保护修复项目具体实施。负责项目储备、申报、实施、初步验收、后期管护、生态监测和成效评估等工作,按进度执行项目资金,按规定进行项目调整。接受省级自然资源主管部门和海区局监管,按要求向省级自然资源主管部门报送项目实施进展、提交相关材料、填报相关系统,根据监管反馈问题进行整改。

各省、直辖市、计划单列市(以下简称省级)自然资源主管部门(含海洋主管部门,下同)对项目实施承担主要监督管理责任,负责辖区内中央财政支持海洋生态保护修复项目监督管理与业务指导,负责建立项目储备库、开展项目遴选、申报、监管、省级验收、综合成效预评估等工作,按规定批复项目调整,监督项目资金执行情况。按要求向自然资源部和自然资源部北海局报送项目实施进展、提交相关材料、填报相关系统,组织监管反馈问题整改。

自然资源部北海局负责对北海区海洋生态保护修复项目进行具体业务指导和全过程监督管理。负责按要求开展项目负面清单审核、复核,对项目实施、验收、后期管护与长期监测评估、资金执行情况等开展监管。按要求向自然资源部报送海区项目进展、提交相关材料,填报相关系统,向省级自然资源主管部门和项目所在地市级人民政府反馈监管发现问题,对验收项目进行抽查。对重大问题或未按要求和时限处置整改到位的,视情纳入海洋督察。

海洋生态保护修复项目全过程监管体系如图 1-3 所示。

1.3.3 监管内容和监管方式

1.3.3.1 监管内容

党中央对海洋生态保护修复项目的监管是落实整个海洋生态保护修复工作的重要内容,因此监管内容不仅限于某个项目本身,而是包含工程监管、工程监理、项目辅助审核、标准辅助制定和强化技术指导 5 项工作。其中:工程监管是由行政主管部门或其委托机构根据国家法律、法规和强制性标准,对责任主体和有关机构履行质量责任的行为以及工程实体质量进行监督检查和维护公众利益的行政执法行为;工程监理即监理单位受项目实施单位法人委托,依据项目建设文件和合同等,对工程建设进行监督、管理和咨询;项目辅助审核在项目审批前对其材料齐全性、政策符合性、项目真实性和工程可行性进行审

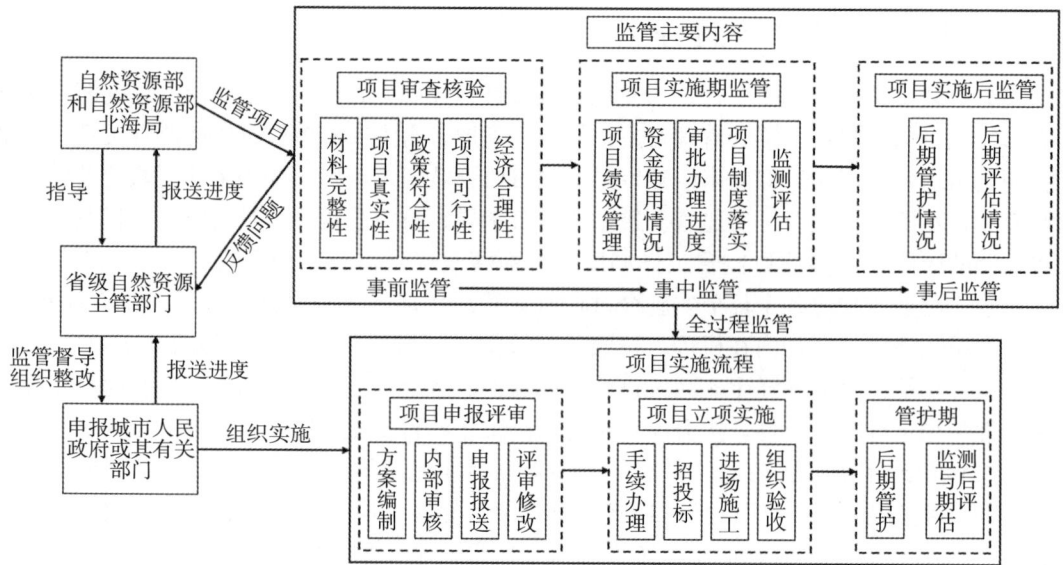

图 1-3 海洋生态保护修复项目全过程监管体系

核；标准辅助制定由监管人员总结监管过程中发现的问题，并不断完善标准；强化技术指导是在监管的同时宣传贯彻最新标准，帮助地方依法依规开展相关工作，促进地方海洋生态保护修复工作的开展。

1.3.3.2 监管方式

海洋生态保护修复项目监管贯穿生态保护与修复的各个环节。监管方式包括事前监管、事中监管和事后监管，采用报表、报告和现场走访等形式。例如：在事前阶段通过无人机航拍、VR（虚拟现实技术）呈现和 RTK（实时差分定位）测量等方式记录项目基本情况，在现场专家初判的基础上交由专家评审；在事中阶段采用进度定期报告和"自然资源资金监测管理系统"等方式上报项目信息，部分地方还自行开发海洋生态保护修复项目监管平台；在事后阶段根据生态系统特点，开展长期跟踪评价。各地方在监管方式上也有自己的特点。

项目各阶段监管工作要点及监管方式见表 1-2。

表 1-2 项目各阶段监管工作要点及监管方式

序号	项目阶段	监管内容要点	监管方式
1	申报	1. 负面清单内容 2. 材料齐全性 3. 方案科学性 4. 项目可行性 5. 实施方案复核	1. 根据永久基本农田保护红线、耕地保护目标、生态保护红线、土地和海域权属、围填海历史遗留问题、海岸线、确权用海、相关政策和规划文件等资料，组织技术单位审核项目政策符合性，判断是否存在负面清单内容 2. 审核实施方案征求相关部门意见和利益相关方协调结果，判断项目实施是否存在风险 3. 召开专家评审会，审核项目实施方案和修复措施的科学性、可行性及项目概算的合理性、前期工作基础等内容，判断项目其他需要关注的问题是否存在风险 4. 审核项目备案实施方案是否按照竞争性评审专家意见、负面清单审核意见、第三方评估意见和财政部下达项目资金及绩效文件进行修改

（续）

序号	项目阶段	监管内容要点	监管方式
2	实施	1. 前期工作情况 2. 项目实施情况 3. 绩效目标完成情况 4. 资金拨付使用情况 5. 项目进展报告情况 6. 监管反馈问题整改情况 7. 项目调整情况 8. 生态监测和成效评估情况	1. 组织专家审查会，审核项目可行性研究报告、初步设计、生态监测和成效评估方案、专题论证报告等材料 2. 通过定期调度、现场巡视、查阅文件、拍摄照片等方式开展监管，重点关注前期手续办理、项目实施进度、绩效目标完成情况和资金拨付使用情况 3. 针对监管反馈问题，督导项目实施单位整改。对推进不力、进度滞后的项目及时通报督导 4. 遇到重大问题及时开展应急监管，上报有关情况 5. 组织项目调整专家审查会，审核调整方案 6. 严格按照项目调整程序、要求审核项目调整方案，在审核时重点关注是否符合用地用海用岛、"三区三线"等政策要求，是否存在负面清单内容 7. 按照生态监测和成效评估方案定期调度工作进展情况，开展生态监测质量监督检查，审核监测质控工作开展情况、数据质量是否符合要求
3	验收	1. 项目完成情况 2. 项目组织管理情况 3. 项目资金管理情况 4. 项目档案管理情况 5. 生态监测和成效评估情况	1. 召开主要修复指标测量认定和核算专家评审会，认定和核算项目完成主要修复指标，形成专家意见 2. 组织项目验收会，审核项目完成情况，未通过验收的，要求限期整改 3. 重点关注资金效益发挥情况、结余资金的处置方式、程序是否符合财政部、自然资源部有关要求
4	后期管护和长期监测评估	1. 管护措施落实情况 2. 修复效果维持情况 3. 综合成效评估情况 4. 长期生态监测评估情况 5. 典型案例编制与宣传情况	1. 定期调度后期管护工作情况，核查后期管护工作记录和工作报告，适时进行现场检查 2. 组织项目综合成效评估、长期生态监测和评估报告专家审查。定期开展生态监测质量监督检查，审核监测质控工作开展情况、数据质量是否符合要求 3. 积极编制典型案例、视频等，及时宣传项目成效

1.3.3.3　工作要求

《海洋生态保护修复项目监管指南（试行）》提出了项目负面清单审核及相关工作要求。根据要求，在申报项目负面清单事项审核过程中，对于海洋生态修复效果存在较大不确定性、工程措施可能对生态系统造成新的破坏、不符合"三区三线"管控要求、技术不完善、实施条件不成熟、与利益相关方协商未基本达成一致等问题的项目，各海区局要作出专门说明，形成审核报告，各申报城市要对监管发现的问题进行解释说明并提供书面承诺。

一是项目实施范围涉及生态受益范围地域性较强、属于地方财政事权和有明确治理责任主体的：省级自然资源主管部门组织调整项目实施范围和内容，确保项目实施范围不涉及相关问题。项目实施范围涉及 2019 年新修测岸线的：省级自然资源主管部门组织核实项目涉及岸线的准确区域位置和保护修复活动。项目涉及自然岸线（含生态恢复岸线）的：由项目申报城市人民政府出具实施后不破坏自然岸线海岸形态和降低海岸线生态功能等情况的承诺文件。涉及生态护岸、海堤生态化建设内容的：进一步明确修复后是否可以达到生态恢复岸线的认定标准。项目涉及植被种植、外来入侵植被物种治理等需要改造地形、垫高或回填的：补充垫高后或回填后高程与平均大潮高潮线的位置关系描述，严禁存在潮下带、潮间带改为潮上带的情况。

二是按照"三区三线"划定成果，项目实施范围涉及耕地和永久基本农田保护红线的：应切实落实《中华人民共和国土地管理法》及其实施条例，严格按照《自然资源部 农业农村部 国家林业和草原局关于严格耕地用途管制有关问题的通知》（自然资发〔2021〕166 号）等文件要求，落实永久基本农田特殊保护和耕地保护制度。省级自然资源主管部门组织核实有关情况并作出说明，进一步说明建设内容是否涉及农用地转用、办理建设用地审批手续进展等情况；如涉及耕地用途改变的，进一步说明建设内容和工程性措施、用地审批和补偿安置进展、耕地占补平衡或进出平衡落实等情况，并提供必要的举证材料；项目申报城市人民政府就确保项目不出现相关违法问题出具承诺文件。按照"三区三线"划定成果，项目实施范围涉及生态保护红线的：省级自然资源主管部门按照《自然资源部 生态环境部 国家林业和草原局关于加强生态保护红线管理的通知（试行）》（自然资发〔2022〕142 号）要求，组织核实项目是否列入县级以上国土空间规划和生态保护修复专项规划，工程措施是否符合生态保护红线管控规则，并出具审核意见，由项目申报城市人民政府出具项目实施与相关管理机构协商一致的承诺文件或协商一致意见。

三是项目实施内容涉及围填海历史遗留问题的：省级自然资源主管部门组织调整项目实施范围和内容，确保项目实施范围不涉及围填海历史遗留问题区域和异地实施生态修复措施的相关区域。项目实施内容涉及无居民海岛的，按照《自然资源部办公厅关于加强国土空间生态修复项目规范实施和监督管理的通知》（自然资办发〔2023〕10 号）及海岛保护管理有关政策实施。实施内容涉及审计、督察等发现问题未有效整改的：省级自然资源主管部门组织调整项目实施范围和内容，确保项目实施范围不涉及审计、督察等问题。

四是项目涉及已从中央基建投资等其他渠道获得中央财政资金支持的：省级自然资源主管部门组织调整项目实施范围和内容，确保项目实施范围不涉及已从中央基建投资等其他渠道获得中央财政资金支持的项目范围。项目实施效果存在较大不确定性的：进一步补充论证修复措施的实施效果。项目建设内容、工程措施存在不符合中央资金使用范围或未细化中央、地方、社会资金投入方向的：要求实施方案中将中央、地方、社会资金投入方向细化到每项工程措施，确保申请使用中央资金符合支持方向。项目涉及重要湿地的：修复内容须符合经批准的重要湿地修复方案。

1.3.4 存在的问题

1.3.4.1 海洋生态保护修复工作实施存在的问题

（1）项目立项期存在的问题

中央财政资金支持生态保护修复项目在 2015 年前以中央分成海域使用金的方式下达，

从"蓝色海湾"项目申报开始以中央转移支付专项资金的方式下达，均是按年度下达，缺乏基金等类型的申报渠道。由于资金来源和方式单一，资金使用方式也较单一，这就导致在事前监管阶段存在问题。①地方在申请中央财政资金时"冷热不均"，经济欠发达地区申报中央财政资金项目的热情更高；②申请中央转移支付专项资金有时间限制，可能导致地方专心于申请项目和获得财政支持，而并未开展充分准备，资金下达后工程开展仓促；③生态保护修复项目本身占用资金巨大，项目监管却缺少资金支持，而生态保护修复效果正是需要在竣工验收后长期跟踪监测的。另外，一些项目前期对海岸带生态保护修复宏观把控不全面，没有对生态系统健康及损害问题进行科学性诊断，地方缺乏综合性和系统性的海洋生态保护修复规划，或规划与地方社会经济发展衔接程度不高，导致修复目标与定位模糊，修复项目收到资助后难以实施，致使整体目标难以在既定时效内实现。

（2）项目实施中存在的问题

海岸带作为陆地和海洋相互作用的地带，涉及诸多部门和各级政府对其生境保护利用和管理的交叉重叠，一旦实施过程中地方沟通不畅或部门出现冲突，极易影响保护修复项目的前期规划以及后期实施效果。不少保护修复项目前期缺乏明确的实施方案，实施过程中程序过于繁杂，影响了工期；中期缺乏系统的过程控制、质量管理、结果评价标准；后期验收管理办法不统一。工程施工方法和技术工艺落后，没有采取具有针对性的生态修复手段，仍以人工修复方式为主，忽略了生态系统的自我恢复能力，未能充分体现生态化建设要求。另外，一些工程的实施并未准确把握保护修复工程和景观工程的定义，导致工程景观化和园林化，人工痕迹较为明显，生态保护修复未能达到预期效果。此外，海洋生态保护修复项目涉及的工程类别繁多，项目监管比一般的工程监管要求更多，而目前在工程监管中常用的设站、旁站和长期蹲守等方法在生态保护修复项目监管中并未被普遍使用。由于缺乏具有针对性的项目监管指导，监管结果的应用存在障碍且责任主体定性不明确。

（3）项目验收后存在的问题

以往的生态保护修复工程不够重视整体生态功能恢复，导致局部生态恢复未能与区域协调发展紧密结合，未能发挥出最大的生态与经济效益。海洋生态保护修复在实践中已有初步的探索，已实施的海岸带生态整治修复项目在海水质量提高、景观美化和人居环境改善等方面取得初步成效，但对于后期生态整治修复效果缺乏全面、系统的跟踪评估，尤其是对海洋生态系统的基本特征和服务功能的恢复效果关注较少。一些已实施的项目独立开展多种修复措施，没有很好地体现陆海统筹的理念，如岸线整治和湿地恢复，分裂了陆地修复和海湾整治相结合的模式。党的十九大和党和国家机构改革以后，自然资源管理部门统一行使了国土空间生态修复及修复项目监督管理的职能。近些年的监管发现，中央或省级资助的一些项目，并未按照既定目标实施修复工程，而进行了一些与生态系统功能恢复毫不相关的生态建设性项目并结题验收，这说明我国海洋生态保护修复制度体系在保障生态保护修复效果方面还相当薄弱。另外，海洋生态保护修复项目的整体性强，修复效果通常要长期显现，一般的工程量指标体系难以满足监管需求，而目前竣工管理技术要求和机制仍不完善。对于海洋生态保护修复项目要求进行长期跟踪监测，但监测指标、标准和结果应用并未明确。

1.3.4.2 海洋生态保护修复资金监管存在的问题

（1）海洋生态保护修复资金监管主体不明确

在我国，海洋生态保护修复资金的管理部门主要是财政部。《海洋生态保护修复资金管理办法》（财资环〔2020〕76号）第5条明确了海洋生态保护修复资金由财政部会同业务主管部门管理。就海洋生态保护修复资金而言，财政部负责确定资金重点支持的项目及其分配原则，审议资金分配建议方案，编制资金的预算草案，进行资金筹集、拨付、使用全过程的预算绩效管理等工作；业务主管部门主要负责提出海洋生态保护修复项目重点支持方向的建议、提出资金使用的建议方案、开展资金综合成效评估和日常监管等工作。至于业务主管部门具体是哪个部门，该办法并未予以明确规定。《海洋生态保护修复资金管理办法》（财资环〔2020〕24号）规定财政部会同自然资源部管理海洋生态保护修复资金。然而，随着《海洋生态保护修复资金管理办法》（财资环〔2020〕76号）的出台，《海洋生态保护修复资金管理办法》（财资环〔2020〕24号）被废止。当下，海洋生态保护修复资金主要是由财政部预算司具体负责管理。对于"业务主管部门"具体是哪一部门，新办法的这一规定，直接导致海洋生态保护修复资金主管部门的不明确。相较于一般的中央财政转移支付资金，海洋生态保护修复资金具有极强的专业性，主要体现在海洋生态保护修复工作的复杂性，海洋生态保护修复资金在全国范围内需求量大，急需一个管理海洋生态保护修复资金的具体职能部门。我国法律并未对"业务主管部门"予以明确，一定程度上影响了财政部门海洋生态保护修复资金监管工作的开展。

《海洋生态保护修复资金管理办法》（财资环〔2020〕76号）第5条规定了业务主管部门负责开展海洋生态保护修复资金的日常监管工作；第3条要求财政部和业务主管部门建立海洋生态保护修复资金监测监管机制，加强对海洋生态保护修复项目资金使用情况的动态监管，从实体法层面为财政部和业务主管部门对海洋生态保护修复资金的监管提供了法律依据；第15条赋予了财政部各地监管局监管海洋生态保护修复资金的职权。由此可见，财政部、财政部各地监管局和海洋生态保护修复资金业务主管部门都负有相应的海洋生态保护修复监管职能。我国设立海洋生态保护修复资金的目的是保护海洋生态环境，作为生态环境保护主管部门的生态环境部门不可避免地会涉及海洋生态保护修复资金的监管问题。因此，我国生态环境部门作为海洋生态保护修复资金监管主体有其法理依据，在海洋生态保护修复资金监管方面发挥一定的作用。

（2）海洋生态保护修复资金被监管主体不明确

我国海洋生态保护修复资金被监管主体即申请主体模糊。我国法律没有对海洋生态保护修复资金申请者的条件作出明确规定，即对于什么主体可以申请海洋生态保护修复资金没有作出规定。2023年8月，财政部办公厅、自然资源部办公厅联合发布了《关于组织申报2024年海洋生态保护修复工程项目的通知》（财办资环〔2023〕28号），该通知第二部分对海洋生态保护修复资金项目申请者的申请条件作了相应规定，但由于该通知属于一般性的政府文件，其适用范围有限，仅仅是规定了2024年海洋生态保护修复资金项目申请者的条件。换言之，该通知所规定的申请者标准面临随时调整的情况。由于海洋生态保护修复资金缺乏申请条件这一客观标准，极易导致资金审批过程中出现违规审批等现象，不利于海洋生态保护修复资金的监管。因此，应当进一步明确海洋生态保护修复资金被监管主体。

（3）海洋生态保护修复资金使用范围模糊

《海洋生态保护修复资金管理办法》第 6 条规定了海洋生态保护修复资金的使用范围，主要包括四大类：一是对海洋生态系统的保护和修复治理；二是对直接排海污染物的治理；三是对海域、海岛及海洋生态监视监管的能力建设；四是对跨区域海洋生态保护修复的生态补偿。第 7 条对不得申报海洋生态保护修复资金的项目范围作了规定，主要包括生态受益范围地域性较强，不符合国家管控要求，涉及围填海历史遗留问题或督查整改未到位，审计、督查已发现问题但未有效整改，已获得其他中央财政资金支持，修复效果存在较大不确定性，工程措施对生态系统造成新的破坏可能性较大，工程技术不完善等条件不成熟的项目。整体而言，规定得较为笼统，主要体现在：第一，《海洋生态保护修复资金管理办法》第 6 条第 2 款提到"支持因提高入海污染物排放标准的直排海污染源治理以及海岛海域污水垃圾等污染物治理"，其中"支持"是全部支持还是部分支持，有待进一步明确；第二，《海洋生态保护修复资金管理办法》第 7 条第 6 款，海洋生态保护修复效果的确定性与否、工程措施对生态系统所造成的影响、工程技术是否完善等问题由谁来判断，存在较大争议；第三，《海洋生态保护修复资金管理办法》第 6 条第 5 款中"根据党中央、国务院决策部署需要统筹安排的其他支出"这一兜底性条款，虽然在一定程度上提高了海洋生态保护修复资金使用的灵活性，扩大了资金的使用范围，同时也会产生资金使用范围方面的纠纷，给海洋生态保护修复资金的监管带来一定的困难。海洋生态保护修复资金使用范围模糊这一问题，极大降低了海洋生态保护修复资金使用效率。

（4）海洋生态保护修复资金监管程序缺乏具体规定

纵观世界发达国家海洋生态保护专项转移支付的运行，无不在法律监管之下。如美国通过设立专门监管部门的方式，对海洋生态保护修复专项转移支付的使用进行全方位的监管；日本则主要通过制定科学计划的形式，对海洋生态保护修复专项转移支付资金的审批分配进行严格的监督和管理。将海洋生态保护修复专项转移支付资金的审批、分配等环节加以法律规制，能够为海洋生态保护修复资金监管工作提供法律层面的保障，使海洋生态保护修复资金真正做到在阳光下运行。相较于发达国家，我国在海洋生态保护修复资金审批程序方面还缺乏具体的规定。具体表现在：第一，海洋生态保护修复资金审批程序较为笼统，《海洋生态保护修复资金管理办法》第 5 条对财政部和业务主管部门的审批职责做了规定，但整体而言过于笼统，可操作性不强；第二，海洋生态保护修复资金的审核程序缺乏具体规定，对于海洋生态保护修复资金的分配，《海洋生态保护修复资金管理办法》仅在第 8 条作了原则性规定，明确了在分配海洋生态保护修复资金时要采取因素法和项目法相结合的分配方法。就因素法而言，对于资金具体应当如何分配，分配时应当考虑哪些现实要素，地方海洋生态环境状况和当地经济发展水平是否应当加以权衡等，都没有明确规定；就项目法而言，对于确定资金项目的标准、资金项目的工作目标，实施任务等缺乏相应的规定。这就导致海洋生态保护修复资金缺乏透明度、公正性和规范性。

（5）海洋生态保护修复资金预算绩效管理规定不完善

2018 年实施的《中共中央、国务院关于全面实施预算绩效管理的意见》提出健全预算绩效标准体系，各行业主管部门要加快构建分行业、分领域、分层次的核心绩效指标和标准体系，推动预算绩效管理标准科学、程序规范。2020 年实施的《项目支出绩效评价管理办法》则将建立绩效评价结果与预算安排作为应遵循的基本原则。综合来看，在我国海洋生态保护修复资金监管中，绩效评价标准和绩效评价程序是重点。然而，目前我国海洋生态保护修复资金预算绩效管理规定不完善，导致海洋生态保护修复资金在运转过程中时常出现资金被下级政府或政府部门截留、下级政府将资金挪作他用、地方政府主管部门不按预算拨付资金等现象，海洋生态保护修复资金缺乏完善的资金预算绩效管理规定，一定程度上对海洋生态保护修复资金的权威性构成挑战。海洋生态保护修复资金预算绩效管理规定不完善主要体现在两个方面：第一，海洋生态保护修复资金缺乏具体的绩效评价标准。对于海洋生态保护修复资金从申请到审批再到拨付使用这一整个过程，海洋生态保护修复资金绩效评价需要考核哪些内容、以什么方式考核、以怎样的标准来考核，法律并没有明确的规定。第二，海洋生态保护修复资金绩效评价程序不完善。《海洋生态保护修复资金管理办法》第 5 条第 1 款赋予了财政部门和业务主管部门对海洋生态保护修复资金进行绩效评价的职责；第 12 条明确了我国要建立海洋生态保护修复资金考核奖惩机制，为沿海各省市对海洋生态保护修复资金进行绩效考核评价提供了法律依据。然而，海洋生态保护修复资金拨付到各个地方后，对于海洋生态保护修复项目立项环节的考核及对资金使用情况、项目完工后的考核，主管部门难以顺利进行。究其根本是因为我国海洋生态保护修复资金绩效评价程序的缺乏。

第2章　国内外海洋生态保护修复做法与经验启示

2.1　国外海洋生态保护修复做法及启示

2.1.1　美国等国的管理实践

海洋生态资源是自然资源重要的组成部分。许多国家积极开展对海岸带的保护修复，在制度体系、支撑体系、资金来源和行动计划等方面均有不同程度的探索和实践。

2.1.1.1　建立专门的海洋管理及保护修复部门

在美国，美国国家海洋和大气管理局是海洋生态评估、修复和保护的实施主体，能依法制定自然资源损害评估和修复的实施规则。在加拿大，由海洋渔业部牵头管理国家海洋事务，由海洋事务委员会负责协调推进与海洋有关的政策措施。英国则成立了协调海洋管理的皇家地产管理委员会和海洋科学技术委员会，分别负责协调各部门的海域使用管理和海洋科技发展工作，并由海洋管理办公室负责与相关机构进行对接。德国的海洋管理则分区域开展，离岸 12n mile 内海域由沿海各州政府实施管理，12n mile 以外到 200n mile 的专属经济区由联邦政府执行机构负责。韩国设立了海洋环境科和海洋保护科，前者负责海洋环境综合管理规划及相关法令制度的实施等，后者负责海洋生态保护对策的制定实施及海洋保护宣传等事项。马来西亚管理海洋的主要方式是建立海洋公园和成立相应的海洋公园局。

2.1.1.2　政策与法律协同合作，保障海岸带生态保护效益

美国国会颁布了一系列联邦法律来保护自然资源和处理对自然资源的损害。例如：1977 年《联邦水污染控制法》明确了自然资源损害后的评估与修复；1980 年《超级基金法》创建了修复基金；1988 年《国家海洋禁猎法案》修正案赋予美国国家海洋和大气管理局在国家海洋保护区的检查监督资源及相关权力。英国主要通过《海洋法草案》《英国海洋法》规定了可持续管理涉海活动和保护海洋环境与资源的管理措施。日本主要通过《环境基本法》《自然环境保护法》《海洋基本法》等，专门治理环境污染、修复与保护海洋生态。马来西亚主要以《渔业法》为依据设立和管理海洋公园，其他相关法律有《1974年环境质量法案》及后续配套签发的环境质量法令等。

2.1.1.3　完善生态补偿体系，多重保障生态修复资金来源

美国法律规定了较为完善的生态补偿框架。生态补偿主体包括政府、市场、社会组织

等，因地制宜在受偿主体自愿的情况下进行补偿，甚至通过竞标确定生态补偿标准。在此基础上，《超级基金法》和《1990年油污法》也保障了生态修复资金的专门来源。加拿大环境保护部门专门设立联邦环境损害赔偿基金，用于修复生态环境损害，包括用于修复生态环境项目、改进生态环境修复技术和生态环境教育宣传事业。基金来源主要包括按照联邦环境立法规定的由国王或总督代表对环境污染责任人提起公诉获胜之后的罚金、由联邦政府提起的民事诉讼或由调解方式让责任人承担的损害赔偿金、接受来自国内外个人和其他基金的捐赠等。英国主要的生态修复资金来源于海洋生态补偿，即国际上所说的"生态或环境服务付费"。马来西亚建立环境基金委员会，环境基金包括政府专项资金、捐赠资金、税收等。

2.1.1.4　海洋环境治理主体多元化，实施有针对性的海岸带修复保护计划

美国国家海洋和大气管理局于1992年实施损害评估及修复计划，主要由州、部落和联邦机构组成的团队联合开展工作，并吸引企业和社会公众参与。当海岸带损害事故发生时，美国国家海洋和大气管理局将与其他责任方一起确定事故发生对自然资源的影响及其损害，并聘请专家确定受影响的程度，同时通过征求公众意见确定修复的最佳方法、数量和位置。加拿大主要通过实施海洋行动计划和海洋环境质量计划实现跨部门联合治理。英国在海岸带系统管理方面，主要通过发布《沿海指南》和《全面保护英国海洋生物计划》，完善区划管理政策，从而保护海岸带水域环境、生物资源及海岸带土地资源。日本的环境生态保护主体目前呈现"三元式"的结构形式，即政府、企业和公众三者一体，通过互相配合、互相监督、互相协作的方式，形成污染防治及环境保护相协调的立体化环境保护模式。马来西亚在生态修复过程中强调利益相关者参与，同时强调充分发挥非政府组织作用。印度尼西亚主要通过区域合作，寻求东南亚范围内国家的帮助，以应对环境灾害，并提高抵御风险能力。

2.1.2　相关启示

2.1.2.1　明确海岸带生态保护修复的责任主体、实施主体和修复范畴

多个国家已建立有关生态保护修复的专门法规，从立法层面明确海岸带生态保护修复的责任主体、实施主体和修复范畴。我国正在逐步建立海洋生态保护修复法规体系，生态环境受损后，相关责任主体除被追究法律责任外，还需要按规定修复受损的生态环境。

2.1.2.2　设立专门基金保障海岸带生态保护修复的资金来源

外国政府通常设置相应的专业基金管理机构，并运用法律确保相关基金正常运营。我国生态保护修复资金的主要来源是政府财政支持，社会资金参与不足，亟待通过各种制度设计扩大生态保护修复资金的投入渠道。2021年，国务院办公厅发文，鼓励和支持社会资金参与生态保护修复，并提供3种参与模式：自主投资模式、与政府合作模式和公益参与模式。社会资金参与虽能填补部分生态保护修复资金需求，但生态保护修复相关资金需求巨大，还需要寻找其他更有效的解决方法。

2.1.2.3　重视陆海统筹以及陆海空间规划的协调

部分国家已实现陆海统筹，其陆海主管部门由同一部法律进行限制与管理。我国海岸带生态系统仍存在陆海二元分割情况，涉及行业部门、行政辖区等的分割。海岸带是既有

别于一般陆地生态系统，又不同于典型海洋生态系统的独特生态系统。过去，在我国的管理实践中，海岸带向陆一侧区域适用陆地的法律制度和规划，如土地管理法、土地利用规划、城市规划等；向海一侧区域则适用海域使用管理法、海洋主体功能区规划、海洋功能区划等。此外，我国缺乏有效的跨辖区统筹协调机制。

2.1.2.4　强调公众参与，集聚所有利益相关者的力量

国际大型海岸带生态保护修复项目多成立了专门的工作机构或研究联盟，由相关政府部门、企业、社区居民代表、公共团体、相关科研工作者等组成，提高了生态保护修复的合力，最大限度地维护了生态保护修复效果。海岸带涉及丰富的人类活动，施行生态保护修复规划、计划时，要提高公众的生态保护意识，让利益相关者和志愿者充分参与其中，成为政府生态治理的重要补充。

2.2　我国滨海海岸带生态保护修复实施路径

2.2.1　生态保护修复政策及趋势

全国生态保护修复政策主要分为污染治理、海域海岛海岸带环境整治和海岸带生态保护修复综合提升三个阶段，在国家明确由自然资源部履行"两统一"职责后，全国的山水林田湖草沙以及海洋资源均纳入统一管理，并在 2017 年以来出台了多项政策（表 2 - 1）以规范海岸带生态保护修复的实施路径，使今后的生态保护修复项目在管理上有规可依。

表 2 - 1　2017 年以来海岸带生态保护修复方面的主要规划、政策要求

年份	规划、政策文件名称	发文单位	与生态保护修复相关的要求
2017	《海岸线保护与利用管理办法》	国家海洋局	保护海岸线，实施整治修复，抑制海洋环境恶化，保护海岸生态环境，拓展蓝色经济空间，推动海洋生态文明。到 2020 年，全国自然岸线保有率不低于 35％
2019	《关于在国土空间规划中统筹划定落实三条控制线的指导意见》	中共中央办公厅、国务院办公厅	在国土空间规划中统筹划定落实生态保护红线、永久基本农田、城镇开发边界三条控制线
2020	《全国重要生态系统保护和修复重大工程总体规划（2021—2035 年）》	国家发展改革委、自然资源部	提出"三区四带"总体布局、9 个重大工程（海岸带生态保护和修复是其中之一）及 47 项重点任务
2020	《海岸带保护修复工程工作方案》	自然资源部办公厅、水利部办公厅、国家发展改革委办公厅、财政部办公厅	明确海岸带保护修复工程的工作方案，通过实施海岸带保护修复工程，充分发挥生态系统的防灾减灾功能
2020	《中央重点生态保护修复资金项目库入库指南（2020 年）》	自然资源部办公厅、财政部办公厅	明确山水林田湖草生态保护修复工程、历史遗留废弃工矿土地整治、"蓝色海湾"整治行动等四类项目纳入中央重点生态保护修复资金项目储备库的入库要求

（续）

年份	规划、政策文件名称	发文单位	与生态保护修复相关的要求
2021	《海洋生态修复指南（试行）》	自然资源部	规范红树林、盐沼、海草床、海藻场、珊瑚礁、牡蛎礁等典型海洋生态系统，以及岸滩、河口、海湾和海岛等综合型生态系统的生态修复要求
2022	《互花米草防治专项行动计划（2022—2025年）》	国家林业和草原局、自然资源部、生态环境部、水利部、农业农村部	坚持科学治理、精准施策，重点突破与全面推进相衔接，有效遏制互花米草扩散态势，全面防控互花米草危害，确保滨海湿地生态安全

2.2.2　生态保护修复实施路径

为提高海洋生态保护修复工作的科学化、规范化水平，2020年国家相继出台了《海岸带保护修复工程技术标准》《海岸带生态系统现状调查与评估技术导则》《海岸带生态减灾修复技术导则》，2021年，在前期技术规程的基础上，国家印发了《海洋生态修复技术指南（试行）》，为在全国沿海城市开展生态保护修复工作提供了可遵循的基本实施路径。《海洋生态修复技术指南（试行）》梳理了海洋生态保护修复项目实施的基本路径，分为规划、设计、实施和管护四个基本阶段。①在修复规划阶段，应针对区域本底现状进行调查，并重点对生态问题进行识别与诊断，提出相应的目标、总布局、具体措施内容、资金估算及进度计划；②在设计阶段，主要在整体规划的基础上，细化单项修复工作具体技术细节，制定实施方案，包括初步设计和施工图等；③在实施阶段，根据相关工程管理要求，组织修复工程项目实施，根据实施内容以及本地生态系统特征，开展多方位的跟踪监测并及时评估修复效果；④在管理维护阶段，合理布设生态监测站点，定期评估修复成效，开展基于生态系统的适应性管理。

2.3　我国海洋碳汇生态系统保护与修复实践及启示

2.3.1　实践模式

海洋碳汇生态系统保护与修复，需要充分识别海洋生态系统问题，并在海洋生态系统修复潜力评价的基础上，综合研判识别修复区域，并制定修复策略，以此提升海洋碳汇产品的供给能力和价值水平，推动海洋碳汇产品价值的实现，由政府主导开展海洋生态系统保护和修复工作，该类模式是最普遍、最基本的海洋碳汇产品价值实现路径。目前，我国海洋碳汇市场尚处于开发、探索阶段。部分省市已开始自发探索海洋碳汇产品交易，其交易产品类型主要为红树林与海洋渔业碳汇（表2-2）。地方性的海洋碳汇产品交易实践助推了"蓝碳"资源的市场化进程，其项目收益主要用于生态保护修复、渔民增收和社区公益，所购碳汇多用于中和企业活动产生的碳排放。海洋碳汇产品交易实践实现了海洋碳汇产品促进增收、带动社会资金参与的经济效益，固碳减排、生态系统保护与修复的生态效益，改善村集体生计的社会效益，成为区域海洋经济发展的新支点。

表 2－2　我国海洋碳汇产品市场交易项目

类型	时间	项目	成交量（t）	单价（元/t）	收益用途
红树林碳汇	2021 年 6 月	广东湛江红树林造林项目	5 880	66	维持项目区的生态修复效果
	2021 年 9 月	泉州洛阳江红树林生态修复项目	2 000	—	红树林再造
	2022 年 5 月	三亚海口三江农场红树林修复项目	3 000	约 100	项目区红树林管护工作及周边社区和学校公益活动
	2023 年 6 月	浙江温州苍南县红树林碳汇交易项目	2 023	60	保护修复海洋生态
	2023 年 9 月	深圳红树林保护碳汇拍卖	3 875	485	上缴市财政用于红树林保护与修复
渔业碳汇	2022 年 1 月	福建连江县海洋渔业碳汇交易项目	15 000	8	
	2022 年 5 月	福建莆田市秀屿区贝类海洋渔业碳汇交易项目	10 840	约 18	
	2022 年 9 月	福建莆田市秀屿区南日镇云万村、岩下村村集体海洋渔业碳汇交易项目	85 829	约 5	增加村集体经济收入
	2022 年 10 月	浙江苍南县沿浦镇政府渔业碳汇项目	10 000	10	
	2023 年 2 月	宁波象山西沪港坛紫菜、海带、牡蛎等一年碳汇量拍卖	2 340	106	浒苔养殖和固碳机制研究
	2023 年 6 月	山东 2023 东亚海洋合作平台青岛论坛蓝碳交易项目	821	—	
盐沼碳汇	2023 年 9 月	江苏盐城滨海盐沼生态系统碳汇产品交易项目	1 926	—	

2.3.2　相关启示

2.3.2.1　海洋碳汇生态补偿制度长期缺位

完善海洋碳汇产品生态补偿机制是解决海洋生态环境问题、促进海洋碳汇产品价值实现的长效政策手段。海洋碳汇产品生态补偿是指政府以财政转移支付、财政补贴等方式向海洋碳汇产品供给方提供经济补偿。近年来，中央和地方政府陆续出台了一系列海洋生态保护补偿和海洋生态损害补偿政策，以调节海洋经济发展和海洋环境保护之间的矛盾。但现有的生态保护补偿制度仍有较大提升空间。即使是发展较快的林业碳汇，也尚未被中央政府纳入森林生态补偿范畴。而以政府为主导的海洋生态补偿也面临较大挑战。一是政府生态补偿依赖财政预算。在政府财政收支紧张的情况下，海洋生态补偿的可行性、规模与有效性无法保证。二是难以进一步发挥海洋碳汇生态效益。政府对海洋碳汇产品进行生态补偿意味着降碳成本直接由政府承担。对海洋碳汇产品供给方来说，政府补偿会挤出供给方投入，不利于进一步培育海洋碳汇资源；对需求方来说，不直接承担海洋碳汇产品的相关降碳成本，无法对其形成成本压力和倒逼机制，不利于进一步调动其节能减排的积极性。三是政府难以对海洋碳汇产品补偿进行有效定价。当生态补偿价格太低时，相关政策无法发挥激励作用；当生态补偿价格太高时，可能引发相关领域过度投资，且在财政上不具有可持续性。

2.3.2.2　构建多元化生态补偿机制，有效发挥市场力量

　　为缓解现有生态补偿机制下的财政压力，应构建政府主导、企业和社会参与、市场化运作、可持续的多元化生态保护补偿机制，撬动更多的市场主体投资海洋生态修复和海洋碳汇产品开发项目。其中，多元化特征体现在补偿主体、补偿客体、补偿标准和补偿方式上。一是补偿主体多元化。充分发挥政府在补偿政策制定、实施、监督和完善等环节的主导作用，积极发展市场化生态补偿机制，引导海洋碳汇产品利益相关者和社会资金参与，形成多元化的生态补偿资金渠道。二是补偿客体多元化。海洋碳汇产品生态保护补偿的客体涉及海洋碳汇产品的开发、保护、修复和治理活动的参与者和相关受损者，以确保海洋碳汇产品的供给。三是补偿标准多元化。在制定海洋碳汇产品生态补偿方案、进行生态补偿政策试点时，要综合考虑不同地区的海洋碳汇资源存量与类型、增汇成效、生态功能、生态环境修复重点、经济社会发展状况等因素，以海洋碳汇产品价值动态消涨为主要参考，针对不同物种确定不同的补偿标准。结合海洋碳汇产品生态保护的直接投入成本和机会成本，实现精细化补偿和奖励，避免"一刀切"的补偿政策造成资金浪费。四是补偿方式多元化。综合运用财政横向与纵向转移支付、生态补偿专项资金等正向激励，以及环境税费制度、生态保护红线等负向约束相结合的补偿方式。

第3章　常见的海洋生态保护修复技术

3.1　岸滩整治与生态修复

岸滩整治与生态修复是指对海岸空间不合理开发利用活动的整体治理和对退化、损坏海岸环境的修复与恢复，目的是恢复海岸生态环境功能，提高海岸资源的开发利用价值。

3.1.1　修复方式

岸滩整治与生态修复可划分为砂质海岸侵蚀修复、淤泥质海岸侵蚀修复、基岩海岸修复、海岸工程侵蚀修复4种类型。

3.1.1.1　砂质海岸侵蚀修复

砂质海岸可依靠泥沙运动、陆域来沙输入或人工补沙等沙源供给，基本恢复自然岸滩剖面形态，形成人工海滩。砂质海岸是我国占比最大的海岸，也是受人类活动影响最大的一种海岸。最理想的修复方法是减少人类的干扰，让其自然恢复原始地貌，但有的海岸已经侵蚀严重、完全不可能自然恢复。目前，沙滩养护是砂质海岸修复的最常用方法，在美国、澳大利亚和日本，沙滩养护理论已经相当成熟，并被大量用于修复砂质海岸。我国人工养滩技术起步比较晚，在秦皇岛、厦门、北海、威海等地已经采用了此技术，而且取得了相当不错的效果。不论是国外还是国内，在使用人工养滩的同时都需要与符合当地地理水文条件的护岸工程相结合。在探索砂质海岸修复方案时不能完全排除硬性防护，可以考虑复合式生态修复方案（表3-1），不仅能够有效防治海岸侵蚀，还能使海岸生态系统逐渐恢复。

表3-1　砂质海岸复合式生态修复方案

复合形式	适用海岸
海堤＋抛沙＋人工防护林	对旅游需求较高但水域受限的海岸
生态海堤	对旅游和景观需求较高的海岸
人工岬湾＋抛沙	对旅游需求高的顺直岸
人工岬湾＋抛沙＋海堤＋人工防护林	人造沙滩海岸
土堤＋盐生植被	侵蚀不严重且无人居住
人工抛石＋防护林	侵蚀严重且有人居住

3.1.1.2　淤泥质海岸侵蚀修复

淤泥质海岸可充分利用近岸悬浮泥沙，通过退养（塘）还滩、促淤保滩等工程，基本恢复自然岸滩剖面形态。种植盐生植被也是淤泥质海岸侵蚀修复的好方法，但盐生植被的消长受到波浪、潮流、底质特征、潮侵频率等诸多因素的影响，因此采用此方法需要结合防护工程对盐生植被进行保护，如在离岸区建立人工鱼礁区，在近岸区种植碱蓬、柽柳等，这也符合生态修复的理念，但需要根据实地情况、侵蚀机理确定，并权衡防护工程的优点和弊端。同时需考虑盐生植被的脆弱性和外来入侵物种的危害性，实地勘测和物理模型实验相结合是一种确定修复方案的高效办法，且修复效果具有直观性。

3.1.1.3　基岩海岸修复

硬岩质海岸可经过人工构筑物清除、海岸危石和弃渣清理，植被恢复、生态重建等措施将人工岸线整治修复成形态基本自然的岩礁性海岸形态。

软岩质海岸主要受海岸风、高水位、风暴潮、暴风雨和波浪的影响。根据当地地质、水文和气象情况，种植防护林可以有效地减轻海岸风、风暴潮和暴风雨的直接侵蚀作用；在软岩的顶部和底部设置排水管道，可以防止波浪和暴风雨的渗流，减缓对软岩的破坏；也可根据当地实际情况设置防浪堤或者潜堤，减少波浪对软岩的直接侵蚀；在近岸抛石形成海堤地台，采取格宾网箱在抛石区域围拢建立绿植地台。软岩前端沙滩对软岩的侵蚀有减缓作用，沙滩养护也是一种方法。在侵蚀严重的地方可以采取组合的方式，在山上种植防护林，在崖顶和崖底设置排水管道，设置潜堤消减波浪和潮流的直接作用，近岸采用人工抛沙养护。

3.1.1.4　海岸工程侵蚀修复

海岸工程包括导堤、岸堤、丁坝、顺坝、离岸堤，在对海岸进行保护的同时也存在弊端，即可能造成侵蚀。海岸工程带来的侵蚀一般指的是下游滩面的下蚀和海岸线后退。这种侵蚀不容小觑，在设计时就应考虑其利弊，针对其弊端提前做好防护方案。对侵蚀严重的工程一般进行拆除处理，结合当地的地势、水文和气象综合考虑，采用合适沙滩养护、生物护岸方案或者两者相结合的方案。针对不严重的工程一般采取合适的生态防护措施，如人工养滩、种植盐生植被、恢复盐沼湿地，不仅能减轻海岸侵蚀的破坏又能提供优美的环境。

3.1.2　修复措施

岸滩整治与生态修复应以恢复自然特征和功能为主体目标，针对不同海岸受损要素和生态退化特征，设置不同修复目标并有针对性地开展岸滩整治与修复举措。

3.1.2.1　海岸侵蚀防护

海岸侵蚀防护一般采用海堤、突堤、离岸堤、人工海滩补沙以及生物防护等多种工程技术相结合的方式，提升海岸稳定性和生态功能。常见工程类型及其适用性见表 3-2。

表 3 - 2　不同环境条件海岸适用的侵蚀防护工程类型

项目	工程类型	适用海岸
护岸海堤	为防御风暴潮及波浪而修建的工程构筑物，护岸海堤通常平行于海岸线布置修建	河口海岸、工业化程度高的海岸、水动力强且人口密集度高的海岸和潮差大的海岸
突堤	用以拦截沿岸漂沙、控制海滩地形、改变海岸线方向、阻挡沿岸流或压迫潮流方向，进而减小保护区域内的海岸侵蚀，垂直于海岸线或与海岸线形成某一夹角、由海滩向海构建且突出海岸的结构物	大河（江）入海口两侧海岸、开阔平直海岸、岬湾型砂砾质海岸陆（海）空间需求高的海岸，自然环境要求高的海湾应优先考虑岬湾人工岬角
离岸堤	使波浪在堤前减弱，漂沙在堤后堆积，间接发挥稳定岸滩功能的堤防结构物。一般离岸布置，与海岸线近乎平行	侵蚀强烈海岸、开阔平直砂砾质海岸、海上游憩空间需求一般的砂砾质海岸、生态化程度要求高的砂砾质海岸（优先考虑沙坝潜堤）
人工海滩补沙	从其他地方采取适量的沙补充到被侵蚀的海滩上，用以弥补受侵海滩的亏缺，改善海滩品质，达到保护海滩的目的	旅游资源丰富的砂砾质海岸，自然环境、亲海舒适度和海上游憩空间要求高的砂砾质海岸
生物防护工程	在潮滩或水下，利用植物消减波浪对海岸的侵蚀作用，达到消减波能和缓流促淤的目的。常见的植物品种有红树林、芦苇、碱蓬等	粉沙淤泥质海岸、潮滩宽阔海岸、生态化程度要求高的海岸

3.1.2.2　近岸构筑物清除

近岸构筑物清除应首先查清拟拆除构筑物质地、结构与范围，并对构筑物拆除后区域水动力、泥沙冲淤、岸滩稳定性等环境影响进行预测分析，在研究评估的基础上，确定科学合理的拆除方案和废弃物处置方案。不同修复目标的海岸构筑物清除内容和措施见表 3 - 3。

表 3 - 3　不同修复目标的海岸构筑物清除内容和措施

修复目标	海岸构筑物清除内容和措施
岸滩修复	重点关注岸滩类型和功能，采取海滩养护、堤坝拆除、海堤生态化改造等措施，形成具有自然海岸形态特征和生态功能的岸滩，提升生态涵养功能和灾害防御能力
水文动力及冲淤环境恢复	重点关注纳潮量、水交换能力、岸滩稳定性及其引起的生境变化，可采取堤坝拆除、清淤疏浚等措施，改善水文动力与冲淤环境
滨海湿地恢复	重点关注生态系统完整与健康，采取水系恢复、植被保育、退养还滩、退耕还湿、外来物种防治等措施，尽可能恢复受损滨海湿地的结构与功能
海洋生物资源恢复	重点关注围填海造成的资源损失，通过大型藻类种植、增殖放流、人工鱼礁投放等措施，提高海洋生物资源总量和生物多样性

3.1.2.3　海滩修复养护

（1）海滩修复养护区域评估，确定海滩修复养护的适宜性。结合现场观测和数值模型分析海滩致损因素和受损机理，结合修复区域海洋生态环境保护要求，确定海滩生态修复的可行性。

（2）通过拆除不合理海岸构筑物、退堤还滩、退港还海等形式消除致使海滩受损因素，恢复海滩发育空间，可通过自然恢复或海滩养护的方式修复受损海滩。

（3）对无法自我恢复的岸段实施海滩养护工程，快速有效地提升海滩的海岸防护能力和自我缓冲作用，补偿砂砾质岸线受损区域。

（4）结合上下游海滩稳定性和生态保护要求，采用人工沙源、旁通输沙、拦沙堤、人工岬头、管沟归并等技术手段优化海滩修复布局，提升海滩整体效果，实现可持续性修复。

（5）修复海滩后滨植被，构建多层级复合型后滨植被结构，形成海岸风沙防护体系，构建后滨生态景观。

（6）通过海滩修复营造砂砾质岸滩生境，采取自然恢复的方式形成砂砾质岸滩动植物群落，进而提升海岸生态功能。

3.1.2.4　后滨植被修复

（1）植物种类选择与配置

选择不同的抗风、抗旱、耐盐、耐贫瘠的植物作为修复工具种。根据不同的生境选择不同功能要求的植物，如防风耐盐碱植物、水土保持植物、固沙植物等。优先选择乡土种，适当选用经相似区域试验切实可行的种类，杜绝外来入侵物种。

（2）苗木繁育与驯化

野外采集种子或植物繁殖体，通过苗床育种和容器苗等技术进行苗木培育，通过驯化使其适应海岸环境条件，提高植物成活率。

（3）种植方式

滨海盐碱地的植被修复主要考虑植物的生物学特性与受盐分的影响程度，根据离海远近、受到的盐分影响程度或不同的盐碱程度选择具有不同抗盐能力的植物种类，在此基础上进行乔、灌、草的林相搭配。

（4）加强管护新造林地、未成林地

除了有计划地割草、未成林抚育和林农间作外，还可以采取适当的工程措施，建设封禁设施，避免人、畜随意进入。对于幼苗死亡或冲失的地域，适时进行补苗。做好森林防火和病虫害防治工作。

根据生态环境调查结果对修复区植被的受损程度与受损原因进行分析，判断植被的可修复性，选取有针对性的后滨植被修复类型（表3-4）。

表3-4　常见后滨植被修复类型及其特点

修复类型	特点
自然恢复	对于植被退化程度较轻、幼苗和繁殖体数量较多的区域，应采取有效管护措施去除外界压力或干扰，充分发挥植被自我修复能力，无须开展人工种植
改造修复	对于植被退化程度较高、受损严重的区域，应在清理伐除腐败植被、适度间伐覆盖度高的劣质植被后进行适当的人工补植，促进植被修复或正向演替
重建修复	若植被完全退化或者丧失，则需要采用重建的方式进行植被修复，这种情况下植被的重建可在原地进行，若引起植被退化/丧失的外界压力/干扰不可消除，则应考虑异地重建

3.1.2.5　海堤生态化建设

（1）堤前岸滩防护与生态修复

根据堤前区域动力、地貌和生境条件，针对恢复岸滩形态、防止岸滩侵蚀、植被消浪固滩、提升岸滩生态功能等不同的岸滩治理需求，综合考虑采取退养还滩、清淤补水、促淤保滩、海滩养护、植被修复等方式开展堤前岸滩防护和生态修复。堤前废弃或者影响海堤安全和海岸生态功能的构筑物应清理整治；对造成水交换能力降低、水质恶化的淤泥应进行清淤疏浚整治；侵蚀岸段应采用工程措施与生态措施相结合的方式开展防护；根据堤前岸滩生境条件，选择适宜的乡土植物，种植红树林或盐沼植被或开展海滩养护。

（2）海堤堤身生态改造

对严重影响区域生态环境的海堤，可因地制宜实施堤线调整。在满足海堤安全的前提下，海堤结构宜采用斜坡式或多级平台，在条件适宜时尽可能缓坡入海。海堤可因地制宜采用生态格栅、生态护面、植被护坡等工艺进行生态化，临海侧堤脚及镇压层宜选用高孔隙率且具有一定粗糙度的天然块体作为镇压层结构材料，构建适合海洋生物附着的栖息地，可采用人工鱼礁等生态设计；临海侧护面可采用植物护面或适合海洋生物附着生长的材料；堤顶宜采用植被种植、绿道等方式提升生态功能；背海侧护面宜结合植物种植构建生态护坡。

（3）堤后生态缓冲带建设

通过种植防护林带增加物种多样性，提升缓解灾害冲击的能力。针对农田、森林、草地、湿地、林地等生态缓冲带的特点，充分利用未利用地的空间资源，采用不同的生态重构技术，构建各具特色的生态格局。

（4）退缩建坝和增设潮汐通道

对严重影响生态系统、减灾效果不明显的海堤，应采取退缩建坝、增设潮汐通道等措施，恢复海域生态系统的完整性和连通性。

3.2　盐沼湿地生态修复

湿地生态系统修复不仅包括通过人为围封保护或加强管理使受损湿地生态系统靠自然力恢复的过程，还包括通过生态技术或生态工程对退化或消失的湿地进行恢复或重建的过程。

在黄河三角洲地区，盐地碱蓬、柽柳和高地植物芦苇等的带状分布较为典型，但不同地区的具体分带模式存在一定差异。在黄河三角洲国家级自然保护区的一千二林场地区，盐地碱蓬在高程梯度上呈双峰带状分布，即盐地碱蓬占据低潮滩盐沼和陆缘两个带区，高潮滩盐沼以稀疏、生长受抑的柽柳为主，而在高地中以斑块状的芦苇、罗布麻、白茅等群落为主。在黄河三角洲国家级自然保护区的清水沟地区，在高程梯度上盐地碱蓬的两个带区非常狭窄，而中高潮滩盐沼的柽柳带区十分宽广。在黄河现行河口地区，互花米草位于盐地碱蓬带之下十分显著的一带，而盐地碱蓬广泛分布于互花米草带之外的整个盐沼，直至被基本脱离海水影响地区的以芦苇为主的高地植物所取代，因此，盐地碱蓬基本不存在双峰分带现象；柽柳主要分布在陆缘地区，和盐地碱蓬为共优势种。

3.2.1　修复方式

盐沼生态系统主要问题有土地利用类型转变导致盐沼丧失、人类开发活动引起生境退化、污染胁迫及外来物种入侵等。盐沼生态修复的方式包括有效管理的自然恢复、人工辅助修复和实施人工种植的重建性修复三种类型。

3.2.1.1 自然恢复

对于轻度受损、恢复力强的盐沼生态系统，主要采取去除外界压力或干扰、封滩保育的方式，加强保护措施、促进生态系统自然恢复。

3.2.1.2 人工辅助修复

对于中度受损的盐沼生态系统，如存在严重的胁迫因素，或其生境条件出现退化不再满足盐沼正常生长的要求，只依靠保护和管理不能实现盐沼的自然修复时，则通过消除胁迫因素并修复生境条件后，在原地利用生态系统的再生能力，或者参照本底生态系统补植适宜物种，促进生态系统修复。

3.2.1.3 重建性修复

对于严重受损的盐沼生态系统，在消除胁迫因素的基础上，围绕水文条件修复、微地貌修复、沉积物环境修复、盐沼植被修复等方面开展重建性修复。

3.2.2 修复措施

滨海湿地是一个结构复杂、功能多样的生态系统。不同项目中，滨海湿地退化生态系统的胁迫因素、退化程度和恢复目标不同，生态恢复的内容及其所采取的措施差异也很大。对于生态工程中所涉及的具体技术参数，通过大量的调查和充分认证确定可行后方可实施。通常，在一个滨海湿地恢复项目中，需同时考虑水文、基底、植被、土壤等一项或几项恢复内容。根据滨海湿地生态系统的环境和生态要素，可将生态恢复的技术措施归纳为生境修复、盐沼植被修复、有害生物防治、保育管理等方面。针对盐沼生态系统面临的不同生态问题，因地制宜采取修复措施。

3.2.2.1 生境修复

针对盐沼退化的生态问题，开展的盐沼生境修复措施类型有：

（1）湿地水文条件修复

盐沼湿地水文条件修复主要包括水系连通技术、咸淡水调控技术和消波护岸技术，根据修复地盐沼水道淤塞现状实施相应的修复措施。

①滨海盐沼湿地水系连通技术。海岸工程导致潮汐受阻的盐沼湿地，在实施海堤开口、退塘等的基础上，充分考虑湿地的潮时、潮型、潮位、潮差、波浪等多方面因素，利用已有的潮汐汊道，必要时通过数模计算设计结果实施地形地貌改造，使滨海盐沼湿地的潮汐水系得以有效修复。

②滨海盐沼湿地咸淡水调控技术。滨海盐沼湿地中的水体以咸淡水为主，除受潮汐影响外，陆地淡水输入也是一个重要影响因素。咸淡水调控技术同样需要根据退化盐沼湿地景观合理配置，并进行区域水文、水量、盐度梯度过程模拟，以达到修复后的最适状态。

③滨海盐沼湿地消波护岸技术。对于风浪较大导致盐沼岸滩侵蚀的区域，可通过沿岸抛石、修建消波栅栏、修建简易沙包防波堤坝等方式进行有效消波和减少泥沙流失。宜优先采用环保型和透水型材料，以减少对自然生态系统的影响。

（2）湿地微地貌修复

在滨海盐沼湿地水文连通和咸淡水调控技术的基础上，考虑到局部区域的地貌变化（人类活动或自然形成的区域异质化地貌），实施湿地微地貌修复工程。即通过改变部分小区域的高程，疏通小支流、沟渠，使修复后的小区域地貌类型与整体景观类型保持一致，提高生境的异质性和稳定性。

（3）沉积物修复

根据湿地水文连通和咸淡水调控技术模型，以水动力作用为主导，辅以人工干预，使湿地沉积物的基本理化性质恢复到参照生态系统的相似状态。必要时，可因地制宜采用深耕晒垡、淡水压盐排碱、添加秸秆、添加有效微生物制剂等物理或生物方法，改善沉积物结构和营养条件。

3.2.2.2　盐沼植被修复

根据盐沼植被退化现状，可采取自然恢复、人工种植（移植）等方式进行盐沼植被修复。盐沼植被自然修复主要采取去除外界压力或干扰、封滩保育的方式。

修复的区域盐沼无法通过自然再生能力实现植被自然恢复时，采用人工种植的方式修复盐沼植被。盐沼植被的人工种植（移栽）坚持采用乡土种的原则。根据盐沼植被的繁殖方式，采用根、茎、种子繁殖等进行种植或移植。考虑一年生与多年生植物的特性和耐盐、耐淹程度，在其适宜生境中进行科学扩种，以提高成活率，促成待修复湿地盐沼植被的快速修复。

3.2.2.3　有害生物防治

在科学评估当地生态群落的基础上，结合当地生态现状，开展互花米草监测和防治，在互花米草清除区域构建稳定的盐沼群落。

3.2.2.4　保育管理

保育管理是盐沼修复的重要措施，针对盐沼退化的胁迫因素，应开展海陆统筹污染防控。为保障盐沼修复项目的成功，应进行盐沼修复区域的有效管护。

（1）海陆统筹防控污染

在海漂垃圾、畜禽和养殖塘污水以及生活污水排放严重区域，加强陆源污染控制，限制沿岸居民、养殖和工业活动向盐沼排放污染物，清理影响盐沼的海漂垃圾。

（2）封滩管护

根据修复区域存在的干扰因素，在盐沼修复区制定有针对性的管护措施。管护措施包括：封滩保育，禁止在盐沼区进行与保育无关的作业，采取专人巡视看护和布设防护网等措施加强保护；定期清理盐沼区的海漂垃圾和杂草，防止互花米草等有害生物暴发。

3.3　海草床生态修复

海草床与红树林、珊瑚礁共称三大典型海洋生态系统，海草床具有较高的生产力和丰富的生物多样性。海草床不仅是海洋生物重要的栖息地，而且为海洋生物提供丰富的食物来源。然而，由于人类活动的过度干扰和全球气候变化，全球海草床呈现退化趋势，近几十年海草床的消失速度急剧增大，从每年的 0.9% 增加到每年 7.0%。海藻床也称海藻场，是一种由大型海藻群落支撑的典型近岸栖息地，是维持海岸和岛礁生态系统稳定和生物多样性的关键生境。

3.3.1 修复方式

根据退化程度，将海草床生态修复方式分为有效管理的自然恢复、人工辅助修复和实施人工种植的重建性修复三种类型。

3.3.1.1 自然恢复

对于轻度受损、恢复力强的海草床生态系统，主要采取去除外界压力或干扰、封滩（禁海）保育的方式，加强保护措施、促进生态系统自然恢复。

3.3.1.2 人工辅助修复

对于中度受损的海草床生态系统，或其生境条件出现退化不再满足海草正常生长要求，只依靠保护和管理不能实现海草床的自然修复时，则通过消除胁迫因素并修复生境条件后，在原地利用生态系统再生能力，或者参照本底生态系统补植适宜物种，促进生态系统恢复。

3.3.1.3 重建性修复

对于严重受损的海草床生态系统，在消除胁迫因素的基础上，围绕水文条件修复和海草植被恢复等方面开展重建性修复工作。

3.3.2 修复措施

针对海草床生态系统面临的不同生态问题，因地制宜采取以下修复措施：

（1）生境丧失的修复

围海养殖、围海造地、开挖航道等海域利用类型侵占海草床生境，对海草床造成了毁灭性破坏，使海草床大规模消失。在海草床完全丧失区域，可通过生境修复结合人工种植恢复海草床湿地。

（2）水动力条件改变的修复

在海草床周边区域开展涉海工程、海水养殖等活动，或者潮汐交换通道受阻，导致海草床区域水动力条件改变，造成侵蚀或淤积。清除涉海设施恢复水文动力条件或者采用防护设施改善水动力条件，促进底质环境恢复，实施海草床人工种植或者自然恢复。

（3）污染胁迫的修复

来自陆地的工业废水、生活污水以及海上排放的污染物，造成了海水水体污染，刺激水体中浮游生物、大型藻类和其他有害生物暴发，增加水体浊度，影响海草植被正常进行光合作用。针对环境污染问题，应注重海陆统筹，加强陆源和海上污染防治，清理有害生物，修复海草床关键环境，促进海草植被的自然恢复。

（4）人类活动影响的修复

过度挖掘底栖生物、底拖网、滩涂养殖等讨海活动导致大量海草地下茎和根死亡，海草床退化严重。针对讨海活动影响应加强海草床分布区域保护管理，减少人为活动影响，促进自然修复或开展人工修复。

3.3.2.1　生境修复

根据海草床退化的问题诊断，采取缓解或修正措施，改善修复地的生境条件，主要包括消除富营养化和修复水文条件。

在陆源以及海洋污染物排放严重区域，加强陆源污染控制，限制沿岸居民、养殖和工业活动向海草床排放污染物，清理影响海草床的海漂垃圾。

在因养殖活动、海洋工程等改变水动力条件而导致海草床退化的区域，合理清退区域养殖活动，拆除影响海草生长的涉海构筑物，修复区域水动力条件，促进底质环境恢复。

3.3.2.2　海草植被修复

根据海草床植被退化现状，可采取自然恢复或人工种植的方式进行海草植被修复。海草植被自然修复主要采取去除外界压力或干扰、封滩保育的方式，加强保护措施，促进修复地区的原生海草植物扩散和生长，实现生态系统自然恢复。海草人工种植措施主要包括移栽法修复和种子法修复。为削弱水动力对种植海草的干扰，可采用临时性的辅助设施，为种植（移栽）的海草提供掩蔽或者防止其被冲走，促进海草修复，如凸出沉积物表面的局部防护结构（如贻贝脊）、铁网移栽法、锚定移栽法等。

（1）移栽法修复

移栽法直接高效，适用于各种退化程度的海草床的修复。常用的移栽单元包括草块和克隆分株。在采集移栽单元时，尽量从不同海草床区域进行采集，严禁出现边修复边破坏的现象。草块移栽应在修复区域挖出比移栽单元略大的坑，将草块放入后压实；为防止被海浪冲走，分株移栽单元的固定需要借助外物。

（2）种子法修复

种子法修复是指直接利用种子或将种子培育成种苗进行的海草修复，关键是海草种子的采集、保存和种植。海草种子有生殖枝采集、种子库采集或果实采集等方式。种子采集后需保存在与采集地温盐条件相近的海水中，并尽快完成播种。主要播种方式包括直接播种法、泥块播种法、网袋播种法、机械播种法等。

（3）海草床生态恢复选址

科学选取海草床生态恢复位置是决定恢复工作成败的关键因素之一。因此，制定恢复计划时，需要对海草床的历史与现状进行充分的调查与研究。海草偏爱的生境主要是水流速度较小的沿海潟湖、河口和海湾，海草主要分布于潮间带和潮下带柔软底部区域。海草床生态恢复选址一般应遵循以下原则：①历史上有海草床记录，若有零星的海草残存，则更有利于恢复；②水深应与附近的海草床生长的地段相差无几；③尽量满足海草生长所需的生物与非生物等环境条件，其中生物因素主要包括附生藻类和动物摄食，非生物因素主要包括光照、温度、盐度、营养盐、二氧化碳、硫化物、水动力条件和自然灾害等。

（4）海草种类的选择

海草种类的选择应遵循环境适应性和基因适应性。环境适应性是指被选择的种类能够适应恢复地环境，具备存活与增长的特性。基因适应性是指被选供体具备长期生存的基因特性，这些特性可以通过选择多元化的供体或者防止距离隔离来实现。进行海草的移植和栽培前，需要了解原来海草床衰退的具体原因。在此基础上，采取缓解或修正措施，改善恢复地点的环境条件，主要包括消除富营养化以及调整水文条件等。海草移植与播种应注意移植与播种的季节、移植与播种的密度、移植与播种的方式等。另外，为了克服水动力对移植海草的扰动，有必要采取一些工程措施来增强移植地的水动力稳定性。

3.3.2.3　有害生物防治

针对导致海草床退化的有害生物问题，开展海草床有害生物防治的措施：

（1）大型藻类防治

在加强区域污染治理的基础上，开展海草分布区域水质环境和大型藻类监测预警，对胁迫海草床的大型藻类进行定期打捞清除，促进海草床自然恢复。

（2）其他有害生物防治

加强海草分布周边区域海葵等有害生物监测，对胁迫海草床的其他有害生物进行打捞清除，促进海草床自然恢复。

3.3.2.4　保育管理

保育管理是海草床修复的重要措施，针对海草床退化的胁迫干扰因素，应进行海草床修复区域的有效后期管护。

对海草修复区域采取严格的保育措施，落实管护责任，对死亡或者被海浪冲走的种植单元进行补种，及时清理修复区域的大型藻类、海胆等有害生物。避免人类活动对海草修复的干扰，严禁在修复区域进行拖网、采贝、翻挖沙虫等破坏海草床的渔业活动。

3.4　海藻场生态修复

3.4.1　修复方式

海藻场生态系统存在的主要生态问题有过度采集海藻资源引起的海藻场退化、海岸工程导致的海藻生境破坏、养殖等生产活动导致的区域污染、开发活动引起的水动力条件改变等。这些问题可能同时存在并产生协同作用，影响海藻场生物多样性和生物量。在问题诊断时，应根据实际情况分类分析。根据退化程度，将海藻场生态修复的方式分为有效管理的自然恢复、人工辅助修复和实施人工营造的重建性修复三种类型。

3.4.1.1　自然恢复

对于轻度受损、恢复力强、自然种源补充良好的海藻场生态系统，主要采取去除外界压力或干扰、封滩保育的方式，加强保护措施、促进生态系统自然恢复。常见的干扰因素包括过度采集海藻资源、污水排放、无序养殖和海漂垃圾排放等。

3.4.1.2　人工辅助修复

中度受损的海藻场生态系统缺乏有效的种源补充或其生境条件出现退化不再满足大型藻类生长的要求，只依靠保护和管理不能实现海藻场的自然修复时，则通过消除威胁因素并修复生境条件后，在原地利用生态系统再生能力，或者根据参照生态系统补充海藻种源或移植种藻，促进生态系统恢复。

3.4.1.3　重建性修复

对于严重受损的海藻场生态系统，在消除威胁因素的基础上，围绕水文条件修复和海藻物种恢复等方面开展重建性修复。由于海藻具有固着于基岩底质的特殊生态特性，应以补充种源、促进附着、加强管护为重建性修复原则。

3.4.2 修复措施

针对海藻场生态系统面临的不同生态问题，因地制宜采取修复措施。

3.4.2.1 生境修复

根据海藻场退化的问题诊断，采取缓解或修复措施，改善修复地的生境条件，主要包括基底修复、消除富营养化和水文条件修复。

针对围海养殖和海岸工程导致的海藻场生境丧失，应及时清退违规养殖场、恢复海藻场生境，或者在海岸工程中预留或改造获得适宜海藻附着生长的基底。

针对陆源工业废水、生活污水以及海洋污染物排放严重区域，加强陆源污染控制，限制沿岸居民、养殖和工业活动向海藻场排放污染物，清理影响海藻场的海漂垃圾。

针对因养殖活动、海洋工程等改变水动力条件导致海藻场退化的区域，合理清退区域养殖活动，拆除违法违规涉海构筑物，修复区域水动力条件。

为削弱水动力对大型藻类的干扰，可采用临时性的辅助设施，促进大型藻类恢复。在必要的区域，可以采用投放藻礁的方式改善或营造海藻生境。投放藻礁时应经过详细论证并符合行业主管部门及地方的各项相关规定。

3.4.2.2 海藻物种修复

根据海藻场资源退化现状，可采取自然恢复或人工种植的方式进行海藻场修复。海藻场海藻物种自然修复主要采取去除外界压力或干扰、加强管理和保护措施，促进修复地的原生大型藻类扩散和生长，实现生态系统自然恢复。海藻场海藻物种人工修复措施主要通过种藻移植法和人工撒播海藻孢子（幼植体）法进行种源补充修复。

（1）种藻移植法修复

种藻移植法直接高效，适用于各种退化程度的海藻场的修复。退潮时在潮间带直接将移植的种藻固定于基岩底质上，也可以通过潜水作业或重物绑定的方式在目标海域直接沉放。种藻的移植工作还包括种藻在原生存海域的采集或者人工繁育。

（2）人工撒播海藻孢子（幼植体）法修复

通过人工刺激的方式获得含有海藻孢子（幼植体）的孢子水（幼植体水），直接均匀撒播于目标海区，并采取管护措施促进附着。对于投放人工藻礁的方式，移植与播种工作主要是指含有营养盐和苗种的礁体在陆基工厂的制备及适应性培养、运输、投放等。

3.4.2.3 敌害生物防治

针对常见的导致海藻场退化的敌害生物问题，开展的海藻场敌害生物防治措施有：

（1）附生性硅藻类、附生性杂藻类防治

加强大型藻类分布区域水质环境监测预警，对威胁海藻场的附生性硅藻类、附生性杂藻类可通过改善水体交换、手工摘除或化学药杀等方法，促进海藻场自然恢复。

（2）其他敌害生物防治

加强大型藻类分布区及周边区域敌害生物监测，对威胁海藻场的敌害生物通过提高培苗水层或使用淡水浸泡改变渗透压，促进海藻场自然恢复。

3.4.2.4 保育管理

保育管理是海藻场修复的重要措施，针对海藻场退化的威胁干扰因素，应进行海藻场修复区域的有效后期管护。对大型藻类修复区域采取严格的保育措施，落实管护责任，对于未成熟的海藻场生态系统，及时补充营养盐等无机物，修整生态系统的各级生产力，及时清理修复区域的附生性硅藻类、附生性杂藻类、移动性动物、固着性动物等敌害生物。进行海洋动物的底播增殖、生物种质的改良等工作，逐步增加该生态系统的生物多样性。避免人为活动对大型藻类修复的干扰，严禁在修复区域及周边海域进行拖网、采贝等破坏海藻场的渔业活动。管护时间宜设定为 2~4 年。

3.5　牡蛎礁生态修复

3.5.1　修复方式

针对人类活动（如采捕过度、环境污染、水动力改变）等造成的牡蛎礁生态系统退化问题以及需要通过构建牡蛎礁改善海域水质、增加生物多样性、提高海岸减灾能力等区域，采用自然恢复、人工辅助修复和重建性修复相结合的方式，修复退化的牡蛎礁生态系统。

3.5.1.1　自然恢复

对于轻度受损、大面积的天然牡蛎礁区，主要采取去除外界压力或干扰、封闭式养护等方法，加强保护措施促进生态系统自然恢复。牡蛎礁退化的主要干扰因素是过度采捕和敌害生物入侵。

3.5.1.2　人工辅助修复

对于中度受损、小面积的天然牡蛎礁区，根据前期调查结果只依靠保护和管理不能实现牡蛎礁的自然恢复时，通过少量人工辅助生态系统自然恢复。固着基受限环境，需添加构建人工牡蛎礁体；补充量受限环境，需补充牡蛎。

3.5.1.3　重建性修复

对于严重受损的牡蛎礁生态系统，无法通过再生或者在少量人工辅助下实现自我恢复的，根据前期调查结果，在消除胁迫因素的基础上，通过先构建人工牡蛎礁体再移植牡蛎的方法进行重建性修复。

3.5.2　修复措施

牡蛎礁生态系统退化的主要原因有过度采捕、水体污染、海洋工程引起的水动力变化等，造成牡蛎补充量不足或牡蛎固着基不足。应根据牡蛎礁生态系统面临的不同生态问题，因地制宜采用修复措施。

3.5.2.1　过度采捕导致生态失衡

造礁牡蛎被过度采捕导致生态失衡，原有的牡蛎礁生境被藤壶等竞争者占据，甚至消失殆尽，牡蛎礁失去自我维持能力。针对这类问题，需要补充牡蛎成体或稚贝，通过巡逻等保护管理措施对牡蛎礁实行封闭式养护，逐渐恢复牡蛎礁的自我维持能力。

3.5.2.2　海洋工程改变冲淤环境导致牡蛎缺少固着基

海洋工程和海塘建设等人为活动造成的水动力条件改变、沿岸淤积严重、底质类型改变和滩涂地形地貌改变等导致沿岸缺少硬相底质，牡蛎难以固着。针对这类问题，在牡蛎补充量充足的前提下，需构建人工礁体，增加牡蛎固着范围。

3.5.2.3 敌害生物入侵和病害导致牡蛎大量死亡

牡蛎的敌害生物包括牡蛎的捕食者、竞争者和外来入侵生物等。牡蛎的捕食者有黑鲷、鳎等肉食性鱼类，红螺、荔枝螺等肉食性螺类，海星等棘皮动物，拟穴青蟹等甲壳动物，蛎鹬等鸟类；牡蛎的竞争者有藤壶、紫贻贝、海鞘、苔藓虫等固着生物。针对敌害生物问题，需要不定期采取捕捉、驱赶等措施进行清除，补充牡蛎使牡蛎重新成为礁区的优势物种。针对病害问题，目前尚无治疗方法，但需要采取一定的预防措施，在牡蛎固着生长前将固着基彻底清刷干净，将老、死牡蛎完全除掉或对固着基进行暴晒；采用补充牡蛎的方法修复时，避免使用已感染的牡蛎。

3.5.2.4 污染胁迫导致海域环境不适宜造礁牡蛎生长

我国沿海社会、经济的迅猛发展给邻近的牡蛎礁生态环境带来污染，使得许多历史上有牡蛎礁分布的地区如今已不适宜造礁牡蛎的生长。针对这类问题，宜通过污染管控改善水质，直到该区域水质重新适宜造礁牡蛎的生长，而后再根据实际情况考虑适宜的修复措施。

3.6 外来物种（互花米草）入侵控制与治理

互花米草（*Spartina alterniflora* Loisel）为禾本科米草属（*Spartina*）多年生草本植物，原产于大西洋沿岸和墨西哥湾，从加拿大的纽芬兰到墨西哥海岸均有分布。我国于1979 年从美国引种互花米草，首先将其移栽至福建罗源湾，种子成熟后再经沿海省份滩涂多点引种。目前互花米草种群在我国呈现爆发式增长，分布面积在疯狂扩张。2003 年 3月，国家环境保护总局和中国科学院联合公布了首批入侵我国的 16 种物种名单，互花米草作为唯一的海岸盐沼植物名列其中，已成为我国沿海滩涂最重要的入侵植物。

国内外学者对互花米草的防治和控制的研究已经做了不少工作。国内在互花米草的治理方面也已开展了一些试探性实践工作，但目前在互花米草根治上仍没有推广性强且效果好的方法。在互花米草的清除上，目前常用的方法有物理防治法、化学防治法和生物替代法等。

3.6.1 物理防治法

又称机械防除法，包括应用人力或机械装置对互花米草采取拔除幼苗、织物覆盖、连续刈割、水淹、掩埋以及围堤等措施来控制其生长。物理防治法虽然在短时间内比较有效，但是大多费时费力，成本也较高。而且，互花米草作为外来物种本身对物理胁迫或干扰有很强的抵抗力，其强繁殖力使得防治需年年进行。近些年来随着互花米草切割机械的发展，对互花米草的清除效率提高，成本也进一步降低，互花米草的机械清除为今后发展的重点方向。

3.6.2 化学防治法

主要是应用各种药物来清除外来入侵物种。药剂的专一性、剂量以及施药时间等很重要。应用除草剂防除互花米草通常只能清除地表以上部分，对滩涂中的种子和根系的清除效果较差。而且化学防治通常被认为需谨慎地选择，因为化学品通常具有一定的毒性且有残毒问题，除草剂的使用会影响土壤或本地生态系统，在杀死互花米草的同时也容易杀死其他生物，并容易造成环境污染，使防治区干扰程度加大，对生态系统中动植物的区系、生态环境以及人类健康、经济发展等造成影响。

3.6.3　生物替代法

近年来已有不少生物替代的报道和实验。生物替代的核心是根据植物群落演替的自身规律，利用具有生态和经济价值的植物取代外来入侵植物，恢复和重建合理的生态系统结构和功能，形成良性演替的生态群落的一种生态学防治技术。江苏苏北互花米草治理时，结合生境改造技术实现了利用处于同一生态位的芦苇替代互花米草；广东珠海淇澳岛引入海桑和原产于孟加拉国的无瓣海桑来替代互花米草；福建云霄红树林也利用乡土红树秋茄和木榄替代互花米草。

3.7　海岛生态修复

海岛存在面积相对较小、生态系统较为脆弱、资源环境易受损等特点，海岛生态修复应以"维护或恢复海岛生态系统完整性、陆海统筹、多措联动、整体设计"为原则，采用自然恢复为主、人工修复为辅的措施，开展海岛周边海域、潮间带和岛陆空间的生态修复，提升海岛生态环境质量，发挥海岛生态服务功能。通过调查和资料分析掌握海岛自然地理和地质环境、岛陆及周边海域自然资源、海岛动植物分布及典型生态系统、自然灾害，结合收集的涉岛工程的概况、施工情况、空间分布、岸线利用情况、已采取的生态保护措施等，分析海岛生态问题，评估受损状况，为制定生态保护修复与管控措施、开展整治修复等提供依据。

3.7.1　修复方式

根据退化及受损程度，将海岛生态修复的方式分为有效管理的自然恢复、人工辅助恢复和生态系统重建性修复三种类型。

3.7.1.1　自然恢复

适用于退化程度较轻、可自然恢复到相对稳定状态的海岛生态系统，如受乱砍滥伐、过度放牧、过度捕捞等影响但未严重改变地形地貌海岛和减少生物资源的，可采取封山育林、改变放牧时间和放牧强度或停止放牧、严格执行休渔期禁止捕捞规定等措施，消除外界压力或干扰因素，促进生态系统自然恢复到相对稳定的状态。

3.7.1.2　人工辅助恢复

适用于海岛生境受损退化未显现的情形。主要针对需要花费大量的人力、物力逆转受损海岛生态系统的情形，通过人为辅助调控结合自然恢复过程，经过较长时间来恢复生态系统。这种修复类型的海岛生态系统的特点是生物多样性下降、生产力下降、植物种类发生明显变化，但土壤和沉积物未显著受损。消除胁迫因素并修复生境条件后，在原地利用生态系统再生能力，或者参照本底生态系统予以针对性修复，促进生态系统恢复。

3.7.1.3　重建性修复

在海岛生境几乎丧失生态功能，并在相对短的时间内无法自然恢复的情况下，需重建非生物环境，以岛陆土壤修复为基础，保护土壤表层，减少水土流失，增加土壤渗透性，提高土壤的水分维持能力和肥力，为岛陆植被的修复提供适宜的微环境，逐步开展重建性修复。

3.7.2　修复措施

3.7.2.1　岛体地形地貌保护修复

岛体地形地貌修复的主要技术措施为边坡工程，主要针对滑坡和边坡水土流失进行治理。

（1）滑坡治理

利用抗滑挡墙和边坡锚固作为排水、减重及加固措施。确定潜在滑移块体的位置、规模、形态、大小及稳定状态，确定边坡的工程性质与稳定性重要程度，选择合理的破坏准则和安全系数，决定锚杆布局、安设角度及预应力值，设计锚杆和锚杆体的类型和尺寸，验算锚杆稳定性和设计锚头等主要内容。

（2）边坡水土流失的治理

海岛边坡防护技术形式多样，如喷混植生、格构防护、喷锚支护等。喷混植生适用于坡比为（1∶1）～（1∶0.5）的非光滑岩坡面，如砾石层、软石、破碎岩、较硬的岩石、极酸性岩土、开挖后的岩体边坡以及挡土墙、护面墙、混凝土结构边坡等不宜绿化的恶劣环境。格构防护适用于风化较严重的岩质边坡、坡面稳定的较高土质边坡和松散堆积体滑坡的治理，适用于有视觉景观和生态效果要求或边坡稳定性要求较高的公共场所。喷锚支护能使锚杆、混凝土喷层和围岩形成共同作用的体系，有效地稳定围岩，防止岩体松动、分离。岩体比较破碎时，还可以利用丝网拉挡锚杆之间的小岩块，增强混凝土喷层，辅助喷锚支护，防止个别危石崩落引起的坍塌。

3.7.2.2　植被与植物资源保护修复

岛陆植被修复是对海岛上自然因素或人为因素导致的植被破坏或植被发育差的区域进行人工修复，以增加海岛绿化面积、保持水土、促进水源涵养、改良海岛土壤、改善海岛生态环境、美化海岛、提高海岛开发利用价值、促进海岛经济发展。由于地理隔离、相对封闭，海岛上土壤贫瘠及淡水资源缺乏等，海岛生态系统稳定性差，植被种植存活率低。另外，海岛上的高风速、高盐分也是制约植物生长发育的重要因素。生境差异导致形成不同的小气候，间接影响植物的生长发育。例如，盐雾对植物生长和发育的胁迫、不同坡向的植物水分利用效率影响显著，这些都是海岛植被生态修复应充分考虑的因素。

在海岛和海岸带区域恢复植被存在一定的难度，采用生态修复，通过人工辅助的方法，参照自然规律，创造良好的环境，恢复天然的生态系统，主要是重新创造、引导或加速自然演化过程。在植物选择上，从植被恢复的短期效益和长期效果出发，选取有利于重建海岛植物群落、恢复海岛自然植被顺向演替过程中的先锋种或阶段种，同时根据立地情况，宜林则林、宜草则草、宜荒则荒。

生态修复方法包括物种框架法和最大生物多样性方法。所谓物种框架法是指在离海岛天然植被不远的地方，建立一个或一群物种，作为恢复生态系统的基本框架，通常是植物群落中的演替早期阶段物种或演替中期阶段物种。而最大生物多样性方法是指尽可能地按照该生态系统退化前的物种组成及多样性水平种植进行恢复，需要大量种植演替成熟阶段的物种、忽略先锋物种。无论哪种方法，在这些过程中要对恢复地点做好准备，注意种子采集和种苗培育、种植和抚育、防风加固、植物选配等辅助手段，加强利用自然力，控制杂草，做好后期养护和病虫害防治，用乡土种进行生态恢复的教育和研究。针对海岛植物生长限制因素，海岛植被生态修复将从方案设计、土壤改良、植物配置、种植施工及养护管理 5 个方面开展相关工作。

（1）方案设计

方案设计是海岛生态恢复技术的核心，而植物筛选则是方案设计的关键，应根据适地适树的原则选择海岛适生植物种。乡土种经过了长期的自然选择及物种演替，适应性强，对当地的极端气温和洪涝干旱等自然灾害具有良好的适应性和抗逆性。基于海岛植物生长的限制性条件，应优先考虑具有抗风、耐盐、耐旱、耐贫瘠等特性的植物。除此之外，树种的选择还需遵守多树种混交原则、乡土种和引种驯化相结合原则等。适生植物的筛选对于构建海岛特色植被景观、保护海岛特有种具有一定的意义，同时也能减少海岛面临的气候灾害。

（2）土壤改良

海岛以滨海风沙土、黄赤土、赤红壤、粗骨性红壤等土壤类型为主，土层深厚，质地黏重，肥力较差。种植前，针对贫瘠土壤，根据植被生态修复区域土壤类型的理化性状等特点，结合现场修复植物的不同种类和特性要求，进行科学的种植土配土改良。针对土壤的不良性状和障碍因素，采取相应的物理或化学措施，改善土壤性状，提高土壤肥力，增加植物产量，同时要做到因地制宜，营造与周边环境相协调的地形地貌，还要求符合植被恢复作业需要，以此营造优良的海岛土壤环境。土壤类型不同，种植土改良配方有差异。常见的种植土参考配方（体积比）如下：滨海风沙土、赤红壤、腐殖土的比例为 3：5：2，黄赤土、腐殖土的比例为 8：2，赤红壤、腐殖土的比例为 9：1，粗骨性红壤、腐殖土的比例为 7：3。

土壤改造的方法主要包括人工干预措施、增施有机物质（施肥）、土壤动物改良和土壤植物改良。人为干预措施通过采取工程或生物措施，增加土壤有机质和养分含量，改良土壤性状，提高土壤肥力；有机物质不仅含有植物生长和发育所必需的各种营养元素，还可以改良土壤物理性质，提高土壤的缓冲能力，降低土壤盐分含量。有机物质种类很多，包括人畜粪便、污水污泥、有机堆肥、泥炭类物质等。土壤动物作为生态系统不可缺少的成分，一直扮演着消费者和分解者的重要角色，因此，在土壤中若能引进一些有益的土壤动物，将能使重建的系统功能更加完善，加快生态恢复的进程。植被是土壤有机物质最主要的来源，土壤植被改良对土壤物理、化学和生物学性质有着深刻的影响，自然植被的保护及恢复是抑制土壤退化、维持生态系统平衡的根本。

（3）植物配置

配置海岛植物时应以中、小规格的矮壮苗木为主，乔灌草、针阔叶、常绿与落叶、速生与慢生、叶花果等相结合，形成多树种、多层次、多功能、多样的生态系统。充分考虑植物对温度、光照及土壤基质的需求，还应综合考虑海岸类型、植物的抗风等级、海岛属性等因素。不同海岸类型的生境不同，对植物的需求不同；按照不同植物的风力层级进行配置，可最大限度地发挥植物的功效；海岛分为有居民海岛和无居民海岛，有居民海岛的植物种植应在保证生态效益的前提下结合景观优化提升，而无居民海岛则应以生态系统功能修复为主。

（4）种植施工

在种植施工过程中，综合考虑植物习性、气候条件及海岛的具体环境特点，通常春季种植优于秋冬季，应避免在东北风盛行的秋冬季种植，或者选择雨水湿透土壤和种植后有连续阴雨的天气。物种的选择，尽量避免选择单一物种，因其存在林分结构单一、衰退较快、林分稳定性差等问题，进而制约了可持续发展。应选择混交种植，以优化植物群落配置，提高植被生态系统中的植物物种多样性和群落稳定性。除此之外，海岛的植被修复还需要一些辅助措施，以提高种植苗木的成活率。节水抗旱措施是其中的重要环节，根据种植现场的地理位置、自然条件及种植季节，在种植过程中喷施营养液、保水剂、生根剂、抗蒸腾剂等。防风固沙是海岛滨海地带植被修复的关键，防风通常以搭建防风篱笆或防风网类风障来实现较好的海岛植被修复效果。

（5）养护管理

在恶劣的海岛环境中，土壤和气候条件对幼树的成活率影响很大，应格外重视植物的养护管理措施。进行岛陆植被修复后，必须加强抚育管理，种植植物后应及时浇水，将土踩实，并浇透定根水。还必须做好固定工作，可用三脚架支撑，也可用多种形式进行固定。日常的养护管理主要包括及时浇水、松土、除草、间伐、防治病虫害、苗木整形与修剪、防寒和防冻等。抚育幼林要做到三不伤、二净、一培土。三不伤是不伤根、不伤皮、不伤梢；二净是杂草除净、石块捡净；一培土是把锄松的土壤培到植株根部。

3.7.2.3　动物栖息地修复

海岛是鸟类迁徙、繁衍及栖息的重要场所，人为或自然因素造成鸟类栖息及迁徙地遭受破坏或占用，导致鸟类不再在这些海岛上停歇，因此，在鸟类及其栖息地的生态修复过程中，需实施具有针对性的环境修复措施，具体的措施如下。

（1）生境修复

针对生境的植被恢复通常采取封禁等自然恢复方法或人工辅助自然恢复的措施。海岛上的滩涂、沼泽、灌丛、疏林等通过封育措施能够恢复林草植被时，应采取封禁方式恢复；经封育不能恢复或恢复较慢的区域，应采取补植（播）乡土种等人工措施辅助恢复植被；水生植被恢复应以能够稳定、恢复或改善湿地生态环境质量且能定植的沉水、浮水和挺水植物物种为主。

（2）生境改善

生境改善措施主要根据保护对象的生物学习性和生态特征确定。要综合考虑海岛上动物的特性、食物的可利用性、捕食和竞争等因素，在满足动物对生境的基本需求的基础上，要重视构建野生动物生活的小环境。生境改善主要采取微地形改造、植被控制、食源种群重建、水深控制、补充食源地等措施。

（3）生态廊道构建

加强野生动物及其栖息地生境保护恢复，连通物种迁徙扩散生态廊道；加强候鸟迁徙沿线重点海岛湿地保护，开展退化水域、湿地修复，提高水域连通性；开展退围还海还滩，岸滩修复，河口海湾生态修复，红树林、珊瑚礁等典型海洋生态系统保护修复、热带雨林保护，防护林体系等工程建设。提升重要区域生态环境，推进陆海统筹治理，促进近岸局部海域海洋水动力条件恢复；维护海岛海岸带重要生态廊道，保护生物多样性；恢复典型滨海湿地生态系统结构和功能，提升海岛海岸带生态系统服务功能和防灾减灾能力。

3.7.2.4　海岛污染处理

（1）生活污水处理工程包括污水收集管网和污水处理设施两部分，污水处理后需要继续回用的还需要配套污水回用设施。优先采用低成本、易管理、少维护的工艺，如厌氧池、生物塘、人工湿地等处理技术。处理后的生活污水尽可能回用，可用于农业灌溉、景观绿化、地层回灌等方面。

（2）对生活垃圾进行初步的分类后，将不能回收的垃圾集中收集到专门的垃圾处理场所，根据垃圾种类及海岛具体情况采用堆肥、焚烧、卫生填埋等一种或多种方法组合处理，尽量避免垃圾渗滤水对环境造成污染。

（3）及时清理和妥善处置无居民海岛的海漂垃圾。

（4）针对海岛周边海域及滩涂油污，鼓励利用生物尤其是微生物及其产物，诱导或加快环境中溢油的降解，修复受污染环境。

3.8　海洋生态修复适宜性分析

针对修复区域的生态系统受损以及海洋生境恶化的生态问题，从恢复原有生态系统、改变生态环境现状、提高防灾减灾能力要求等方面精准施策，一方面通过盐地碱蓬修复、海草床和贝藻礁修复等措施来恢复和提升区域植被潮滩生态系统的功能，净化水质，另一方面通过实施牡蛎礁修复、贝藻礁修复、砂质海岸修复及海堤和沿岸工程整治改造，结合盐地碱蓬修复等其他措施，进一步提升海岸带消浪弱流的能力，减缓局部区域岸线侵蚀速率，提高海岸带生态系统的安全性和稳定性。修复项目在生态环境方面及生态系统稳定性等方面均须具备修复适宜性。通过多项措施组合实施，打造海岸带生态防护生境，促进人与自然的和谐统一发展，实现社会效益、生态效益的有机统一。

3.8.1　海草床修复适宜性分析

根据《海岸带生态减灾修复技术导则 第 5 部分：海草床》（T/CAOE 21.5—2020）中给出的生态修复适宜性评价指标，海草床修复区域的环境条件应满足海草生物学生长的相关要求，适宜性分析内容主要包括：

（1）海流流速相对平缓，不宜超过 1.5m/s。

（2）水体盐度相对稳定，不低于 20。

（3）无大量悬浮泥沙来源，透光度较高。

（4）沉积物中硫化物含量不高于 $500\mu g/g$。

（5）底质表层为黏土质粉沙、粉沙质沙或细沙。

（6）海水污染、渔业活动等人类干扰较少，海水符合《海水水质标准》（GB 3097）

规定的三类以上水质标准。

根据以上指标，对拟修复的海草床区域进行分区：适宜修复区、可改造修复区和不适宜修复区，具体按照以下要求划定。

（1）满足评价指标所有条件为适宜修复区。

（2）基本满足评价指标的条件，但主要受海水污染、渔业生产等人类活动干扰的退化海草床，可以通过控制人类活动干扰及其他人工措施使生境得到改善的区域为可改造修复区。

（3）不满足海草生长条件且生境改善不可行或与当地规划相冲突的区域为不适宜修复区。

3.8.2　盐地碱蓬修复适宜性分析

根据《海岸带生态减灾修复技术导则 第 3 部分：盐沼》（T/CAOE 21.3—2020）中的要求，盐沼植被修复适宜性分析的主要内容如下：

（1）水动力与水环境状况，工程区水系应能够为盐沼生态系统提供正常的维持和调节功能。

（2）沉积物条件，工程区沉积物应能够维持盐沼基本功能。盐沼内部沉积环境应为淤泥质或泥炭质。

（3）植被选择，修复应选择本地植物。

（4）威胁因素，工程区应考虑水产养殖、渔业捕捞、海岸带工程、排污状况、周边资源利用、旅游开发等活动，并通过有效措施进行管理。

3.8.3　牡蛎礁修复适宜性分析

根据《海岸带生态减灾修复技术导则 第 6 部分：牡蛎礁》（T/CAOE 21.6—2020）有关规定，牡蛎礁修复生境适宜性分析内容包括牡蛎分布、水温、盐度、溶解氧等自然因素及海域利用等人为因素，牡蛎生境适宜性评价指标见表 3-5。满足表 3-5 中所有要素的适宜范围，表明评价区域适宜牡蛎栖息；不满足表 3-5 中任何一项要素的适宜范围，表明评价区域不适宜牡蛎栖息。我国主要造礁牡蛎物种部分指标适宜范围见表 3-6。

表 3-5　牡蛎生境适宜性评价指标

评价指标	评价要素	适宜范围
自然因素	牡蛎分布	历史上或现在有牡蛎礁或牡蛎分布的海区或对牡蛎礁生态减灾功能有需求且环境适宜的海区
	水温	水温适宜牡蛎生存。部分造礁牡蛎适宜水温可参考表 4-6
	盐度	盐度适宜牡蛎生存。部分造礁牡蛎适宜盐度可参考表 4-6
	溶解氧	连续 24h 中，16h 以上大于 5mg/L，其余任何时候不低于 3mg/L
	pH	7.8~8.5
	地形	地形平缓或平坦，坡度小于 5°
	水动力	潮流通畅，无漩涡流、对撞流，牡蛎繁殖期流速不大于 60cm/s
	沉积速率	沉积速率小于牡蛎礁体高度增长速率
	底质类型	选择较硬、泥沙淤积少的底质，避开淤泥较深的软泥底和流速大的细沙底水域
人为因素	海域利用	避开海洋倾废区、盐场、电厂取排水口、码头、航道等人类活动影响严重区域

表 3 - 6　我国主要造礁牡蛎物种部分指标适宜范围

牡蛎物种	主要分布区域	繁殖期	繁殖期温度、盐度		生长期温度、盐度	
			温度	盐度	温度	盐度
香港牡蛎（Crassostrea hongkongensis）	广东、广西及海南沿海，潮间带至10m水深的浅海	4—7月、9—11月	24～31℃	3～20	6～32℃	3～20
福建牡蛎（原葡萄牙牡蛎）（Crassostrea angulata）	浙江、福建、广东、广西、台湾及海南沿海，潮间带至10m水深的浅海	4—10月	22～30℃	20～30	5～30℃	25～30
长牡蛎（Crassostrea gigas）	辽宁至江苏沿海，潮间带至10m水深的浅海	5—8月	20～26℃	20～30	5～30℃	20～32
熊本牡蛎（Crassostrea sikamea）	江苏南通以南沿海的海湾及河口潮间带区域	6—8月	20～28℃	18～35	5～30℃	7～30
近江牡蛎（Crassostrea ariakensis）	鸭绿江口到海南沿海，低潮线至10m水深的河口、海湾及附近浅海	5—8月	24～31℃	15～25	3～32℃	6～33

3.8.4　贝藻礁修复区域生境适宜性分析

　　浅海海域靠近大陆，有充足的陆源营养盐、适宜的流速和风浪，适宜海上增殖设施建设和管理，是海藻养殖最集中的区域。藻类植物对海洋生境的要求较高，主要涉及水温、透明度、营养盐、盐度等要素。下面以江蓠科的龙须菜为例，分析贝藻礁修复区域生境适宜性。

　　海藻修复的海区选择需要考虑的因素主要包括海区的水深、水质、底质、潮流、透明度等；水质清洁无污染，符合国家海水水质标准中的二类水质要求，氮、磷等营养盐适度偏高为宜；底质以平坦的泥底和泥沙底为最好，较硬的沙底次之，以方便礁体设置为选择标准；风浪是影响安全生产的关键因素，一般风浪小的海区适宜海藻养殖，但具有一定水流，尤其是具有上升流的海区最佳，通常流速越大，海藻生长越好，不同海藻对流速的要求存在差异。透明度影响养殖海藻的受光，透明度以 1～3m 为宜，透明度稳定是关键。不同海藻对水温和盐度的要求差异较大，需要根据具体海藻的生物学特征来选取适宜的海区。根据文献《水温、盐度、pH 和光照度对龙须菜生长的影响》，水深 2m 处龙须菜生长最好，1.5m、1.0m 水深处栽培的龙须菜生长最慢。相同试验条件下，定期分苗组藻体总湿重比未分苗组高；光照度 <3 000lx 时龙须菜生长较好，光照度 >6 000lx 时龙须菜生长相对差一些；池塘水温在 19～27℃时龙须菜生长良好。研究表明，龙须菜生长受水温和光照度影响较为显著，水体盐度和 pH 变化对龙须菜生长影响不显著；龙须菜对水体中的营养盐具有较强的吸收能力。

　　江蓠科海藻的生长适温很广，一般在 3～30℃条件下都可以生长，最适水温 15～25℃。北方 5—8 月生长最快，1—2 月温度低时，生长极慢，几乎停止生长。野生型龙须菜的适温范围是 12～23℃，龙须菜栽培的适宜温度是 12～26℃。因此在北方较为适宜的栽培时间为 5 月中下旬至 11 月中旬，在南方是 11 月中旬至翌年 5 月中旬，中国南北方适宜栽培时间恰好覆盖全年。龙须菜南移栽培形成了"南用北调""北用南调"的南北互调种苗的格局，实现了全国范围内的全年栽培，促进了龙须菜栽培产业的发展。

龙须菜新品种鲁龙 1 号养殖要求：栽培海区水质符合于《海水水质标准》（GB 3097—1997）的要求；水质较肥，营养盐含量可适当偏高，总氮含量在 $50\mu g/L$ 以上；海水盐度为 $25\sim34$，最适为 28；水流通畅，流速在 $10\sim20cm/s$。

3.8.5　砂质海岸修复适宜性分析

根据《海岸带生态减灾修复技术导则　第 7 部分：砂质海岸》（T/CAOE 21.7—2020）中的要求，砂质海岸修复适宜性分析的主要内容如下：

3.8.5.1　砂质海岸受损机理分析

包括砂质海岸受损情况、砂质海岸输沙状态，周边人为活动、构筑物对海滩的影响、侵蚀热点区域成因；采用历史变化比对和相邻或相似岸段比对的方法分析海岸受损原因。

3.8.5.2　动力环境适宜性分析

采用现场调查和数值模拟方法分析修复区近海波浪动力条件，评估水深地形、岸线形态和构筑物对波浪动力的影响、沿岸方向波能分布特征，分析侵蚀热点的潜在区域、修复海滩泥化的可能性。

3.8.5.3　海岸地形地貌适宜性分析

包括工程区地形地貌是否具备或通过人工构筑物形成适宜海滩形成的地形地貌环境，现有砂质海岸地貌的波浪消耗能力和对风暴潮的缓冲能力。

3.8.5.4　生态与环境适宜性分析

近岸水质条件、沉积物是否满足修复需求，应满足《海滩养护与修复技术指南》（HY/T 255—2018）中 4.4 和 7.5 的要求；修复区的生态敏感目标及岸滩填沙施工和后续岸滩演化的生态影响。

砂质海岸修复区域指标应满足表 3-7 列出的适宜范围。有一项不满足则判定为不适宜修复区。

表 3-7　砂质海岸生态减灾修复可行性判定指标

评价指标类别	指标名称	适宜性条件
地形地貌	岸线形态	各种开阔岸线类型，以岬湾为主
	水下岸坡坡度	小于 1/20
	海堤前沿水深	小于 3m
动力条件	波浪	年有效波高大于 0.5m
沉积物	潮间带沉积物	砂质、砂砾质或沙泥混合
生物生态	潮间带底栖生物	无保护类底栖动植物
人为活动	采捕养殖	无潮间带和后滨高地养殖
	近岸采沙区	闭合深度内无采沙活动
	围填海	导堤外侧海域
	规划符合性	符合相关规划中对于海岸修复的要求

3.8.6　连岛海堤和沿岸工程整治改造适宜性分析

根据《海岸带生态减灾修复技术导则 第9部分：连岛海堤和沿岸工程整治改造》（T/CAOE 21.9—2020）中的要求，根据连岛海堤和沿岸工程所在区域生态功能定位、区域环境特征、海洋灾害防御要求及工程实际情况，从能否改善水动力条件、冲淤环境，恢复自然岸线，营造生态海岸，不降低海洋灾害防御能力，避免重大利益冲突等方面进行整治改造适宜性综合分析，并明确提出具体的整治改造措施和目标。

整治改造措施的确定应考虑以下内容：

（1）在不降低海洋灾害防御能力的前提下，连岛海堤整治改造优先采用拆除方案，其他情形可采用海堤开口方案。

（2）需要保留交通等功能的连岛海堤，可采用海堤开口方案，并考虑后续工程的接续关系。

（3）对不符合生态环保要求、不利于防范灾害的沿岸工程，应优先考虑拆除方案。

（4）对不符合生态环保要求但需要保留现有功能的沿岸工程，采用透水化改造方案。

第4章　山东省海洋生态保护修复研究背景

4.1　社会经济概况

4.1.1　社会发展状况

　　根据《2023 年山东省国民经济和社会发展统计公报》，截至 2023 年年底，山东省常住人口 10 122.97 万人。其中，0～15 岁人口占总人口的 18.52%，16～59 岁人口占 57.86%，60 岁及以上人口占 23.62%。常住人口城镇化率为 65.53%，比 2022 年年末提高 0.99 个百分点。2018 年全年出生人口 61.0 万人，出生率为 6.01‰；死亡人口 83.1 万人，死亡率为 8.19‰；人口自然增长率为－2.18‰。2023 年全年山东省城镇新增就业 124.5 万人，完成全年目标的 113.2%；失业人员实现再就业 51.9 万人，就业困难人员实现就业 9.2 万人，分别完成全年目标的 162.3% 和 135.3%。2019—2023 年城镇新增就业人数如图 4-1 所示。

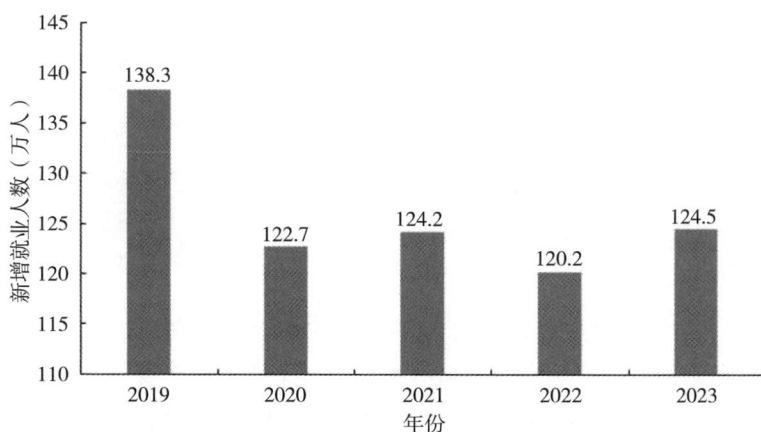

图 4-1　2019—2023 年城镇新增就业人数

　　2023 年全年山东省居民人均可支配收入 39 890 元，比 2022 年增长 6.2%。其中：城镇居民人均可支配收入 51 571 元，增长 5.1%；农村居民人均可支配收入 23 776 元，增长 7.5%。山东省居民人均消费支出 24 293 元，比 2022 年增长 7.3%。其中：城镇居民人均消费支出 30 251 元，增长 5.9%；农村居民人均消费支出 16 075 元，增长 9.5%。

2019—2023 年山东省居民人均可支配收入及其增长速度如图 4-2 所示。

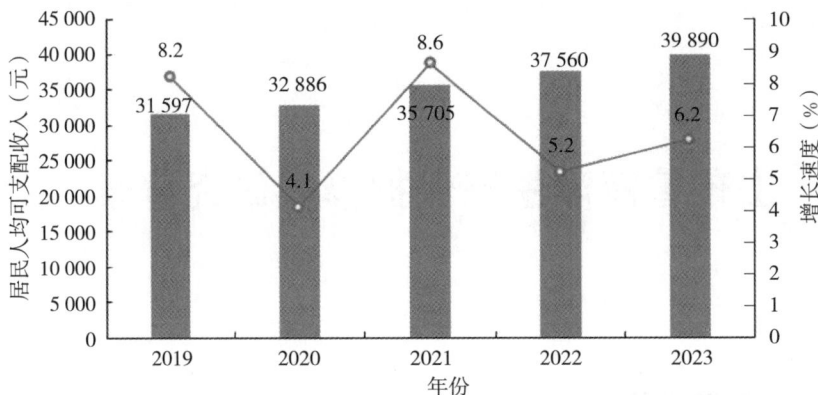

图 4-2　2019—2023 年山东省居民人均可支配收入及其增长速度

4.1.2　经济发展状况

　　根据《2023 年山东省国民经济和社会发展统计公报》，2023 年山东省全年实现地区生产总值 92 069 亿元，比 2022 年增长 5.1%。其中：第一产业增加值 6 506.2 亿元，增长 4.5%；第二产业增加值 35 987.9 亿元，增长 6.5%；第三产业增加值 49 574.6 亿元，增长 5.8%。三次产业结构为 7.1∶39.1∶53.8。2019—2023 年山东省地区生产总值如图 4-3 所示。

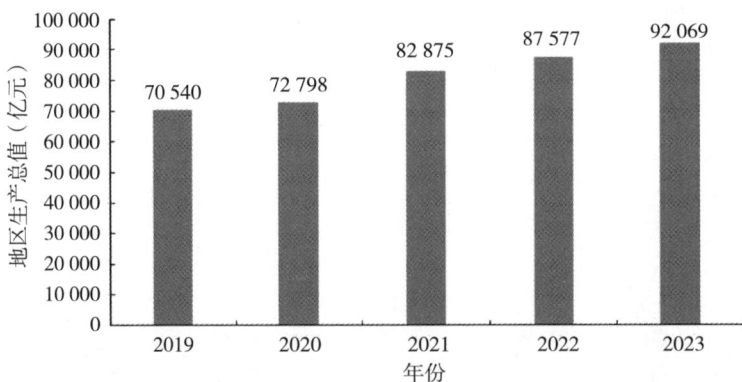

图 4-3　2019—2023 年山东省地区生产总值

　　2023 年山东省全年居民消费价格比 2022 年上涨 0.1%（表 4-1）。其中：消费品价格下降 0.3%，服务价格上涨 0.9%；食品价格下降 0.4%，非食品价格上涨 0.2%。农产品生产者价格上涨 1.0%。工业生产者出厂价格下降 3.5%。工业生产者购进价格下降 3.0%。

表 4-1　2023 年山东省居民消费价格指数（2022 年为 100）

指标	全省	城市	农村
总体	100.1	100.2	99.8

（续）

指标	全省	城市	农村
食品烟酒	100.3	100.4	99.8
粮食	101.7	101.8	101.4
鲜菜	96.8	97.1	96.0
猪肉	86.1	86.7	84.8
鸡蛋	99.6	98.9	101.1
鲜果	103.6	104.0	101.8
衣着	100.6	100.9	99.7
居住	100.1	100.1	100.1
生活用品及服务	100.0	100.1	99.6
交通通信	97.7	97.7	97.6
教育文化娱乐	102.0	102.1	101.6
健身活动	99.9	99.9	99.4
旅游	111.7	112.3	106.1
医疗保健	100.2	100.2	100.0
其他用品及服务	103.7	104.0	102.5
养老服务	100.9	100.5	102.7

2023 年全年新产业新业态新模式较快成长。规模以上工业中：高技术制造业增加值比 2022 年增长 5.6%，占规模以上工业增加值的 9.7%；装备制造业增加值增长 9.7%，占比为 22.8%。工业机器人产量 13 184 套，增长 9.7%；太阳能电池（光伏电池）产量 45.5 万 kW，增长 5.8%。现代服务业增加值 25 268.5 亿元，增长 5.4%。电子商务交易额 33 290.3 亿元，增长 6.8%。新登记市场主体 216.0 万户，年末市场主体总数 1 465.9 万户。

2023 年全年区域协调发展稳步推进。省会、胶东、鲁南三大经济圈实现地区生产总值分别为 34 392.6 亿元、39 433.2 亿元和 18 242.9 亿元，比 2022 年分别增长 6.0%、5.9% 和 6.4%，对山东全省经济增长的贡献率分别为 37.3%、41.4% 和 21.3%。济南、青岛、烟台合计实现地区生产总值 38 680.2 亿元，对全省经济增长的贡献率为 42.0%。

2023 年全年绿色转型发展迈出新步伐。水电、核电、风电、太阳能发电等清洁能源发电量 1 584.7 亿 kW·h，比 2022 年增长 21.9%。新能源和可再生能源装机容量为 9 794.1 万 kW，增长 28.6%，占全部装机容量的 46.3%，比 2022 年提高 6.1 个百分点。

4.1.3　海洋经济发展状况

山东省近年来依托丰富的海洋资源，实施海洋强省战略。根据《2023 年山东省海洋经济统计公报》，2023 年山东省海洋生产总值 17 018.3 亿元，比 2022 年增长 6.2%（表 4-2），对国民经济增长的贡献率为 18.8%，占地区生产总值的 18.5%，占全国海洋

生产总值的 17.2%（图 4 - 4）。其中，海洋第一产业产值 992.9 亿元，第二产业产值
7 362.9 亿元，第三产业产值 8 662.6 亿元，分别占海洋生产总值的 5.8%、43.3% 和
50.9%。2023 年全省海洋产业生产总值 7 620.4 亿元，比 2022 年增长 7.9%，13 个海洋
产业实现正增长，增长面达 86.7%（图 4 - 5）；其中海洋电力业、海洋旅游业分别实现了
21.6 和 17.1% 的高速增长。海洋科研教育总产值 990.6 亿元，比 2022 年增长 1.5%；
海洋公共管理服务总产值 1 932.0 亿元，比 2022 年增长 0.1%；海洋上游相关产业总产值
2 505.9 亿元，比 2022 年增长 7.4%；海洋下游相关产业总产值 3 969.4 亿元，比 2022 年
增长 6.7%。

表 4 - 2　2023 年山东省海洋产业产值

指标	产值 （亿元）	增速（可比价） （%）
海洋生产总值	17 018.3	6.2
海洋产业	7 620.4	7.9
海洋渔业	991.8	4.2
沿海滩涂种植业	1.1	0.0
海洋水产品加工业	418.7	3.0
海洋油气业	108.3	0.7
海洋矿业	171.2	−1.3
海洋盐业	19.0	1.0
海洋船舶工业	69.1	5.1
海洋工程装备制造业	133.3	3.6
海洋化工业	1 240.7	2.8
海洋药物和生物制品业	184.2	6.1
海洋工程建筑业	384.9	2.3
海洋电力业	145.7	21.6
海水淡化与综合利用业	50.1	5.7
海洋交通运输业	1 513.2	7.0
海洋旅游业	2 189.2	17.1
海洋科研教育	990.6	1.5
海洋公共管理服务	1 932.0	0.1
海洋上游相关产业	2 505.9	7.4
海洋下游相关产业	3 969.4	6.7
三次产业结构占比	5.8：43.3：50.9	

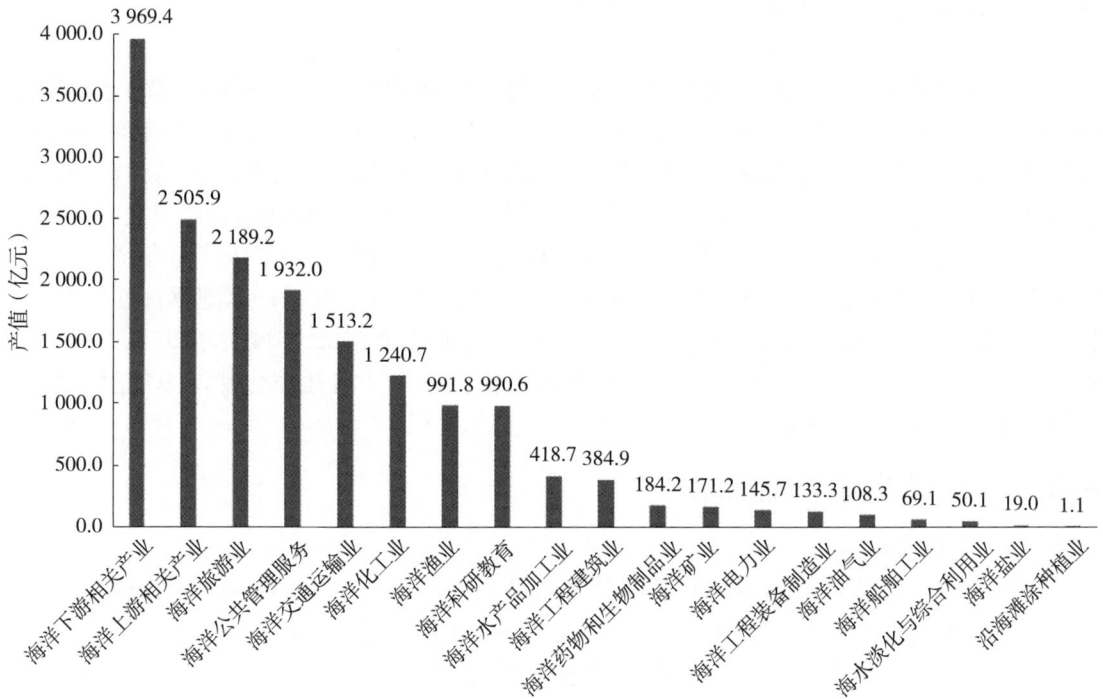

图 4 - 4　2023 年山东省海洋及相关产业产值

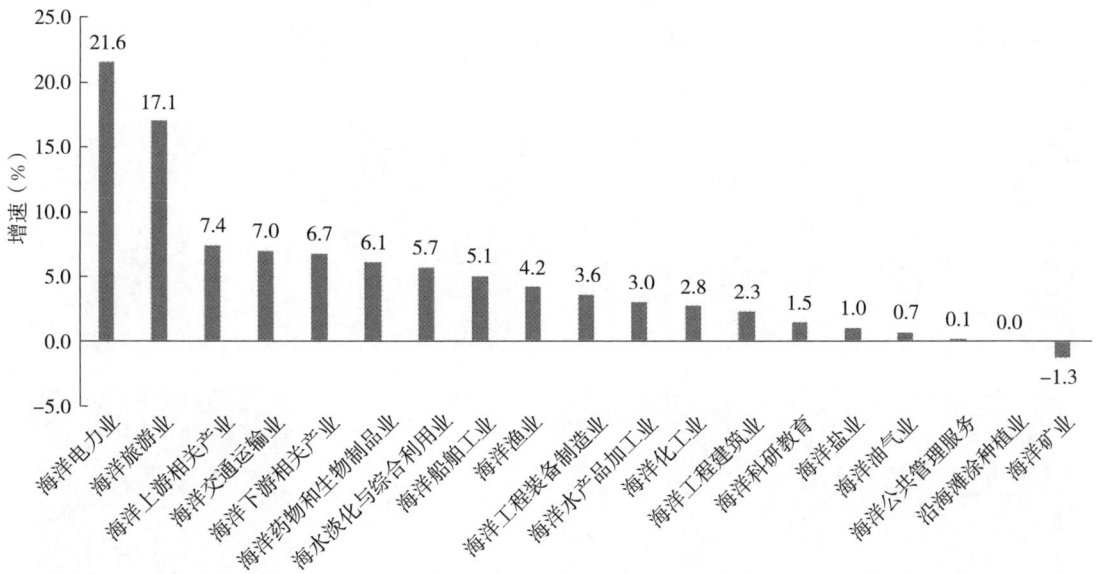

图 4 - 5　2023 年山东省海洋及相关产业产值增速

4.2　海洋生态状况

2023 年山东省系统开展了山东省管辖海域海洋生态基础状况、典型海洋生态系统监测、海洋生态灾害与风险监测等工作。根据《2023 年山东省海洋生态预警监测公报》，2023 年，山东省海洋生态状况总体良好。水环境状况持续改善，局部海域仍存在一定程度的富营养化及氮磷比失衡现象；沉积物类型以粉砂质为主，沉积物质量状况良好；海洋生物种类丰富，多样性较高，群落结构总体稳定；河口、海湾、海草床、海藻场、盐沼、牡蛎礁、海岛、砂质海岸、泥质海岸 9 大类典型生态系统稳定发展；赤潮累计暴发 2 次，较往年明显偏低；黄海浒苔绿潮连续 17 年暴发，登滩量较 2022 年减少了 93%；互花米草入侵得到有效治理，清除率超过 85%；海水入侵和滨海土壤盐渍化状况总体呈稳定或缓解趋势；局地性生物灾害暴发 1 次。

4.2.1　海洋生态基础状况

4.2.1.1　生物多样性

2023 年，在山东省管辖海域共监测到浮游植物 96 种、浮游动物 94 种、大型底栖生物 251 种、潮间带生物 88 种、鱼卵 20 种、仔稚鱼 13 种、游泳动物 79 种。

①浮游植物。2023 年，在山东省管辖海域监测到浮游植物 96 种，主要类群为硅藻等（图 4-6）。5 月，浮游植物数量密度均值为 2.2×10^5 个/m^3，多样性指数均值为 1.97，主要优势种为斯氏几内亚藻、夜光藻等；8 月，浮游植物数量密度均值为 4.4×10^6 个/m^3，多样性指数均值为 2.60，主要优势种为旋链角毛藻、尖刺拟菱形藻等。与前 5 年同期均值相比，2023 年 5 月浮游植物多样性指数增加了 0.07，8 月浮游植物多样性指数增加了 0.14。

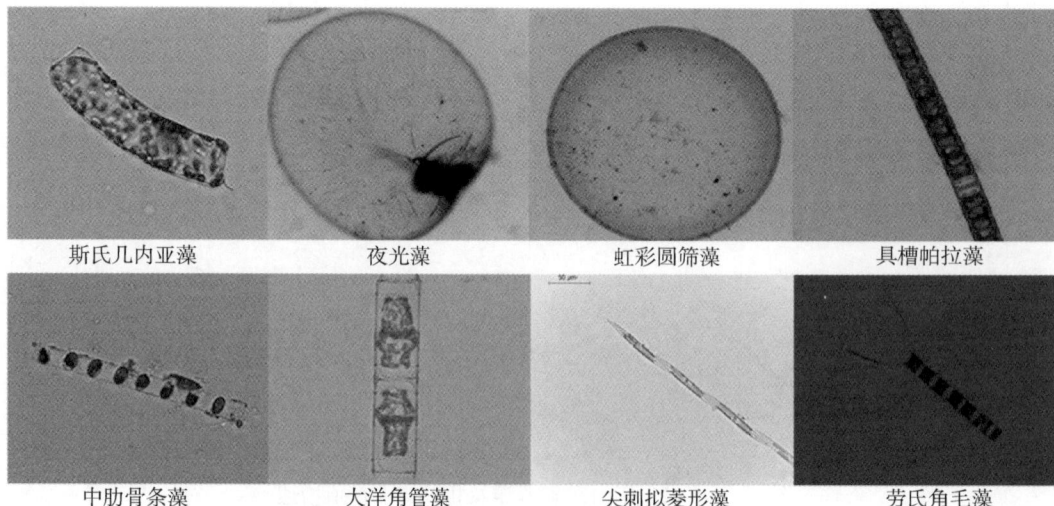

斯氏几内亚藻　　　夜光藻　　　虹彩圆筛藻　　　具槽帕拉藻

中肋骨条藻　　　大洋角管藻　　　尖刺拟菱形藻　　　劳氏角毛藻

图 4-6　2023 年山东省管辖海域浮游植物常见种

②浮游动物。2023 年，在山东省管辖海域监测到浮游动物 94 种，主要类群为刺胞动物门、桡足类和浮游幼虫（图 4-7）。5 月，大型浮游动物数量均值为 329 个/m³，生物量均值为 267mg/m³，多样性指数均值为 2.01。主要优势种为中华哲水蚤、腹针胸刺水蚤。8 月，浮游动物数量均值为 211 个/m³，生物量均值为 303mg/m³，多样性指数均值为 2.84，主要优势种为强壮箭虫、鸟喙尖头溞等。与前 5 年同期均值相比，2023 年 5 月浮游动物多样性指数降低了 0.06，8 月浮游动物多样性指数增加了 0.40。

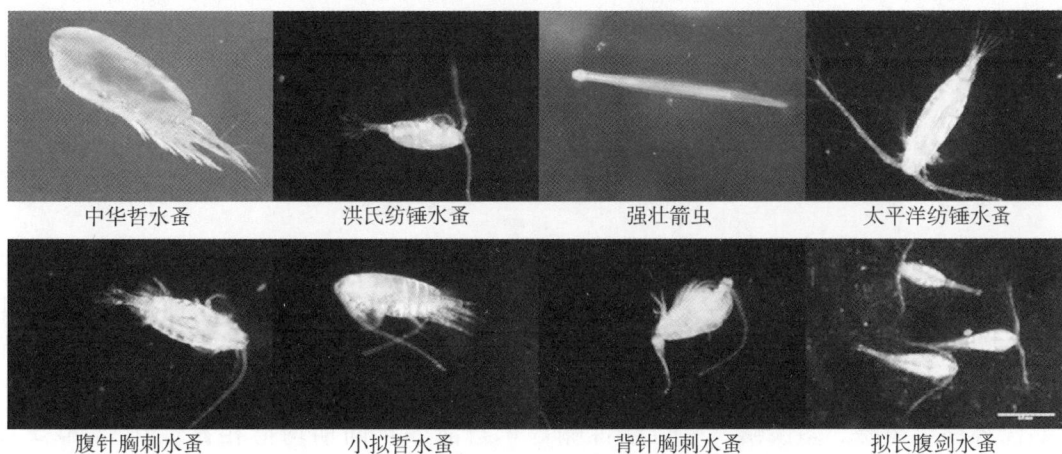

| 中华哲水蚤 | 洪氏纺锤水蚤 | 强壮箭虫 | 太平洋纺锤水蚤 |
| 腹针胸刺水蚤 | 小拟哲水蚤 | 背针胸刺水蚤 | 拟长腹剑水蚤 |

图 4-7 2023 年山东省管辖海域浮游动物常见种

③大型底栖生物。2023 年，在山东省管辖海域监测到大型底栖生物 251 种，主要类群为环节动物、软体动物和节肢动物（图 4-8）。大型底栖生物数量均值为 415 个/m²，生物量均值为 43g/m²，多样性指数均值为 3.16，主要优势种为丝异须虫。与前 5 年同期均值相比，2023 年 5 月大型底栖生物多样性指数增加了 0.25。

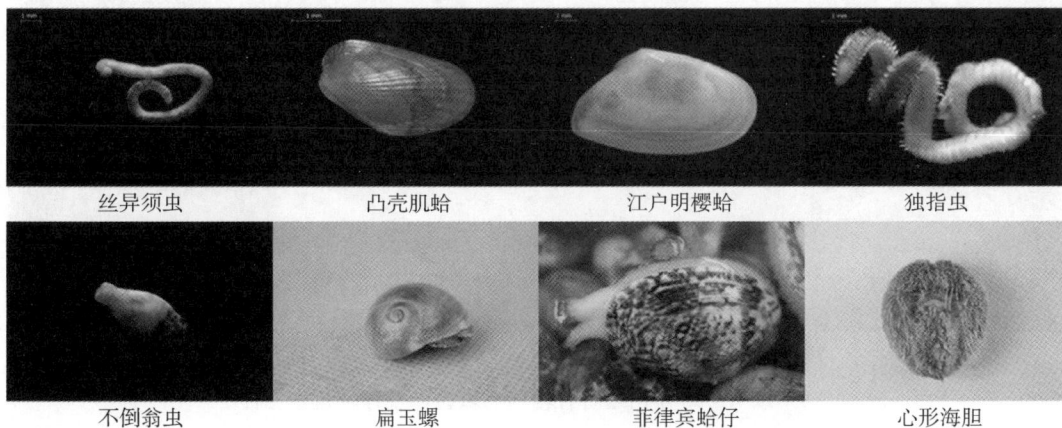

| 丝异须虫 | 凸壳肌蛤 | 江户明樱蛤 | 独指虫 |
| 不倒翁虫 | 扁玉螺 | 菲律宾蛤仔 | 心形海胆 |

图 4-8 2023 年山东省管辖海域大型底栖生物常见种

④潮间带生物。2023 年，在山东省管辖海域监测到潮间带生物 88 种，主要类群为环节动物、软体动物和节肢动物（图 4-9）。潮间带生物数量均值为 4 232 个/m²，生物量均值为 180g/m²，多样性指数均值为 20.89，主要优势种为红明樱蛤、四角蛤蜊等。与前

5年同期均值相比，2023年8月潮间带生物多样性指数增加了0.095。

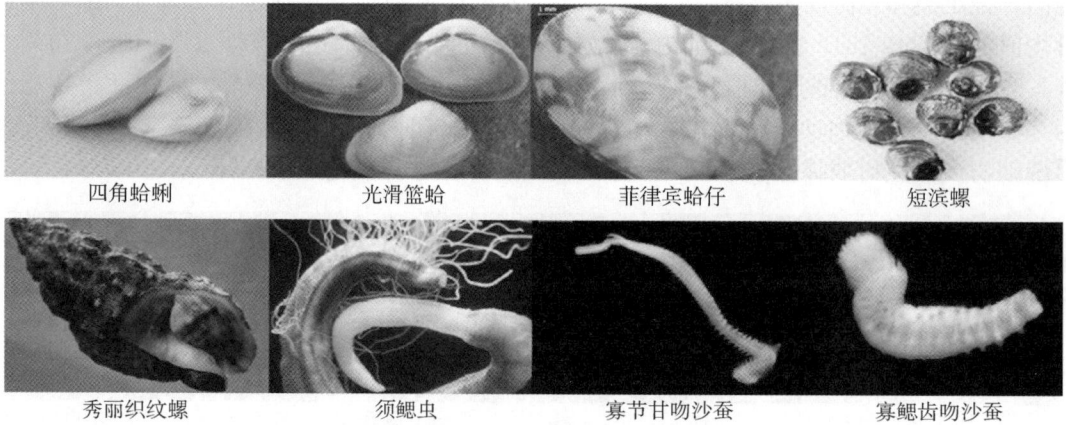

图4-9　2023年山东省管辖海域潮间带生物常见种

⑤鱼卵及仔稚鱼。2023年，在山东省管辖海域分别监测到鱼卵及仔稚鱼20种和13种（图4-10）。5月，鱼卵及仔稚鱼数量均值分别为7个/m^3、1个/m^3，主要优势种为斑鰶、鳀等；8月，鱼卵及仔稚鱼数量均值分别为0.6个/m^3和0.4个/m^3，主要优势种为斑鰶、多鳞鱚、短吻红舌鳎等。与前5年同期均值相比，2023年5月鱼卵种类数减少2种，仔稚鱼种类数减少5种，8月鱼卵种类数增加1种，仔稚鱼种类数减少1种。

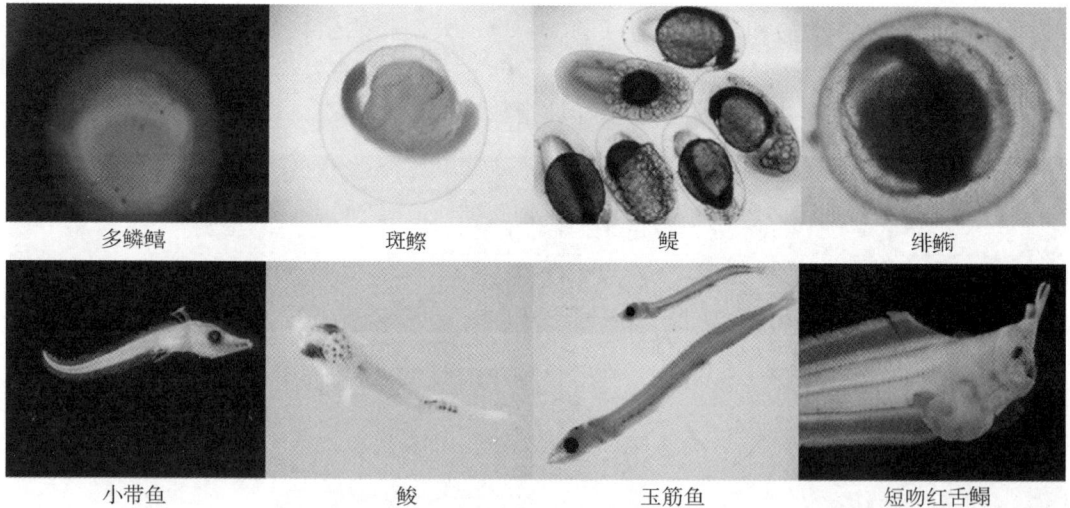

图4-10　2023年山东省管辖岸海域鱼卵及仔稚鱼常见种

⑥游泳动物。2023年5月，在山东省管辖海域监测到游泳动物79种，主要类群为鱼类、虾蟹类等（图4-11）。游泳动物资源重量均值为364kg/km^2，数量均值为5.2×10^4尾/km^2，多样性指数均值为2.60，主要优势种为口虾蛄、日本褐虾等。与前3年同期均值相比，2023年5月游泳动物多样性指数降低了0.23，渔业资源以低质种为主。

近年来山东省管辖海域海洋生物主要优势种见表4-3。

口虾蛄　　　　　　　日本鼓虾　　　　　　三疣梭子蟹

鲕　　　　　　　　小黄鱼　　　　　　　银鲳

图 4-11　2023 年山东省管辖海域游泳动物常见种

表 4-3　2019—2023 年山东省管辖海域海洋生物主要优势种

海洋生物	月份	2019 年	2020 年	2021 年	2022 年	2023 年
浮游植物	5 月	中肋骨条藻、大洋角管藻	中肋骨条藻、具槽帕拉藻	夜光藻、中肋骨条藻	夜光藻、大洋角管藻	斯氏几内亚藻、夜光藻
	8 月	旋链角毛藻、中肋骨条藻	短角弯角藻、中肋骨条藻	中肋骨条藻、泰晤士旋鞘藻	旋链角毛藻、中肋骨条藻	旋链角毛藻、尖刺拟菱形藻
浮游动物	5 月	中华哲水蚤、洪氏纺锤水蚤	腹针胸刺水蚤、中华哲水蚤	中华哲水蚤、腹针胸刺水蚤	中华哲水蚤、腹针胸刺水蚤	中华哲水蚤、腹针胸刺水蚤
	8 月	强壮箭虫、太平洋纺锤水蚤	小拟哲水蚤、强壮箭虫	鸟喙尖头溞、强壮箭虫	小拟哲水蚤、强壮箭虫	强壮箭虫、鸟喙尖头溞
大型底栖生物	8 月	凸壳肌蛤、江户明樱蛤	心形海胆、江户明樱蛤	丝异须虫、凸壳肌蛤	丝异须虫、江户明樱蛤	丝异须虫
潮间带生物	8 月	古氏滩栖螺、四角蛤蜊	薄壳绿螂、古氏滩栖螺	光滑河篮蛤、古氏滩栖螺	短滨螺、四角蛤蜊	四角蛤蜊、红明樱蛤
鱼卵及仔稚鱼	5 月	多鳞鳝、斑鰶	斑鰶、鳀	多鳞鳝、斑鰶	斑鰶、多鳞鳝	斑鰶、鳀
	8 月	多鳞鳝、鳀	赤鼻棱鳀、多鳞鳝	多鳞鳝、短吻红舌鳎	多鳞鳝、短吻红舌鳎	斑鰶、多鳞鳝、短吻红舌鳎
游泳动物	5 月	—	口虾蛄、日本鼓虾	玉筋鱼、戴氏赤虾	口虾蛄、日本褐虾	口虾蛄、日本褐虾

注："—"表示未开展该航次生物调查。

4.2.1.2　水体环境

①水温。2023 年 5 月，山东省管辖海域表层水温范围为 10.6～23.2℃，平均值为 15.3℃；8 月，表层水温范围为 17.1～31.7℃，平均值为 27.0℃。区域变化上表现为渤海海域高于黄海海域。与前 3 年同期均值相比，2023 年 5 月表层水温升高了 2.4℃，8 月表层水温升高了 1.3℃。

②盐度。2022 年 5 月，山东省管辖海域盐度范围为 19.923～331.556，平均值为 29.230；8 月，盐度范围为 15.921～31.508，平均值为 29.055。低盐区（盐度<27）主要分布在莱州湾底部海域和黄河口附近海域。与前 5 年同期均值相比，2023 年 5 月盐度降低了 1.494，8 月盐度降低了 0.592。

③溶解氧。2023 年 5 月，山东省管辖海域溶解氧含量范围为 5.52～11.58mg/L，平均值为 8.69mg/L；8 月，溶解氧含量范围为 2.99～8.76mg/L，平均值为 6.58mg/L，明显低于 5 月。与前 5 年同期均值相比，2023 年 5 月溶解氧含量升高了 0.24mg/L，8 月溶解氧含量降低了 0.32mg/L。

④无机氮。2023 年 5 月，山东省管辖海域无机氮含量范围为 0.003 76～1.25mg/L，平均值为 0.220mg/L；8 月，无机氮含量范围为 0.001 98～1.15mg/L，平均值为 0.153mg/L。近岸海域无机氮含量高于离岸海域，莱州湾、渤海湾等海域无机氮含量较高。与前 5 年同期均值相比，2023 年 5 月无机氮含量升高了 0.037mg/L，8 月溶解氧含量降低了 0.053mg/L。

⑤活性磷酸盐。2023 年 5 月，山东省管辖海域活性磷酸盐含量范围为未检出至 0.052 0mg，平均值为 0.004 49mg/L；8 月，活性磷酸盐含量范围为未检出至 0.097 0mg/L，平均值为 0.005 53mg/L。与前 5 年同期均值相比，2023 年 5 月活性磷酸盐含量升高了 0.000 18mg/L，8 月活性磷酸盐含量降低了 0.000 30mg/L。

⑥富营养化程度。2023 年 5 月，山东省管辖海域富营养化面积为 2 942km²，占山东省海域面积的 1.8%，轻度、中度和重度富营养化海域面积分别为 2 350km²、514km² 和 78km²；8 月，富营养化面积为 2 127km²，占山东省海域面积的 1.3%，轻度、中度和重度富营养化海域面积分别为 1 902km²、189km² 和 36km²。夏季富营养化程度较春季高。富营养化海域主要集中在渤海湾、莱州湾、胶州湾等海域。与前 5 年同期均值相比，2023 年 5 月富营养化海域面积增加了 1 700km²，8 月减小了 524km²。

4.2.1.3 底质

①底质类型。山东省管辖海域沉积物类型以粉沙为主，主要分布在烟台、威海、日照近岸海域及莱州湾部分近岸海域；其次为黏土质粉沙，主要分布在青岛近岸海域及黄河口附近海域；再次为砂质粉沙，主要分布在莱州湾东南部海域及东营近岸海域；粉砂质沙主要分布在莱州湾底部海域及东营北部近岸海域；沙较少。

②有机碳。2023 年 8 月，山东省管辖海域沉积物有机碳含量范围为 0.080 0%～1.33%，平均值为 0.488%，威海南部、日照近岸海域有机碳含量较高。与前 5 年同期均值相比，2023 年有机碳含量升高了 0.121%。

③硫化物。2023 年 8 月，山东省管辖海域沉积物硫化物含量范围为未检出至 586mg/kg，平均值为 52.4mg/kg；烟台、黄河口北部等近岸海域以及五垒岛湾、丁字湾、胶州湾等海湾硫化物含量较高。与前 5 年同期均值相比，2023 年硫化物含量升高了 19.4mg/kg。

4.2.2　典型海洋生态系统状况

4.2.2.1　河口生态系统

2023 年，对黄河口、小清河口、挑河口、白浪河口、北胶莱河口、界河口、大沽河口 7 处重点河口生态系统开展监测。

（1）黄河口

①岸滩特征。黄河口植被主要为芦苇、柽柳和盐地碱蓬（图 4-12），其中稀疏盐地碱蓬分布面积最大。黄河口南岸和 1996 年黄河口故道之间植被类型复杂多样，不仅包括不同盖度的芦苇、盐地碱蓬和柽柳，还包括三种典型植被的混生区。黄河口北侧滩涂有稀疏柽柳分布，黄河口入海口处有小面积芦苇分布。黄河口湿地潮沟众多，滩涂环境复杂多样。

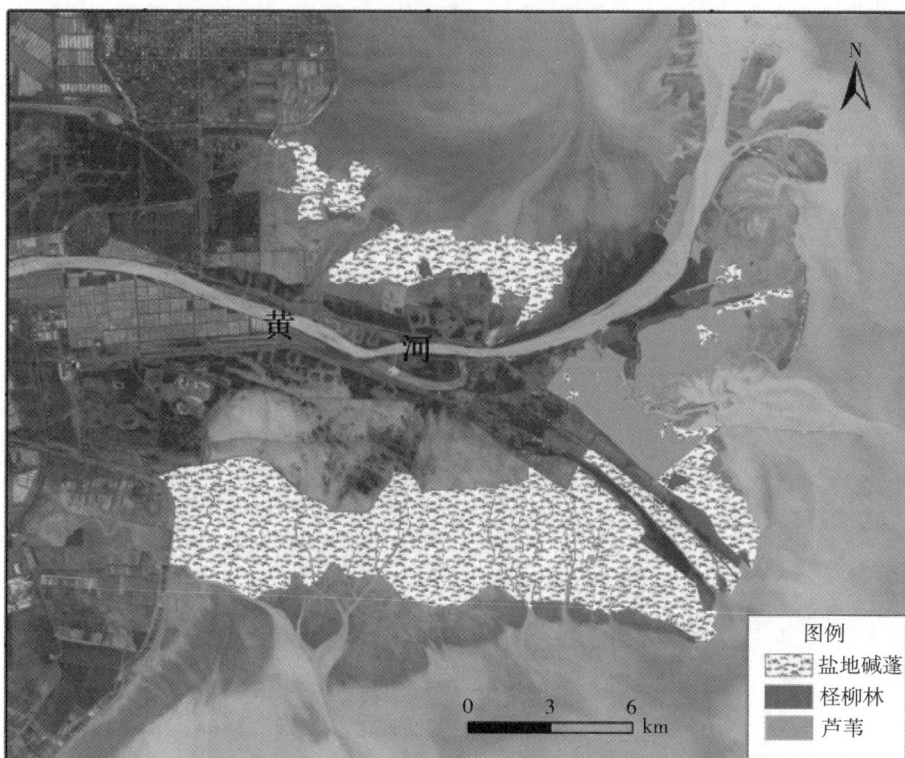

图 4-12　2023 年黄河口典型植被类型分布

②生物群落。2023 年：在黄河口海域监测到浮游植物 64 种，主要类群为硅藻；监测到大型浮游动物 59 种，主要类群为浮游幼虫、桡足类和刺胞动物；监测到大型底栖生物 104 种，主要类群为环节动物和节肢动物；监测到游泳动物 45 种，鱼类居多；监测到鸟类 190 种，以鸻形目和雁形目为主。生物多样性保持较高水平，群落结构相对稳定，游泳动物资源处于持续恢复状态。

③生境。2023 年，黄河口海域水体盐度为 19.162～30.114，溶解氧为 3.40～11.18mg/L，无机氮为 0.063 3～1.25mg/L，活性磷酸盐为未检出至 0.013 4mg/L，氮磷

比失衡现象依旧存在，个别监测站点富营养化，沉积物类型以粉砂为主。

（2）小清河口

①岸滩特征。小清河口植被主要为赤碱蓬、互花米草和芦苇（图 4-13）。潮沟密度为 3.8km/km²，潮沟频数为 14 条/km²。由于岸滩陆地化、围海养殖及河道冲刷等原因，河口岸滩面积减小。

图 4-13　2023 年小清河口典型植被类型分布

②生物群落。2023 年，在小清河口海域监测到浮游植物 15 种，主要类群为硅藻；监测到大型浮游动物 11 种，主要类群为桡足类；监测到游泳动物 25 种，资源重量均值为 791.6kg/km²。与 2022 年同期相比，生物多样性指数略有下降，生物群落结构有波动，但总体状况尚稳定。

③生境。2023 年，小清河口海域水体盐度为 7.499～25.810，溶解氧为 6.70～9.30mg/L，无机氮为 0.064 9～2.59mg/L，活性磷酸盐为 0.002 69～0.065 8mg/L，56.25% 的监测站点富营养化；沉积物类型包括粉砂质沙、砂质粉沙和粉沙。

（3）挑河口

①岸滩特征。挑河口植被主要为赤碱蓬（图 4-14）。潮沟密度为 5.9km/km²，潮沟

频数为 55 条/km²。河道两侧多泥沙淤积现象，形成大面积岸滩。

图 4-14　2023 年挑河口典型植被类型分布

　　②生物群落。2023 年 10 月，在挑河口海域监测到浮游植物 19 种，主要类群为硅藻；监测到大型浮游生物 18 种，主要类群为桡足类；监测到大型底栖生物 22 种，主要类群为软体动物。生物群落结构总体稳定。

　　③生境。2023 年 10 月，挑河口海域水体盐度为 30.100～31.200，溶解氧为 5.07～6.34mg/L，无机氮为 0.151～0.240mg/L，活性磷酸盐为 0.021 0～0.033 0mg/L，各监测站点均富营养化。

　　（4）白浪河口

　　①岸滩特征。白浪河口设有防潮闸及挡浪坝，挡浪坝以下无植被分布。河道两侧淤积严重，航道较窄。白浪河口北侧在最高潮时无裸露滩涂，区域内无潮沟分布。

　　②生物群落。2023 年 10 月，在白浪河口海域监测到浮游植物 21 种，主要类群为硅藻；监测到大型浮游动物 9 种，主要类群为桡足类。生物群落结构总体稳定。

　　③生境。2023 年 10 月，白浪河口海域水体盐度为 24.599～25.298，溶解氧为 8.43～9.15mg/L，无机氮为 0.215～0.630mg/L，活性磷酸盐为 0.004 03～0.009 40mg/L，33.33% 的监测站点富营养化；沉积物类型包括沙、粉砂质沙和粉沙。

（5）北胶莱河口

①岸滩特征。北胶莱河口植被主要为互花米草、赤碱蓬和艾蒿（图4-15）。潮沟密度为6.1km/km²，潮沟频数为65条/km²。

图4-15　2023年北胶莱河口典型植被类型分布

②生物群落。2023年10月，在北胶莱河口海域监测到浮游植物8种，主要类群为硅藻；监测到大型浮游动物4种，主要类群为桡足类。生物群落结构总体稳定。

③生境。2023年10月，北胶莱河口海域水体盐度为27.209～28.254，溶解氧为8.93～10.94mg/L，无机氮为0.010 6～0.572mg/L，活性磷酸盐为0.001 34～0.053 7mg/L，水体状况较好，无富营养化现象；沉积物类型为沙。

（6）界河口

①岸滩特征。界河口植被主要为芦苇和柽柳（图4-16）。潮沟密度为14.0km/km²，潮沟频数为205条/km²。

②生物群落。2023年10月，在界河口海域监测到浮游植物37种，主要类群为硅藻；监测到大型浮游动物23种，主要类群为桡足类和浮游幼虫；监测到大型底栖生物40种，主要类群为环节动物。生物群落结构总体稳定。

图 4-16 2023 年界河口典型植被类型分布

③生境。2023 年 10 月，界河口海域水体盐度为 28.409～29.619，溶解氧为 7.42～8.49mg/L，无机氮为 0.105～0.217mg/L，活性磷酸盐为 0.001 35～0.003 00mg/L，水体状况较好，无富营养化现象；沉积物类型包括砂质粉沙和粉沙。

（7）大沽河口

①岸滩特征。大沽河口包括泥质海岸 5.35km²、盐沼 0.45km²，河口植被主要为芦苇、赤碱蓬（图 4-17）。分布有潮沟 8 条，面积为 0.03km²。

②生物群落。2023 年，在大沽河口海域监测到浮游植物 27 种、浮游动物 26 种、大型底栖生物 28 种、潮间带动物 26 种、游泳动物 27 种、湿地鸟类 23 种。海洋生物种类丰富，生物多样性较好。鱼卵、仔稚鱼的密度较 2022 年同期有明显提升，渔业资源状态稳定。

③生境。2023 年 8 月，大沽河口海域水体盐度为 25.072～28.776，溶解氧为 6.72～7.09mg/L，无机氮为 0.192～0.437mg/L；沉积物类型以粉砂质沙为主。

4.2.2.2 海湾生态系统

2023 年，对莱州湾、胶州湾和丁字湾 3 处重点海湾生态系统开展监测。

图 4-17 大沽河口海岸带生态类型分布

（1）莱州湾

①地形地貌。莱州湾是典型的半封闭型内海，是中国北部环渤海的 3 个主要海湾之一，占渤海总面积的 10%。莱州湾海底地形平坦，大部分水深在 10m 以内，面积约 6 966km（图 4-18）。莱州湾西段常年受黄河泥沙堆积影响强烈，潮滩宽度最长达到 7km，东段潮滩宽度在 1km 之内。莱州湾生态系统包含河口、盐沼、泥质海岸等多种生态类型。

②生物群落。2023 年，在莱州湾海域监测到浮游植物 59 种，以硅藻为主；监测到大型浮游动物 51 种，以桡足类和浮游幼虫为主；监测到大型底栖生物 143 种，以环节动物和软体动物为主；监测到潮间带生物 64 种，主要为环节动物和软体动物；监测到游泳动物 56 种，主要为鱼类和甲壳类。海洋生物多样性保持在较高水平，生物群落结构相对稳定。

③生境。2023 年，莱州湾海域盐度为 19.834～29.562，溶解氧为 2.99～11.58mg/L，无机氮为 0.010 3～1.25mg/L，活性磷酸盐为未检出至 0.014 0mg/L；沉积物类型以粉沙为主。与前 5 年同期相比，生境指标稳中趋好。

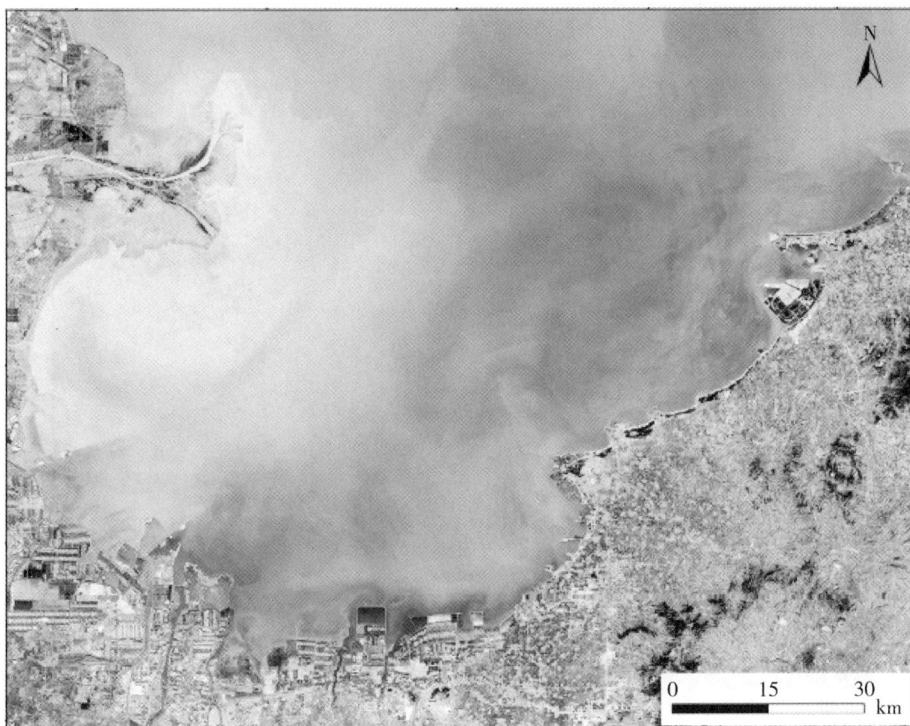

图 4-18　莱州湾

（2）胶州湾

①地形地貌。胶州湾位于黄海之滨、山东半岛南岸，是与黄海相通的半封闭海湾（图 4-19）。海域面积约 370.6km²，湾口狭小，最窄处仅有 2.5km。海湾水深较浅，平均为 7m，湾口最深处为 64m。胶州湾内有泥质海岸、牡蛎礁等多种生态类型。2023 年 8 月，在胶州湾海域监测到浮游植物 69 种、浮游动物 45 种、大型底栖生物 68 种、潮间带动物 53 种、游泳动物 48 种、陆生植被 78 种、湿地鸟类 69 种。海洋生物种类丰富，生物多样性较好，群落结构稳定。

②生境。2023 年 8 月，胶州湾盐度为 23.794～30.915，溶解氧为 5.79～11.52mg/L，无机氮为 0.030 7～2.58mg/L，活性磷酸盐为 0.002 06～0.124mg/L；沉积物类型以砂质粉沙为主，局部发育粗颗粒砾石。与前 5 年同期相比，生境指标稳中趋好。

（3）丁字湾

①地形地貌。丁字湾位于山东半岛南部，为狭长的半封闭海湾，由上游五龙河口段和口外海滨段组成（图 4-20）。丁字湾海域面积约 58.5km²，岸线长度 157.8km，湾内水深较浅，大部分区域水深在 2～5m，湾口最深处可达 20m。湾内包括泥质海岸 10.3km²、盐沼 0.5km²、砂质海岸 1.8km²。

②生物群落。2023 年 8 月，在丁字湾海域监测到浮游植物 19 种、浮游动物 19 种、大型底栖生物 9 种、潮间带动物 37 种。海洋生物群落基本稳定。

③生境。2023 年 8 月，丁字湾海域盐度为 23.960～30.189，溶解氧为 6.72～7.85mg/L，无机氮为 0.325～0.433mg/L，活性磷酸盐为 0.017 8～0.034 7mg/L；沉积

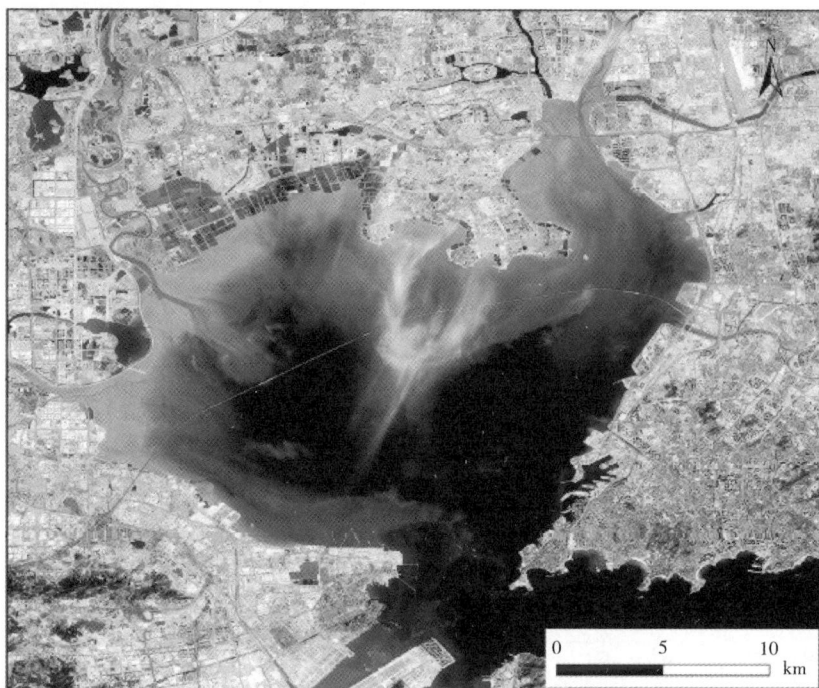

图 4-19 胶州湾

图 4-20 丁字湾

物类型以沙和粉沙为主。

4.2.2.3　滨海盐沼

2023 年，对莱州湾、胶州湾 2 处盐沼生态系统开展监测。

（1）莱州湾盐沼

①分布及面积。莱州湾盐沼面积约 159.8km²，主要分布在莱州湾西部及南部区域。

②盐沼植被。2023 年 9 月，莱州湾盐沼植被主要是盐地碱蓬、芦苇和柽柳（图 4-21）。盐地碱蓬面积最大，为 113.2km²，其中，稀疏盐地碱蓬分布面积为 98km²，平均盖度为 7%，主要分布在黄河口及以南滩涂、广利河口，其他区域盐地碱蓬平均盖度为 75%，主要分布在虞河口东侧和广利河口等区域；其次是芦苇 23.8km²，主要分布在黄河南岸、广利河口、支脉河口和小清河口等区域；柽柳面积为 22.8km²，主要分布在黄河口、潍坊北海新区和昌邑虞河以东区域。

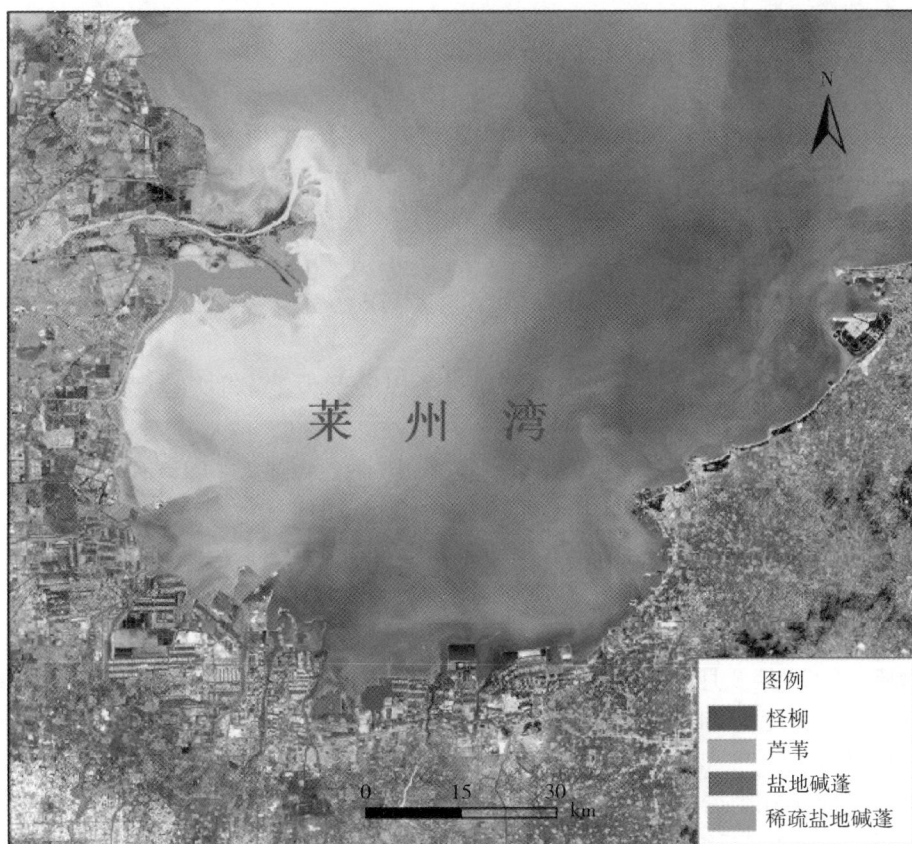

图例
柽柳
芦苇
盐地碱蓬
稀疏盐地碱蓬

图 4-21　莱州湾盐沼

（2）胶州湾盐沼

①分布及面积。胶州湾盐沼面积约 1.43km²，主要位于河口及滩涂区域。

②盐沼植被。2023 年 10 月，胶州湾盐沼植被主要由芦苇及盐地碱蓬组成，其中芦苇面积最大，为 0.76km²，主要分布在大沽河、红岛滩涂、墨水河和白沙河的河道中；其次是盐地碱蓬 0.67km²，主要分布在洋河口、红岛滩涂。

4.2.2.4　海草床生态系统

2023 年，对黄河口、双岛湾海草床生态系统开展监测；2022 年，对威海马山港及庙岛群岛海草床生态系统开展监测。

（1）黄河口海草床

①分布及面积。2023 年 8 月，黄河口海草床总面积约 0.035km²，分为南北两处，其中黄河口南岸约 0.016km²，黄河口北岸约 0.019km²。

②海草。2023 年 8 月，黄河口海草种类以日本鳗草为主，海草床平均盖度为 36.1%。

③生物群落。2023 年 8 月，在黄河口南岸监测到浮游植物 38 种、浮游动物 42 种、底栖生物 47 种；在黄河口北岸监测到浮游植物 34 种、浮游动物 59 种、底栖生物 30 种。海洋生物多样性保持在较高水平，生物群落结构相对稳定。

（2）双岛湾海草床

①分布及面积。双岛湾海草床位于威海双岛湾内，2023 年 8 月，双岛湾海草床面积约 0.319km²。

②海草。2023 年 8 月，双岛湾海草种类以鳗草为主，平均盖度为 25.2%。

③生物群落。2023 年 8 月，监测到浮游植物 27 种、浮游动物 56 种、底栖生物 28 种。海洋生物多样性保持在较高水平，生物群落结构相对稳定。

（3）威海马山港海草床

①分布及面积。2022 年 8 月，威海马山港海草床总面积 0.199km²，约占马山港总面积的 41.4%。

②海草。2022 年 8 月，威海马山港海草种类以鳗草为主，平均盖度为 56.2%，其次是日本鳗草，平均盖度为 30.5%。

③生物群落。2022 年 8 月，监测到浮游植物 15 种、浮游动物 15 种、底栖生物 6 种，海洋生物多样性保持在较高水平，生物群落结构相对稳定。

（4）庙岛群岛海草床生态系统

①分布及面积。2022 年 8 月，长岛海草床总面积 0.027km²，其中庙岛海草床 0.026 7km²、小黑山岛海草床 0.000 3km²。

②海草。2022 年 8 月，烟台长岛海草种类以鳗草为主，平均盖度为 81.93%，其次为丛生蔓草，平均盖度为 84.3%。

③生物群落。2022 年 8 月，监测到浮游植物 5 种、浮游动物 10 种、底栖生物 26 种，海洋生物多样性保持在较高水平，生物群落结构相对稳定。

4.2.2.5　海藻场生态系统

2023 年，对庙岛群岛海藻场生态系统开展监测；2022 年，对荣成海藻场生态系统开展监测。

（1）庙岛群岛海藻场

①分布及面积。庙岛群岛海藻场位于烟台市庙岛群岛海域，海藻场总面积约 0.614km²，在各海岛均有分布（图 4-22）。

②海藻种类。调查发现大型海藻 34 种，其中红藻 18 种、褐藻 12 种、绿藻 4 种，主要优势种为海带、裙带菜、海黍子、酸藻、石莼等。

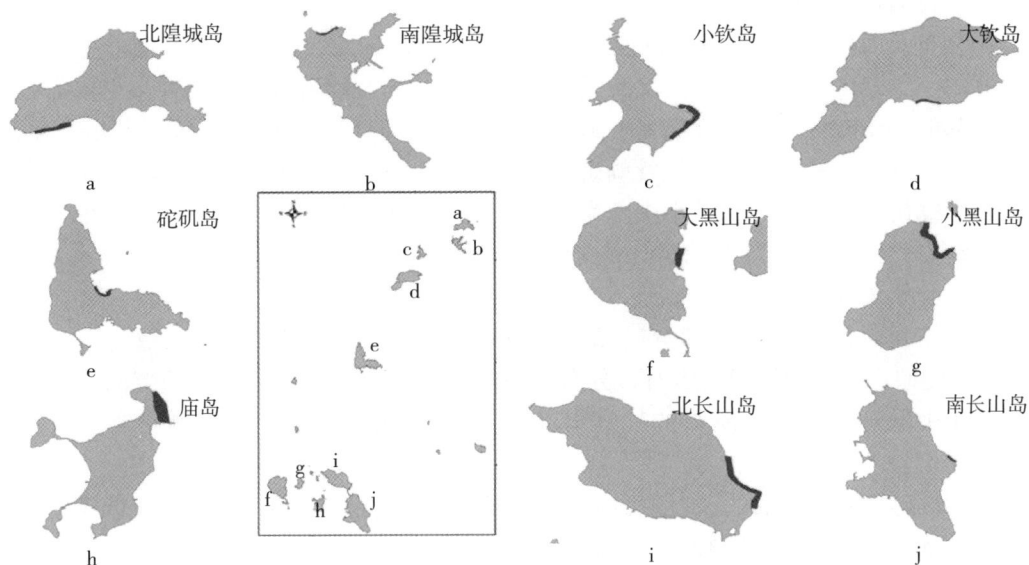

图 4-22　庙岛群岛海藻场分布

（2）荣成海藻场

①分布及面积。荣成海藻场总面积约 0.048km²，主要分布于俚岛、褚岛海域。

②海藻种类。在俚岛海域发现大型海藻 12 种，其中红藻 9 种、褐藻 2 种、绿藻 1 种，主要优势种为海膜、石花菜、石莼。

在褚岛海域发现大型海藻 9 种，其中红藻 5 种、绿藻 3 种、褐藻 1 种（图 4-23），主要优势种为鼠尾藻、冈村凹顶藻、舌状蜈蚣藻、石莼。

裙带菜　　　　　　　　　　　　　石花菜

酸藻　　　　　　　　　　　　　　鼠尾藻

图 4-23　荣成海藻场海藻种类

4.2.2.6　牡蛎礁生态系统

2023 年，对黄河口和胶州湾 2 处牡蛎礁生态系统开展监测。

（1）黄河口牡蛎礁

①分布及面积。黄河口牡蛎礁位于山东黄河三角洲国家级自然保护区内，主要由黄河口以北的一千二区块和南侧的大汶流区块组成，南侧的大汶流区块牡蛎种类主要为近江牡蛎，北部的一千二区块牡蛎种类主要为长牡蛎。大汶流区块牡蛎礁约 0.012km²，礁体平均高度约为 0.10m；一千二区块牡蛎礁约 0.030km²，礁体平均高度约为 0.15m。

②牡蛎礁。一千二区块牡蛎密度为 111 个/m²，补充量为 52 个/m²。壳高在 20mm 以下的牡蛎占比约为 47%，20~60mm 的牡蛎占比约为 27%。

（2）胶州湾牡蛎礁

①分布及面积。胶州湾潮间带牡蛎礁生态系统位于青岛胶州湾白泥地公园，主要有 3 种分布类型，分别为沿岸线礁石带分布的高潮带牡蛎聚集体、位于中潮带的牡蛎壳堆积体、位于中低潮带淤泥质滩涂的牡蛎零散分布区。2023 年 6 月，监测发现牡蛎礁面积约 0.42km²。

②牡蛎礁。牡蛎物种为长牡蛎。高潮带牡蛎密度最高，中潮带次之，在低潮带未采集到活体牡蛎。牡蛎个体普遍较小，壳高集中于 20~40mm 区间。

4.2.2.7　海岛生态系统（庙岛群岛）

①分布与岸线。庙岛群岛位于胶东、辽东半岛之间，包含 151 个岛屿，岛陆面积 56.8km²，海域面积 3 541km²，海岸线 187.8km。海岛岸线类型主要为基岩岸线、砾石岸线和人工岸线。

②生物群落。2023 年，在庙岛群岛海域监测到浮游植物 62 种，以硅藻为主；监测到大型浮游动物 52 种，以桡足类、浮游幼虫和刺胞动物为主；监测到大型底栖生物 85 种，以环节动物和软体动物为主。海洋生物多样性保持较高水平，生物群落结构相对稳定。

③生境。2023 年，庙岛群岛海域盐度为 29.102~30.545，溶解氧为 6.60~11.15mg/L，无机氮为 0.020 1~0.265mg/L，活性磷酸盐为未检出至 0.026 5mg/L，水质状况较好；沉积物类型包括沙、粉沙和黏土等，以粉沙为主。

4.2.2.8　砂质海岸

2023 年，对龙湾和日照 2 处砂质海岸生态系统开展监测。

（1）龙湾砂质海岸

①分布及面积。龙湾砂质海岸位于青岛市西海岸区琅琊台东北大珠山西部，为岬湾弧形砂质海岸，弧形向东南开放，长度约为 1.9km，岸滩面积约为 0.2km²，沙滩剖面地形发育完整，潮间带滩面较为平缓，北部潮间带多发育波浪状微地貌，局部存在侵蚀陡坎。

②生态系统。龙湾砂质海岸潮间带生物种类丰富，群落结构较为稳定，多样性较好；沉积物类型以沙为主。

（2）日照砂质海岸

①分布及面积。日照砂质海岸生态系统北起白马河口，南至万平口潟湖海岸带区域，长约 31km，面积约 12.7km²，内有河口湿地、潟湖和沙滩等多种生态类型（图 4 - 24）。沙滩岸线约 20km，海岸水清浪稳，沙滩面积较大，滩平沙细，以粉沙为主，自然砂质较好。

②生态系统。日照砂质海岸生态系统整体较为稳定，湿地植被、鸟类及水生生物等资源丰富，近岸水域水质良好，生态健康水平趋向良性发展。

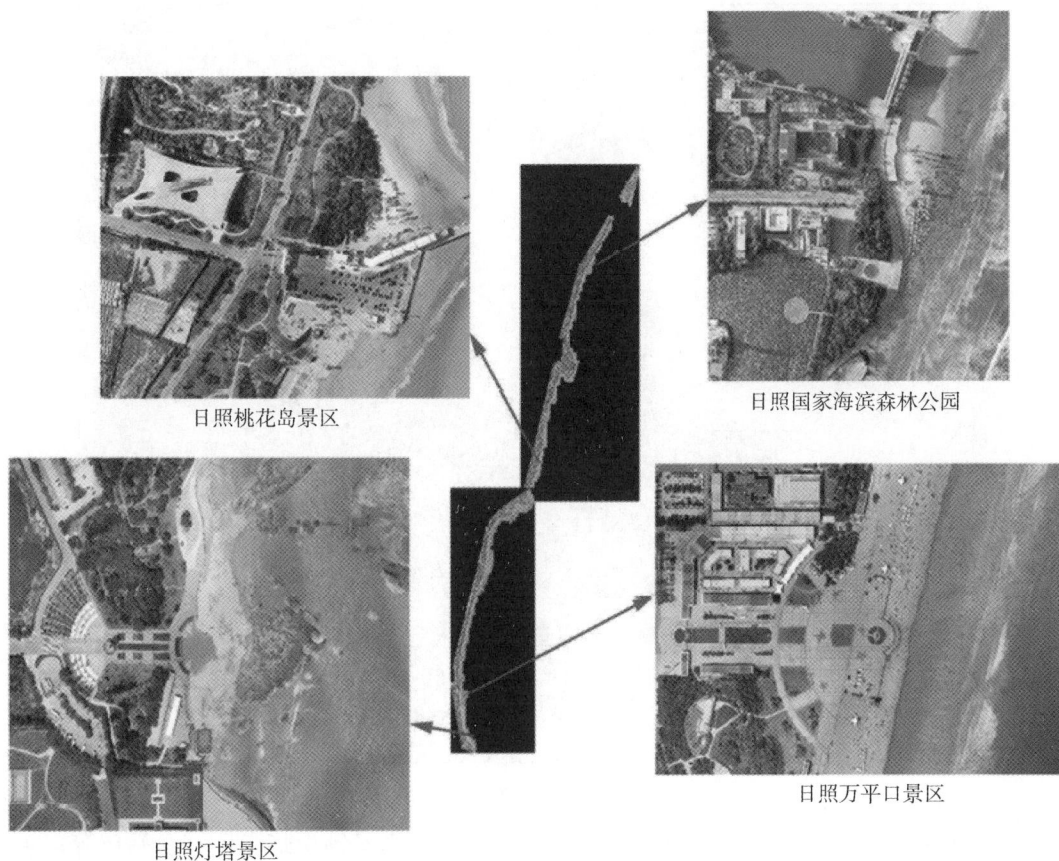

图 4 - 24　日照砂质海岸影像

4.2.2.9　泥质海岸（胶州湾泥质海岸）

①岸滩特征。胶州湾泥质海岸生态系统集中分布在胶州湾西部和北部湾底（图 4 - 25），面积约 89.6km²，岸滩范围内潮沟系统不发达。西侧断面高程为 0.5～2.8m，北侧断面高程为 1.5～3.4m，滩涂地势整体较为平缓。

②生物群落。2023 年 10 月，在胶州湾泥质海岸监测到大型底栖动物 23 种，主要优势种为日本大眼蟹和双齿围沙蚕。

③生境。胶州湾泥质海岸沉积物类型以黏土质粉沙为主。

4.3　海洋生物资源状况

4.3.1　海洋生物资源

山东省近海海洋生物资源渔获种类共 278 种，其中：鱼类 124 种，隶属于 17 目 54 科 93 属；虾类 29 种，1 目 10 科 19 属；蟹类 32 种，1 目 15 科 26 属；头足类 8 种，4 目 5 科 6 属；其他类 85 种，33 目 57 科 78 属。调查中发现的主要中上层鱼类有鳀、鲅、赤鼻棱鳀、尖海龙、黄鲫、斑鰶、玉筋鱼、青鳞小沙丁鱼等；主要底层鱼类有细条天竺鲷、方

图例

泥质海岸

图 4-25　胶州湾泥质海岸分布

氏云鳚、大头鳕、矛尾虾虎鱼、细纹狮子鱼、绿鳍鱼、六丝钝尾虾虎鱼、白姑鱼等；主要经济甲壳类有三疣梭子蟹、口虾蛄、鹰爪虾等；主要头足类有枪乌贼、短蛸等。海洋生物群落优势种主要有鳀、日本褐虾、细纹狮子鱼、黄鮟鱇；重要种主要有口虾蛄、枪乌贼、方氏云鳚、绿鳍鱼、鹰爪虾、日本鼓虾、戴氏赤虾、三疣梭子蟹、双斑蟳。春季优势种有日本褐虾、方氏云鳚、黄鮟鱇、狮子鱼、口虾蛄，夏季优势种有鳀、鲐，秋季优势种有枪乌贼、口虾蛄、绿鳍鱼、三疣梭子蟹、细条天竺鲷、鹰爪虾，冬季优势种有日本褐虾、黄鮟鱇、日本鼓虾。71.7％的监测站点香农-威纳指数为1.5～2.5。游泳动物多样性以较好级别（占45.9％）和一般级别（占39.0％）为主，多样性丰富级别的监测站点占4.4％，差级级别的监测站点占10.7％。分类阶元包含指数较低，平均每属仅1.1种，每科也不足2种。山东省近海鱼类平均分类差异指数为66.1，分类差异变异指数为141.7；鱼类平均分类差异指数在60.9～62.7，分类差异变异指数在65.4～92.3，目前鱼类群落中浮游动物食性种团、底栖动物（游泳动物）食性种团、碎屑食性种团所占比例接近九成（89.4％）。应用delta模型法和调查法评估了主要资源种类现存资源量，现存资源量在10万t以上的有鳀、鲐、双斑蟳、戴氏赤虾、鹰爪虾、口虾蛄6种，现存资源量分别为90.0万t、20.0万t、19.0万t、15.3万t、13.7万t、13.1万t；现存资源量超过1万t的种类有蓝点马鲛、三疣梭子蟹、方氏云鳚等。总体来看，山东省近海生物资源仍处于较低水平，与20世纪相比，资源种类减少、质量下降，资源以低质洄游性种类为主，传统经济资源仅有蓝点马鲛和小黄鱼保持一定的规模。

山东省近海捕捞作业区主要有渤海湾南部渔场、莱州湾渔场、烟威渔场、威东渔场、石东渔场、石岛渔场、连青石渔场、青海渔场、海州湾渔场等，渔场总面积约 59 434km²。山东省近海不同区域生物资源存在明显的差异，山东半岛南部海域资源量最高，其次是烟威渔场海域，渤海山东管辖海域最低，山东近海游泳动物总资源量在百万吨数量级，最高季节为夏季，最低季节为冬季，渔业生产主要集中在冬季。

4.3.2 "三场一通道"分布

山东省沿岸有黄河等河流入注，低盐水体充沛，营养物质丰富，分布洄游于黄渤海的许多生物资源都在山东近海产卵、索饵和越冬。

4.3.2.1 产卵场分布

由于山东近海地处温带区域，所处的纬度范围较大，多种水系交汇，不同季节具有独特的水文、环境条件，因此，产卵场分布有各自的特点，随着季节的变化，产卵密集区的分布也发生变化。根据历史资料分析鱼卵和仔稚鱼的总量分布、种类组成及月变化状况，发现整个山东近海几乎周年有不同种类的产卵场。广义上，可以认为整个山东近海是一个多种鱼类的大产卵场。但从各月的鱼卵、仔稚鱼数量变化情况来看，11 月至翌年 3 月只有少数产沉性卵和黏性卵的地方性鱼类产卵，产卵场位于莱州湾东部和海州湾。4 月洄游性鱼类陆续进入山东近海开始产卵，5—8 月多种鱼类进入产卵盛期，鱼卵、仔稚鱼遍布整个山东近海各产卵场。综合多源信息，划定山东近海重要的产卵场有黄河口、莱州湾西南部、莱州湾东北部、烟威近岸、乳山—海阳近岸、崂山湾外、海州湾等产卵场。

山东近海大多数鱼类产浮性卵，这些种类的鱼卵通过浮游生物网即可以采集，但有些鱼类所产的卵为附着性卵或黏着沉性卵（附着或黏着或缠绕于海草上、贝壳内、岩礁间隙、洞穴内或其他可附着物上），另一些鱼类具有特殊的产卵方式和护卵习性，其卵为胎生，这些种类的鱼卵使用浮游生物网不易收集到，但其通常存在营浮游生活的仔稚鱼阶段，可被浮游生物网采集到。太平洋褶柔鱼的产卵场位于东海北部，对于其他分布、栖息于山东近海的种类，山东近海均有其产卵场分布。近 10 年调查共鉴定出鱼卵 38 种、仔稚鱼 49 种。

4.3.2.2 索饵场分布与索饵种类

整个山东近海海域周年有渔业资源索饵育肥，不同时期、不同区域索饵育肥的种类、密度存在明显的时空分布上的差异。根据幼鱼的分布可知，重要的索饵场有渤海南部渔场、烟威渔场、石岛渔场、青海渔场、连青石渔场和海州湾渔场等。

5—7 月，当年生的稚鱼和幼鱼在近岸产卵场周边浅水区索饵、育肥，8 月陆续向产卵场周边深水区迁移索饵，10 月，渤海的幼鱼陆续离开渤海进入黄海北部，随着气温继续下降，会同在黄海北海索饵的幼鱼进入石岛、连青石渔场，12 月至翌年 1 月进入黄海深水区的越冬场。短距离洄游种类仅仅做近岸—远岸—近岸的洄游。春季，近岸水温上升，鱼类游向近岸产卵、育肥；秋季，近岸水温下降，鱼类游向深水区越冬。

4.3.2.3 越冬场分布与越冬种类

近距离洄游种类的越冬场主要有 2 处，一处是位于渤海中央（水深 10～30m、底层水温 1～3℃）和黄海中央（水深超过 60m）的深水区，一些远距离洄游种类的越冬场在黄海中南部甚至东海北部。

　　大多数地方性鱼类的越冬期为 11 月至翌年 4 月,越冬场在近岸或中部的深水区,越冬方式为潜沙、穴居或底栖;大多数地方性甲壳类的越冬期为 12 月至翌年 3 月,越冬场在渤海近岸的深水区,越冬方式为穴居或埋栖;短蛸和长蛸的越冬期为 12 月至翌年 3 月,越冬场在近岸的深水区,越冬方式为穴居;软体动物的越冬期为 11 月至翌年 4 月,越冬场在渤海近岸的深水区或自然分布区,越冬方式为埋栖或底栖。

4.3.2.4　洄游通道

　　洄游通道主要为越冬场到产卵场的产卵洄游通道、产卵场到越冬场的越冬洄游通道以及初生幼鱼从产卵场扩散至索饵场的索饵洄游通道。不同种类、相同种类不同大小个体的洄游通道并不相同。关键区域:渤海海峡、成山头、龙口—莱州近岸海域,乳山—海阳近岸海域。

　　山东近海主要鱼类可归纳为三个类群。

　　第一类群主要为黄渤海种群的暖温性鱼类。春、夏季鱼群大致分成三路北上产卵洄游,各路的洄游模式特征:一路向西偏北经长江口、吕泗外海进入山东南部日照近海产卵场产卵,秋季在海州湾、连青石渔场索饵,入冬后返回越冬场;另一路向西北到达山东半岛以南近海产卵,产卵后即分布在附近海区索饵,直到进行越冬洄游;第三路鱼群的洄游路线比较长,由越冬场直接北上到达成山头外海,然后分成两支,一支继续向北到鸭绿江口进行产卵,另一支则折向西,经烟威外海进入渤海,分别游向莱州湾、渤海湾及辽东湾等产卵场,入秋后又分别从各湾游出渤海,返回原越冬场。这一类群的鱼类主要是底层鱼类,如小黄鱼、带鱼、黄姑鱼、白姑鱼等。

　　第二类群主要为黄海地方性种群的冷温性鱼类。大都终生栖息在黄海中北部局部海区,有些种则可进入渤海。该类群的鱼类洄游距离较短,仅随季节变化进行深水—浅水—深水的越冬、生殖索饵洄游。产卵期鱼种有差异,主要分布在冬末初春和春季。产卵结束后即分布在产卵场附近海区索饵,夏、秋季逐渐向深水作索饵、越冬洄游。这一类群的鱼类不多,主要有太平洋鲱、鳕、高眼鲽等。

　　第三类群主要为黄渤海种群的暖水性鱼类。春、夏季鱼群主要分作三路北上作产卵、索饵洄游,各路的模式特征:一路从东海中南部越冬场出发,沿 123°E 线向北洄游,直达成山头附近即分别转向烟威渔场和海洋岛渔场产卵;另一路则在成山头附近向西直接进入渤海;第三路从济州岛及其附近越冬场出发,向西北方向洄游,途经大沙渔场,然后分别到达青岛—石岛外海和海州湾产卵,产卵后的鱼群即向东、东南外海索饵。秋季这些鱼群大致沿 123°30′E 线南下越冬洄游。属于这一类群的鱼类为数不多,主要是中上层鱼类中的日本鲭、蓝点马鲛等。

　　通过调查发现渤海海峡、成山头外海、龙口—莱州近岸海域和乳山—海阳外海等鱼类洄游重要通道和关键海域被养殖设施侵占现象严重,洄游通道的完整性和连通性被破坏。

4.3.3　存在的问题

4.3.3.1　种类减少,部分特有种、经济种消失

　　种类较 20 世纪 80 年代大为减少。河口种和溯河洄游种极少,由于水利工程建设、筑

坝、入海河流断流等原因，河道洄游种类如刀鲚、日本鳗鲡等的洄游通道被堵塞，数量已极少。大型经济种鳓、曼氏无针乌贼、软骨鱼类等基本绝迹，白斑星鲨、孔鳐等软骨鱼类为卵胎生，种群繁殖力低，在强大捕捞压力下基本绝迹。

4.3.3.2　种群低龄化，个体小型化，性成熟提前

20 世纪 50 年代末，群落并未受到严重扰动，优势种为个体大、经济价值高、位于食物网上层的肉食性鱼类（顶级捕食者），随着捕捞力量的不断加大，资源开始衰退。20 世纪 80 年代，群落中顶级捕食者衰减，黄鲫、鳀等种类（中营养级）被捕食压力减轻，种群规模迅速增大。捕捞随之转向中上层鱼类，至 20 世纪 90 年代末 21 世纪初，这些种类也不能维系，资源量明显下降，此时期优势种变为个体更小、营养级更低的小型中上层鱼类（棱鳀等）和无脊椎动物（口虾蛄、枪乌贼等）。目前优势种以小型中上层鱼类为主，但甲壳类和头足类的优势地位进一步提高，群落更加小型化。

4.3.3.3　重要渔业经济种类大为减少

黄渤海海域渔业资源量结构发生变化，资源量迟迟得不到恢复，重要渔业资源经济种数量显著减少。20 世纪 50 年代资源以优质种类和一般经济种类为主，分别占平均总渔获量的 34.5% 和 58.3%。20 世纪 60 年代资源仍以优质种类和一般经济种类为主，低质种类占比增加，占 27.9%。20 世纪 70 年代，优质种类占比下降，一般经济种类上升，分别占 26.7% 和 42.6%，低质种类占 30.7%。20 世纪 80 年代优质种类和一般经济种类占比均有下降，分别占 34.1% 和 29.3%，低质种类占比上升更为明显，占平均总渔获量的 36.6%。20 世纪 90 年代低质种类占比上升更为明显，占平均总渔获量的 59.5%。目前山东近海生物资源以低质种为主，占比达 80.2%。

4.3.3.4　多样性水平下降，年际和季节变化剧烈

与 20 世纪 80 年代的调查结果相比，目前碎屑食性功能种团占比明显上升，主要是因为碎屑食性的斑鰶占比大幅增加。斑鰶摄食弹性大，同时大型肉食性鱼类的衰退减轻了对斑鰶的捕食压力，部分碎屑食性的种类如棘皮动物的减少也减轻了对碎屑食物的竞争，这些变化均为斑鰶种群规模增大创造了有利条件。与 20 世纪 80、90 年代相比，游泳动物食性种团种类资源大幅下降，或已基本灭绝（如鳓、斑鰶）或资源量已极低（如带鱼、褐牙鲆、许氏平鲉），或者食性已发生转变（如蓝点马鲛），导致目前游泳动物食性种团占比极低。不同功能种团在种类数、生物量上存在巨大差异，其季节间的剧烈波动、等级聚类区隔明显。目前鱼类同功能种团在种类和生物量上季节间的巨大差异以及较低的同功能种团多样性也从侧面表明群落结构的不稳定性。

4.3.3.5　鱼类产卵场等栖息地遭到严重破坏

种群繁殖力下降，鱼卵发生量减少。20 世纪 60 年代之前，资源未被破坏，产卵群体以多龄鱼为主，其中包括大量再次产卵的剩余群体，个体平均繁殖力较高。随着产卵群体的小型化、低龄化，为了种群延续，提高个体繁殖力来应对过高的捕捞压力，相同体长个体怀卵量要高于未充分开发阶段的个体，但由于产卵群体以小型个体构成的补充群体为主，再次产卵的剩余群体数量少，整个种群的平均怀卵量仍然降低，总繁殖力下降。k-选择型物种的发生量大为减少，主要中上层经济鱼类幼鱼仍维持在一定水平，一般经济鱼类幼鱼数量从上升到下降、小型底层经济鱼类幼鱼数量稍有下降，小型中上层鱼类幼鱼占比

上升，头足类和甲壳类发生量增加。

4.3.3.6　生物饵料变化剧烈，营养级下降，食物网简单化

近 30 年来，黄渤海饵料结构发生了较大变化。目前，黄渤海区"三场一通道"渔业资源已经从单一物种的衰竭逐渐转变为整个生态系统的衰退，整个区域面临营养级下降、食物网结构简单化等严峻问题。黄渤海主要鱼类中超半数种类食性向低营养级转变，游泳动物食性的种类大大减少，浮游动物和底栖动物食性的动物种类增加。

4.3.3.7　渔业资源生物行为因洄游途中饵料生物结构的改变而改变

近几年来，黄渤海浮游植物和浮游动物的种群结构受周边海域环境因素改变的影响而发生改变，如海水富营养化造成某些赤潮藻类大量繁殖，使海域内缺乏氧气而使生物无法生存，全球气候变暖致使某些冷水性藻类无法生存，使得海域内浮游植物、浮游动物优势种发生了改变，这势必会对渔业资源生物索饵洄游产生影响，例如使鱼汛时间改变、渔场位置移动以及洄游路线发生变动，甚至会因为某种饵料生物的缺乏而缺乏食物营养来源或转而大量进食与其处于同一营养级的饵料生物，影响渔业资源生物自身的正常生存，最终造成物种资源量减少和生态失衡。

4.4　海洋空间资源状况

4.4.1　海岸线资源状况

山东省海岸线资源丰富，海岸线长度占全国海岸线长度的 1/6，海岸类型多样，主要包括粉砂淤泥质海岸、砂质海岸和基岩海岸。

4.4.1.1　山东省海岸类型和分布

山东省海岸主要有三大类：

（1）粉砂淤泥质海岸

山东省的淤泥质海岸西起漳卫新河河口，东至莱州虎头崖，包括黄河三角洲平原海岸和潍北平原海岸。海岸组成物质较细（以粉砂淤泥质为主），受潮、浪共同作用，常以潮流作用为主，潮间带宽阔，岸滩地貌、沉积和生态具有明显的分带性。另外，在山东半岛的半封闭基岩港湾内，也有小范围的淤泥质海岸分布，如胶州湾北部、丁字湾内、乳山湾内、靖海湾等。

黄河三角洲按新老发育阶段可分为两段：一是漳卫新河至顺江沟的古代黄河三角洲海岸，二是顺江沟至淄脉沟段的 1855 年以后形成并发育的近代黄河三角洲海岸。其中，古代黄河三角洲海岸为公元 11—1128 年黄河经沾化一带入渤海期间形成，经受后期各种营力改造，地面相对低洼、广阔、分布有一系列不同时期的贝壳堤岛、残留冲积岛等，海岸线被一系列喇叭状河口和潮沟切割而显得支离破碎，在高潮线一带断续分布贝壳堤（岛）；潮间带宽阔平坦，分带性明显。近代黄河三角洲海岸为 1855 年黄河在河南铜瓦厢决口、改道山东、夺大清河河道、斜贯鲁北平原、流入渤海以来，巨量泥沙被输至河口区，其尾闾不断淤积、延伸，频繁改道、摆动，使三角洲不断向海推进、扩大，从而形成了以宁海为顶点，北起套尔河、南至淄脉沟的三角洲扇面。陆上主要由呈指状分布的河床高地与河间洼地相间组成，滨海地区受海洋影响改造为残留冲积岛及滨海湿洼地；海岸的变迁及潮

滩发育情况因河口位置及三角洲海岸地段所处的三角洲发育阶段不同而有很大差异，总体特征是大冲大淤，即行水河口海岸迅速淤积，分流河道摆动走的海岸则迅速蚀退；在时空上冲淤交替及河道摆动初期的大冲大淤过程形成了近代黄河三角洲海岸动态的主要特征。

潍北平原海岸为莱州湾南部粉砂质海岸，西起小清河口，东至虎头崖，南依潍北平原，沿岸主要有小清河、弥河、白浪河、虞河、堤河、潍河和胶莱河等入海。此段海岸未受黄河尾闾河道的直接影响，沿岸河流尾闾河道大都修建了水闸，入海河道主要依靠进山潮流来维持，槽道的两侧均有潮水沟发育；潮上带与滨海平原为逐渐过渡形式，潮间带主要由潍北平原海岸入海河流输沙在浪潮等因素作用下堆积形成，为宽广平坦的砂质粉砂质潮滩，宽 4～6km，多数剖面为直形坡，向下过渡为水下岸坡（莱州湾浅滩）。

（2）砂质海岸

山东省的砂砾质海岸主要断续分布于莱州市的虎头崖至蓬莱、山东半岛东部和南部基岩港湾海岸的基岩岬角之间或开敞型海湾内以及日照市沿岸，砂质海岸居多，砾质海岸较少。按平面形态可分为弧形海滩岸、平直型海滩岸、袋状海滩岸等。海岸动力以波浪作用为主，沿岸泥沙既有横向运动，也有纵向运移，堆积地貌类型多样，连岛沙坝、沙嘴、沙坝—潟湖体系发育，且非常典型。如龙口屺坶岛连岛沙坝、烟台芝罘岛连岛沙坝、荣成褚岛连岛沙坝；莱州刁龙嘴沙嘴；威海双岛湾沙坝—潟湖、荣成马山港沙坝—潟湖、乳山白沙口沙坝—潟湖体系等。

（3）基岩海岸

山东省的基岩海岸分布于山东半岛的东部和东南部。海岸线曲折，港湾众多，海岸侵蚀和堆积交错多变，堆积物主要来自邻近岬角和海底岸坡，海蚀和海积形态紧密相关；作用于海岸的地质营力主要是波浪，某些岸段潮流也有影响；构造与岩性对海岸轮廓、海蚀与海积影响明显，主要包括岬湾海岸、溺谷海岸、黄土台地海岸、玄武岩台地海岸等。岬湾海岸是山东省基岩海岸分布最广的一种海岸类型，沿岸丘陵山体或岗岭直抵大海，岬角与海湾相间，岬角处长期遭受强烈的浪蚀作用，海岸后退发育形成海蚀崖、海蚀平台以及散布着海蚀柱、海蚀洞、海蚀穴等的地貌形态，景观价值极高，在岬角之间则分布着众多大、小海湾，如威海双岛湾至皂埠岸段、荣成河口村—成山头—靖海卫岸段、乳山白沙口—海阳冷家庄岸段、丁字湾—薛家岛岸段、黄岛崔家潞湾—棋子湾岸段等。山东省沿海的溺谷海岸主要指靖海湾、乳山湾、丁字湾等海湾，这些海湾的湾口收窄，两侧为基岩岬角所夹，湾顶分汊向内陆深入，呈浅湾溺谷状态。蓬莱城西—栾家口—泊子一带为全国罕见的黄土台地海岸，黄土堆积台地直插岸边并延伸到水下，从而构成独特的几近直立的黄土海蚀崖。

4.4.1.2　山东省海岸线类型和空间分布

（1）总体状况

山东省大陆海岸自然岸线包括砂质岸线、基岩岸线、粉砂淤泥质岸线、河口岸线以及自然恢复或整治修复后具有自然海岸形态特征和生态功能的海岸线（简称生态岸线）。人工岸线主要包括海堤、码头、防潮闸、道路等人工构筑物形成的海岸线。

根据《山东省海岸线调查统计报告》（2017 年）：山东省大陆海岸现有自然岸线 1 465.44km，占岸线总长的 43.81%；人工岸线 1 954.91km，占岸线总长的 58.44%。

自然岸线中，基岩岸线、砂质岸线、粉砂淤泥质岸线、河口岸线和生态岸线分别长428.90km、420.81km、162.27km、22.85km 和 430.61km，分别占现有大陆自然岸线的29.27%、28.72%、11.07%、1.56% 和 29.38%。

（2）区域分布

大陆海岸线北起河北、山东交界的漳卫新河河口，南至江苏、山东交界的绣针河河口。其中，漳卫新河河口至蓬莱角属渤海沿岸，海岸线长 921.60km，占山东省大陆海岸线总长的 27.55%；蓬莱角经山东半岛最东端的成山角至绣针河口属黄海沿岸，海岸线长2 423.57km，占山东省大陆海岸线总长的 72.45%。沿岸行政区涉及滨州市、东营市、潍坊市、烟台市、威海市、青岛市、日照市共计 7 地市 35 个县级行政区。其中，威海市为山东省大陆海岸线最长的沿海设区市，荣成市为大陆海岸线最长的沿海县级行政区。

各地市海岸线类型分布存在较大差异。威海市自然岸线最长，长度为 461.55km，自然岸线保有率为 47.16%；青岛市和烟台市自然岸线长度分别为 328.64km 和 325.07km，自然岸线保有率分别为 42.01% 和 42.46%；东营市和日照市自然岸线长度分别为188.04km 和 81.49km，自然岸线保有率分别为 45.52% 和 48.36%；潍坊市和滨州市自然岸线较短，自然岸线保有率均不足 40%。沿海 7 地市人工岸线比例均超过 50%，海岸线人工化程度较高。

各地市自然岸线类型分布及构成各有特色。其中：烟台市砂质岸线分布最广，岸线长度为 183.12km；威海市基岩岸线最长，岸线长 205.31km；东营市自然岸线以粉砂淤泥质岸线为主，岸线长 108.83km，生态岸线也占有较大比例；潍坊市和滨州市的自然岸线以生态岸线为主，分别占其自然岸线总长的 90.66% 和 87.70%；日照市自然岸线中，砂质岸线、粉砂淤泥质岸线和生态岸线三类岸线分布相对较为均衡。

（3）海岸线开发利用与保护存在的问题

①自然岸线保有压力增大，保护措施相对不足。近几十年来，因沿岸防潮减灾、发展海水养殖和港口建设需要，大量围填海工程的实施导致大陆自然岸线长度明显缩短，自然岸线保有量和保有率降低。目前，山东省大陆自然岸线保有率为 38.36%，接近《全国重要生态系统保护和修复重大工程总体规划（2021—2035 年）》《山东省国土空间规划（2021—2035 年）》确定的 40% 大陆自然岸线保有率管控目标。而渤海海域大陆自然岸线保有率为 40.14%，黄海海域保有率为 45.21%，已逼近山东省渤海、黄海海洋生态红线划定方案确定的自然岸线保有率管控目标。面对沿海地区海洋经济快速发展需求，全省自然岸线资源储备已显不足，保障压力逐步增大。目前省海岸线利用统筹协调机制有待完善，自然岸线的管控机制尚未出台，海岸线集约节约利用水平和管控能力有待提升。

②海岸生态功能受损，环境质量有待提升。近几十年的海岸线开发利用带来的生态环境问题日益突出，部分岸段生态系统退化严重，海岸生态系统功能受损，沿岸人居环境质量恶化，岸线景观价值降低。主要表现在：海岸线固化较为严重，滨海湿地锐减，生物多样性受到威胁；独特的沙坝—潟湖地貌体系、黄土台地景观失去原貌；砂质海岸滩面侵蚀和沙滩流失严重；沿岸黑松海防林、山体植被和沙滩植被遭到破坏；部分河流入海口、港湾水环境质量堪忧等。海岸线生态修复、环境整治和景观建设工作亟须深入开展。

③海岸线利用方式粗放，海岸带开发格局亟待优化。目前，山东省大陆海岸线利用率

为 86.23%，大部分沿海地市甚至达到 90% 以上，可开发利用岸线急剧减少，而海岸线集约节约利用水平不高，海岸开发格局亟待优化。主要表现在：海岸线利用产业布局不合理，渔业岸线占已开发利用岸线的比例达到一半以上，滨海公众休闲亲水空间受到挤压，后备岸线资源严重不足，行业之间岸线利用矛盾凸显等；海岸线利用方式落后，顺岸平推式、裁弯取直式围填海等简单粗放的海岸线利用方式未明显改变，导致海岸线缩短、海湾面积减小，部分岸段的滩涂湿地、自然岩礁、优良沙滩和海防林等很多有价值的海岸景观资源在开发过程中被不同程度地破坏，优良岸线的潜在资源优势没有得到充分发挥，进一步加剧了岸线资源保护与海洋经济发展及其产业转型升级之间的矛盾。

④海岸线利用监管薄弱，海岸线开发保护亟待规范。长期以来，受地方政府海岸线保护意识淡薄、海岸线管理职能交叉以及相关管理制度和政策的缺失等因素的制约，地方相关职能部门难以对海岸线开发利用实施有效的监管，带来岸线两侧开发利用规划不协调、岸线两侧使用随意性较大以及岸线资源价值体现不充分等问题，亟待建立有效的综合协调机制和健全的问责机制，加大对海岸线开发利用的管控力度。

4.4.2 海域空间资源分布情况

4.4.2.1 山东省管海域界线和范围

山东省涉及的省际海域界线包括山东和河北间、山东和江苏间、山东和辽宁间的海域界线，在区域边界确定和相关量算时采用如下方法：

山东—河北的海域边界：以涉界双方达成共识的海域界线为边界。

山东—江苏的海域边界：参照山东省海洋功能区划图的边界线。

山东—辽宁的海域边界：以涉界双方达成共识的海域界线为边界。

山东省内的海域界线，以县际海域勘界工作成果（海域行政区域界线）为准，地市内没有划定海域界线的不再细分（合并处理）。

（1）渤海山东管辖海域

西起河北、山东交界处的漳卫新河河口，至黄渤海分界线以东，海岸突出部位向海推至 12n mile 连线以内海域。12n mile 以外有管辖岛屿的，自岛屿外侧岸线向海推至 3n mile。渤海山东海域面积为 $1.58 \times 10^4 km^2$。

（2）黄海山东管辖海域

自黄渤海分界线以西依次连接山东和辽宁勘界线东边界点、烟台—威海界线终点、成山头北部 12n mile 处与海岸线围成的区域为北黄海海域；南黄海按照领海基线外扩 12n mile（领海）到海岸线之间的区域。黄海山东海域面积约为 $3.15 \times 10^4 km^2$。

综上所述，山东管辖海域的总面积为 47 300km²。

4.4.2.2 山东省海域空间资源状况

（1）概况

山东省海域空间资源总面积为 47 300km²。其中，海岸线～0m 等深线（潮间带）的面积为 4 456.87km²，0～5m 等深线的面积为 4 051.25km²，5～10m 等深线的面积为 4 522.06km²，10～20m 等深线的面积为 13 426.90km²，20～30m 等深线的面积为 14 338.10km²，30～50m 等深线的面积为 6 264.59km²，50～100m 等深线的面积为

240.23km² （表 4-4）。全省水深 10～30m 海域分布最广，占总面积的 58.70%；全省分布在水深 20m 以浅的海域面积占总面积 55.94%，全省分布在水深 30m 以浅的海域面积占总面积 86.25%（图 4-26）。

表 4-4　山东省海域空间资源面积

范围（m）	面积（km²）	比例
海岸线～0（潮间带）	4 456.87	9.42%
0～5	4 051.25	8.57%
5～10	4 522.06	9.56%
10～20	13 426.90	28.39%
20～30	14 338.10	30.31%
30～50	6 264.59	13.24%
50～100	240.23	0.51%
总计	47 300	100%

图 4-26　山东省管辖海域水深分布

大陆海岸潮间带粉砂淤泥质滩所占面积最大，潍坊市、东营市和滨州市的粉砂淤泥质潮滩面积也较大，烟台市、青岛市和日照市潮间带普遍较窄，但沙滩广泛分布，拥有众多优质旅游海滩。

（2）海湾空间资源

山东省共拥有面积 1km² 以上的海湾 49 个，总面积 8 218.6km²，海湾数量为每 100km 1.46 个，是我国海湾密度最大的省份之一（表 4-5）。面积大于 1km² 的海湾的岸线总长度为 2 053.87km，占全省大陆海岸线长度的 59.8%。海湾面积排在前三位的海湾依次为莱州湾（6215.4km²）、胶州湾（509.1km²）和套子湾（182.9km²），其中莱州湾连接东营、潍坊和烟台三个地级市，为渤海的三大海湾之一。在行政区划分布上，海湾数量排在前三位的地级市依次为威海市（22 个）、青岛市（16 个）和烟台市（8 个）。

表 4 - 5　山东省主要海湾基本信息

序号	海湾	隶属	2009 年口门宽度（km）	2009 年湾面积（km²）	2009 年岸线长度（km）	沙滩面积（km²）	泥滩面积（km²）	开发现状	备注
1	莱州湾	东营市、潍坊市、烟台市	83.29	6 215.4	516.78	36.20	987.70	捕捞、增养殖、港口、盐业	
2	刁龙嘴湾	烟台市	0.33	6.1	15.92	0.10	0	养殖	
3	龙口湾	烟台市	14.96	78.9	45.98	3.80	0	港口、养殖	
4	套子湾	烟台市	18.75	182.9	55.01	6.50	0	港口、养殖	
5	芝罘湾	烟台市	6.72	28.0	29.21	0.30	0	港口、筏式养殖	
6	金山港	烟台市	1.52	8.1	17.20	—	0	滩涂养殖	
7	双岛港	威海市	1.53	18.9	33.77	0	0	滩涂养殖、浅海养殖	
8	麻子港	威海市	2.91	4.4	7.56	0.20	0	浅海养殖	
9	葡萄滩	威海市	3.45	5.9	8.44	0	0.30	浅海养殖	
10	威海湾	威海市	9.68	52.2	32.95	0.40	0	港口、滩涂养殖、浅海养殖、旅游	包括刘公岛
11	朝阳港	威海市	0.33	13.3	26.86	0	0	滩涂养殖、浅海养殖	
12	龙眼湾	威海市	0.35	1.0	5.07	0.10	0	港口	
13	马兰湾	威海市	1.11	2.3	5.75	0.10	0	港口	
14	马山港	威海市	0.14	4.5	9.25	0	0	养殖、旅游、保护区	又名月湖
15	养鱼池湾	威海市	1.38	5.1	14.43	0	0	滩涂、筏式养殖	包括马山水库
16	临洛湾	威海市	2.16	3.0	8.77	0.30	0	浅海筏养	
17	俚岛湾	威海市	2.33	2.8	8.96	0	0	浅海筏养、港口	
18	爱连湾	威海市	2.73	5.8	8.25	0.50	0	浅海筏养	又名爱伦湾
19	桑沟湾	威海市	11.63	152.6	90.40	3.60	3.70	参贝兼综合养殖、港口	
20	石岛湾	威海市	6.84	22.1	24.08	1.00	0.40	港口、滩涂养殖	面积不包括凤凰港
21	王家湾	威海市	2.48	4.6	14.33	0.10	0.30	筏式养殖	面积包括大王家岛、小王家岛
22	朱家西圈	威海市	0.91	1.1	4.23	0.20	0		
23	靖海湾	威海市	13.37	155.8	159.63	0.40	34.40	滩涂养殖、港口	
24	五垒岛湾	威海市	6.81	109.3	68.82	0	24.30	滩涂养殖	
25	白沙口潟湖	威海市	0.19	6.2	18.44	0	0	潮汐电站、浅海养殖	

（续）

序号	海湾	隶属	2009 年口门宽度（km）	2009 年湾面积（km²）	2009 年岸线长度（km）	沙滩面积（km²）	泥滩面积（km²）	开发现状	备注
26	杜家港	威海市	4.63	15.8	18.25	0	6.10	滩涂养殖	
27	险岛湾	威海市	1.58	0.9	2.71	0		滩涂养殖	
28	乳山湾	威海市	0.80	52.8	84.87	0	22.90	滩涂养殖、港口	
29	羊角畔	烟台市	0.21	8.5	22.32	0	0	盐业生产、滩涂养殖	包括盐田面积
30	马河港	烟台市	1.67	24.7	51.59	0	0	盐业生产、滩涂养殖	包括盐田面积
31	丁字湾	烟台市、青岛市	5.59	176.6	134.69	0	53.50	以蚶为主的滩涂养殖、盐业	
32	横门湾	青岛市	3.10	12.8	15.03	0	5.40	盐业生产、滩涂养殖	
33	北湾	青岛市	11.92	179.0	69.16	33.60	0	盐业生产、滩涂养殖、旅游、港口	
34	小岛湾	青岛市	7.13	36.7	31.77	0	10.10	滩涂养殖	
35	青山湾	青岛市	1.28	1.1	3.53	0	0	港口	
36	沙子口湾	青岛市	3.01	6.1	13.37	1.40	0	港口、筏式养殖	
37	汇泉湾	青岛市	1.35	1.2	3.28	0.20	0	旅游	
38	栈桥湾	青岛市	1.54	1.4	3.50	0	0	旅游	又名青岛湾
39	胶州湾	青岛市	3.20	509.1	206.46	5.90	102.40	港口、滩涂养殖、浅海筏式养殖	
40	唐岛湾	青岛市	2.28	12.4	19.98	0	7.40	滩涂养殖、港口、旅游	
41	大港口潟湖	青岛市	0.44	1.0	6.30	0	0	水产养殖基地	
42	古镇口	青岛市	2.58	19.6	20.52	0	13.50	滩涂养殖、港口	又名崔家潞
43	龙王留潟湖	青岛市	0.22	1.7	11.34	0	0	养殖	
44	杨家洼湾	青岛市	1.89	2.8	8.76	0	0.70	滩涂养殖	
45	琅琊湾	青岛市	3.77	16.7	19.40	0	2.00	港口、滩涂养殖	
46	棋子湾	青岛市	6.82	32.5	29.59	0	16.80	滩涂养殖、盐业生产	
47	万平口潟湖	日照市	0.10	2.2	9.52	0	0	港口、旅游	
48	博疃河口潟湖	日照市	0.51	7.0	18.53	0	0	滩涂养殖、盐业生产	
49	涛雒潟湖	日照市	0.68	5.7	19.31	0.20	0	滩涂养殖、盐业	

数据来源：侯英民，2010。山东海情。海洋出版社。

4.4.2.3 海域空间资源确权利用状况

（1）确权用海占用海域空间资源状况

截至 2022 年年底，山东省共确权用海 12 675 宗，确权用海面积 952 584.54hm²

（表 4-6）。其中渔业用海共确权 10 269 宗，确权用海面积 886 567.81hm²；工业用海共确权 1 132 宗，确权用海面积 28 507.81hm²；交通运输用海共确权 691 宗，确权用海面积 20 313.18hm²；旅游娱乐用海共确权 281 宗，确权用海面积 6 040.75hm²；海底工程用海共确权 92 宗，确权用海面积 1 523.62hm²；排污倾倒用海共确权 17 宗，确权用海面积 866.37hm²；造地工程用海共确权 75 宗，确权用海面积 2 820.44hm²；特殊用海共确权 93 宗，确权用海面积 4 919.66hm²；其他用海共确权 25 宗，确权用海面积 1 024.90hm²。渔业用海确权宗数最多，确权用海面积最大；其他类型确权宗数最少，确权用海面积也最小。

表 4-6　山东省确权用海分布

用海类型	确权用海宗数（宗）	用海宗数占比	确权用海面积（hm²）	用海面积占比
渔业用海	10 269	81.02%	886 567.81	93.07%
工业用海	1 132	8.93%	28 507.81	2.99%
交通运输用海	691	5.45%	20 313.18	2.13%
旅游娱乐用海	281	2.22%	6 040.75	0.63%
海底工程用海	92	0.73%	1 523.62	0.16%
排污倾倒用海	17	0.13%	866.37	0.09%
造地工程用海	75	0.59%	2 820.44	0.30%
特殊用海	93	0.73%	4 919.66	0.52%
其他用海	25	0.20%	1 024.90	0.11%
合计	12 675	100%	952 584.54	100%

（2）海域空间资源开发利用特征

海域使用类型齐全，渔业用海类型占比大。山东省海域使用类型包括渔业用海、工业用海、交通运输用海、旅游娱乐用海、海底工程用海、排污倾倒用海、造地工程用海、特殊用海、其他用海 9 个一级类，其中渔业用海占比最大，用海面积占全部用海的 93.07%（图 4-27）。

海域空间资源分布不均，空间利用率不均衡。山东省渤海海域和黄海项目用海面积占全省确权用海面积的 30.5% 和 69.5%，在所有用海中，渔业用海、交通运输用海、工业用海用海面积占比较大，旅游娱乐用海、海底工程用海、排污倾倒用海、造地工程用海、特殊用海和其他用海面积占比较小（图 4-28），山东省海洋开发利用活动主要集中在近岸海域附近，海域空间资源使用呈现近岸海域使用率高、远岸海域使用率偏低的趋势。

4.4.2.4　海域空间资源开发利用存在的问题

虽然山东省海洋经济发展速度较快，但与发达国家和地区相比，海洋空间资源开发利用的深度和广度都有很大差距，在开发过程中还存在一些问题，主要表现在以下几个方面：

一是开发无序，缺少统筹规划。由于各涉海管理部门各自为政、各取所需，缺少协作配合，导致海洋空间资源开发呈现无序状态。陆地与海洋开发衔接不够，沿海局部地区开

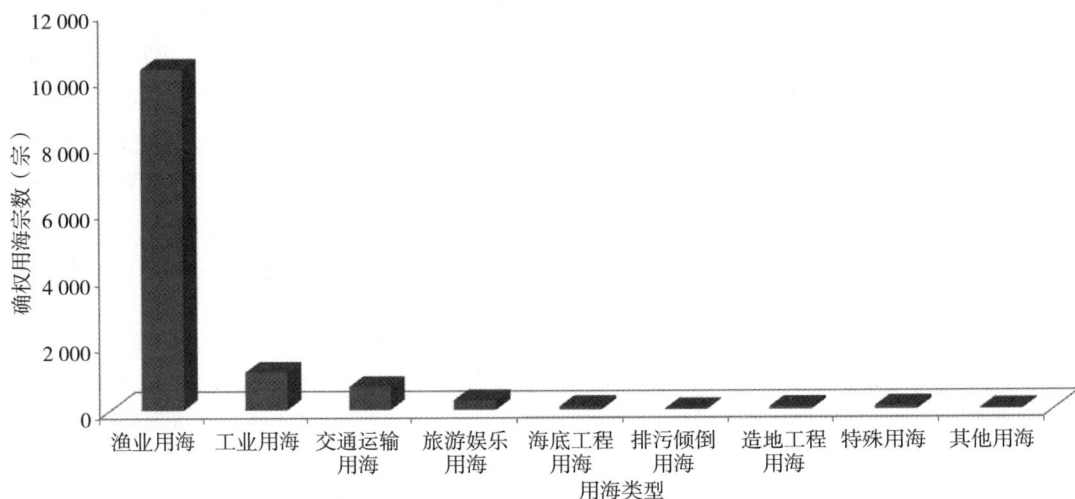

图 4-27 山东省各确权用海类型用海宗数

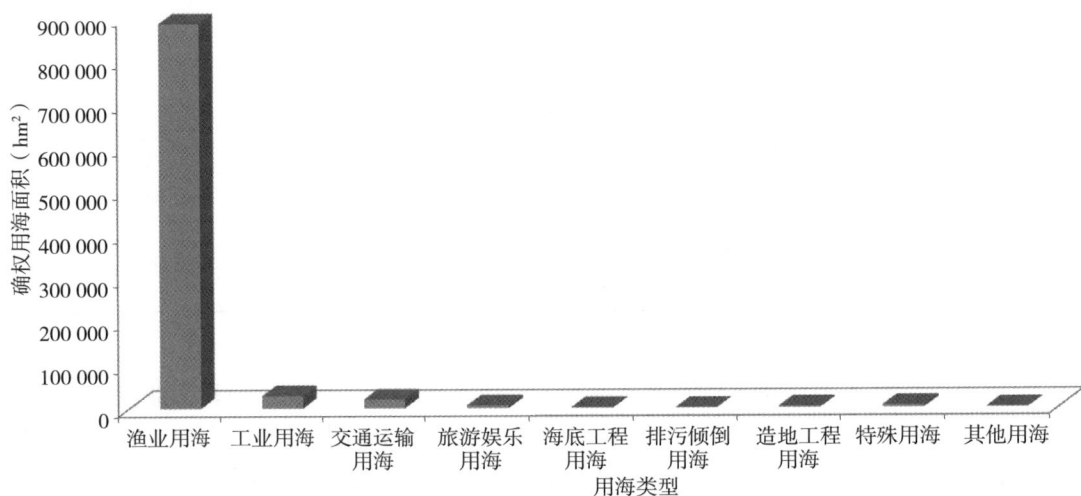

图 4-28 山东省各确权用海类型面积

发布局与海洋资源环境承载能力不适应。

　　二是传统产业所占比例大，新兴产业发展滞后。传统海洋渔业、交通运输业在海洋空间资源开发中仍占主导地位，而新兴的滨海旅游业、海上城市、海上工厂、海洋工程等所占比例较小。

　　三是近远海开发格局不均衡，近岸过度开发问题突出。绝大部分海洋开发利用活动集中在海岸带和近岸海域，可利用岸线、滩涂空间和浅海生物资源日趋减少；持续高强度的开发利用导致海岸人工化趋势明显，可供开发的海岸线和近岸海域后备资源不足；围填海造地规模较大，开发方式不够精细，结构低质化、布局趋同化问题突出。

　　四是环境污染现象严重，海洋生态环境整体恶化趋势还未得到根本扭转。入海河流污染物排放总量仍然较大，近岸局部海域污染依然较重；滨海滩涂湿地面积迅速减小，近岸海域生态功能退化，海水富营养化问题突出、海洋生态灾害频发，部分海域海洋生态系统受损较重。

五是对潮间带生态价值认识不足,生态破坏严重。地方政府普遍将潮间带视为没有使用价值的荒滩、填海造地成本较低的区域,导致潮间带成为填海造地项目最为集中的区域。潮间带蕴藏着丰富的生物资源,是洄游生物的产卵场和迁徙候鸟的栖息地,具有重要的生态功能。近年来,大规模的填海造地已造成滨海自然湿地面积迅速减小,特别是潮间带数量锐减,生态破坏严重,潮间带底栖生物多样性较 20 世纪 60、70 年代显著下降。

4.4.3　海岛空间资源

4.4.3.1　海岛数量与分布

（1）山东省海岛基本情况

山东省管辖海域中共有海岛 589 个,全国排名第五,海岛总面积约 101.79km²,海岛岸线总长约 572.78km,包括 32 个有居民海岛和 557 个无居民海岛,面积 500m² 以上的海岛 276 个。

山东省 7 个沿海地级市均有海岛,其中烟台市所辖的海岛数量最多,有 230 个,约占总数的 39.05%,其次是威海市和青岛市,分别为 185 个和 120 个。山东省沿海各市海岛基本情况见图 4 - 29。

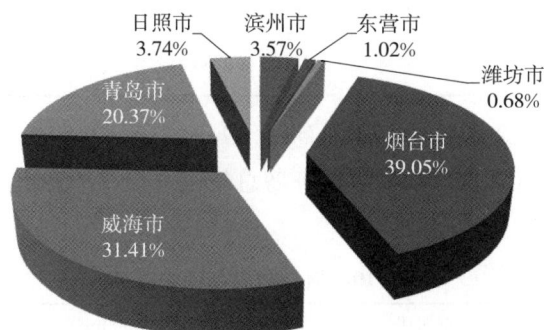

图 4 - 29　山东省沿海各市海岛数量占比

（2）沿海各市海岛基本情况

滨州市共有海岛 21 个,其中有居民海岛 4 个,无居民海岛 17 个,500m² 以上的海岛 19 个,海岛总面积 4.2km²,海岛总岸线长 43.94km。滨州市详细海岛数量如表 4 - 7 所示。

表 4 - 7　滨州市海岛基本情况

行政所属	海岛数量（个）	有居民海岛数量（个）	无居民海岛数量（个）	500m²以上海岛（个）	海岛总面积（km²）	海岛总岸线（km）
滨州市	21	4	17	19	4.2	43.94
市辖区	5	2	3	4	3.1	20.91
无棣县	16	2	14	15	1.1	23.03

东营市共有海岛 7 个,无有居民海岛,500 m² 以上的海岛 3 个,海岛总面积 0.500 7km²,

海岛总岸线长 10.45km。东营市详细海岛数量如表 4-8 所示。

表 4-8 东营市海岛基本情况

行政所属	海岛数量（个）	有居民海岛数量（个）	无居民海岛数量（个）	500m²以上海岛（个）	海岛总面积（km²）	海岛总岸线（km）
东营市	7	0	7	3	0.500 7	10.45
东营区	1	0	1	1	0.2	4.85
河口区	3	0	3	2	0.3	5.43
利津县	2	0	2	0	0.000 3	0.09
广饶县	1	0	1	0	0.000 4	0.08

潍坊市共有海岛 4 个，无有居民海岛，500 m² 以上的海岛 4 个，海岛总面积 0.5km²，海岛总岸线长 6.06km，潍坊市详细海岛数量如表 4-9 所示。

表 4-9 潍坊市海岛基本情况

行政所属	海岛数量（个）	有居民海岛数量（个）	无居民海岛数量（个）	500m²以上海岛（个）	海岛总面积（km²）	海岛总岸线（km）
潍坊市	4	0	4	4	0.5	6.06
昌邑市	4	0	4	4	0.5	6.06

烟台市共有海岛 230 个，其中有居民海岛 15 个，无居民海岛 215 个，500m² 以上的海岛 81 个，海岛总面积 67.830 06km²，海岛总岸线长 272.58km。烟台市详细海岛数量如表 4-10 所示。

表 4-10 烟台市海岛基本情况

行政所属	海岛数量（个）	有居民海岛数量（个）	无居民海岛数量（个）	500m²以上海岛（个）	海岛总面积（km²）	海岛总岸线（km）
烟台市	230	15	215	81	67.830 06	272.58
芝罘区	41	1	40	27	1.4	23.79
牟平区	3	1	2	3	8.6	24.64
莱山区	1	0	1	0	0.000 06	0.04
长岛县	151	10	141	38	53.8	187.76
龙口市	2	1	1	2	2.2	13.37
莱阳市	1	0	1	1	0.02	0.61
莱州市	2	0	2	1	0.3	2.66
蓬莱区	15	0	15	1	0.01	1.7
海阳市	14	2	12	8	1.5	18.01

威海市共有海岛 185 个，其中有居民海岛 6 个，无居民海岛 179 个，500m² 以上的海

岛 82 个，海岛总面积 13.173km²，海岛总岸线长 107.08km，威海市详细海岛数量如表 4-11 所示。

表 4-11 威海市海岛基本情况

行政所属	海岛数量（个）	有居民海岛数量（个）	无居民海岛数量（个）	500m²以上海岛（个）	海岛总面积（km²）	海岛总岸线（km）
威海市	185	6	179	82	13.173	107.08
高区	5	0	5	3	0.05	2.14
经区	9	0	9	1	0.003	0.69
环翠区	27	1	26	19	3.5	25.68
文登区	7	0	7	2	0.02	1.12
荣成市	115	2	113	41	5.8	47.93
乳山市	22	3	19	16	3.8	29.52

注：表中高区为威海火炬高技术产业开发区，经区为威海市经济技术开发区。

青岛市共有海岛 120 个，其中有居民海岛 7 个，无居民海岛 113 个，500m² 以上的海岛 74 个，海岛总面积 15.02km²，海岛总岸线长 122.92km，青岛市详细海岛数量如表 4-12 所示。

表 4-12 青岛市海岛基本情况

行政所属	海岛数量（个）	有居民海岛数量（个）	无居民海岛数量（个）	500m²以上海岛（个）	海岛总面积（km²）	海岛总岸线（km）
青岛市	120	7	113	74	15.02	122.92
市辖区	11	0	11	5	0.2	5.08
黄岛区	42	4	38	23	9.4	44.36
崂山区	32	0	32	21	1.5	27.03
城阳区	3	0	3	1	0.02	0.58
即墨区	32	3	29	24	3.9	45.87

日照市共有海岛 22 个，无有居民海岛，500 m² 以上的海岛 13 个，海岛总面积 0.43km²，海岛总岸线长 9.8km，日照市详细海岛数量如表 4-13 所示。

表 4-13 日照市海岛基本情况

行政所属	海岛数量（个）	有居民海岛数量（个）	无居民海岛数量（个）	500m²以上海岛（个）	海岛总面积（km²）	海岛总岸线（km）
日照市	22	0	22	13	0.43	9.8
东港区	9	0	9	5	0.03	1.82
岚山区	13	0	13	8	0.4	7.98

4.4.3.2　海岛特征

（1）海岛成因和物质组成

按成因将海岛类型分为基岩岛、火山岛、珊瑚岛、堆积岛。当一个海岛有多种成因时，按主要成因进行分类。基岩岛是指大陆地块延伸到海洋并露出海面、由岩石构成的海岛。堆积岛是指于泥沙运动堆积或侵蚀形成的海岛。

山东省海岛按其成因和物质组成，主要分为冲淤堆积岛和基岩岛两大类型；在589个海岛中，除了位于黄河三角洲和潍坊近岸岛群的31个海岛属于冲淤堆积岛外，其余位于长岛县、烟威北部、烟威东南部、青岛近海和日照前三岛等的岛群绝大部分属于基岩岛。山东省的冲淤堆积岛的组成以贝壳砂、黏土质粉砂和粉砂质黏土为主，一般分布在平均高潮线与特大高潮线之间的潮滩地带，如滨州的贝壳堤岛、潍坊的东西沙子岛等。此类型的海岛又可进一步分为贝壳堤岛和残留冲积岛。构造基岩岛多因构造运动而形成。多数海岛基岩裸露，四周岸壁较陡，海蚀地貌发育。周围海滩宽度较小，海底沉积物厚度不大，基岩埋藏深度小，为港口及各种海上工程建设提供了良好条件，但是同时决定了部分海岛尤其是小岛水资源紧缺、土层薄、水土流失严重、植被生长受限等问题。基岩岛多数呈岛群分布。

（2）海岛距陆距离

山东省的海岛距离大陆较近，大部分海岛位于距大陆15km之内的近岸海域，占全省海岛总数的72.7%。距大陆最远的有居民海岛为烟台市长岛县的北隍将军石，距大陆岸线约63km；距大陆岸线最近的海岛为威海荣成市的成山头，距大陆约6m。距大陆海岸1km以下的海岛占全省海岛总数的37.9%；距大陆海岸1~5km的海岛占全省海岛总数的20.7%；距大陆海岸5~10km的海岛占全省海岛总数的7.3%；距大陆海岸10~15km的海岛占全省海岛总数的6.8%。距岸5km之内的海岛占全省海岛总数的一半以上；距岸50km以上的海岛只占全省海岛总数的16.3%。山东海岛距离大陆海岸分级统计情况见表4-14和图4-30。

表4-14　山东省海岛离岸分布状况

项目	<1km	1~5km	5~10km	10~15km	15~50km	>50km
数量	223	122	43	40	65	96
百分比	37.9%	20.7%	7.3%	6.8%	11.0%	16.3%

（3）海岛面积

按照海岛面积大小可将海岛划分为五大类：特大岛（面积大于或等于2 500km²）、大岛（面积大于或等于100km²、小于2 500km²）、中岛（面积大于或等于5km²、小于100km²）、小岛（面积大于或等于500m²、小于5km²）和微型岛（面积小于500m²）。

山东省589个海岛的面积总和约为101.79km²，其中最大海岛为南长山岛，岛陆面积约为13.3km²。岛陆面积大于1km²的海岛占全省海岛总数的3.06%，其累计岛陆面积占全省海岛面积总和的80.69%；岛陆面积小于1km²的海岛占全省海岛总数的96.94%，其累计岛陆面积仅占全省海岛面积总和的19.31%；岛陆面积小于0.1km²的海岛占全省海

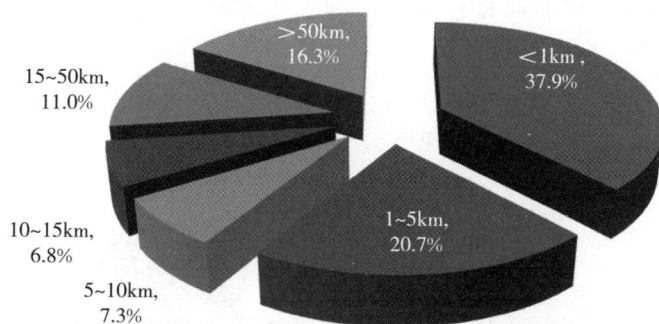

图 4 - 30　山东省海岛离岸分布状况

岛总数的 87.77%，其累计岛陆面积仅占全省海岛面积总和的 2.83%（表 4 - 15）。可见，山东省海岛在规模上存在"微岛和小岛多、中岛少、无大岛"的特点。

表 4 - 15　山东海岛面积分级

类型	微型岛		小岛		中岛	
面积（km^2）	<0.000 5	0.000 5~0.1	0.1~1	1~5	5~15	15~100
数量（个）	313	204	54	11	7	0
合计面积（km^2）	0.05	2.83	16.78	23.4	58.73	0
占总数量百分比	53.14 %	34.63 %	9.17 %	1.87 %	1.19 %	0.00 %
占总面积百分比	0.05 %	2.78 %	16.48 %	22.99 %	57.7 %	0.00 %

4.4.3.3　海岛开发利用状况

（1）有居民海岛开发利用状况

有居民海岛的开发利用类型主要包括农渔业、旅游娱乐、新能源设施等。渔业是有居民海岛的传统产业，渔民依托海岛进行养殖和捕捞，岛上通常建有码头、冷库等渔业基础设施。庙岛群岛、养马岛、刘公岛、田横岛等海岛的旅游开发已成为新的海岛经济增长点；灵山岛、斋堂岛、崆峒岛、竹岔岛等海岛具备优良的旅游资源，开发潜力巨大；杜家岛、砣矶岛和小黑山岛等海岛建设了风力发电机等新能源设施。部分海岛还兼具国防用途，设有军事禁区。

（2）无居民海岛开发利用状况

山东省已开发或有开发利用痕迹的无居民海岛 188 个，占无居民海岛总数的 33.75%，而其他未开发的海岛多数面积较小或离岸较远，开发利用方向未定或开发成本高，如长岛县东嘴石岛、山嘴石岛和小猴矶岛，虽然面积均大于 1 500m^2，但是离岸较远，岛体为基岩，开发利用价值较低且开发成本较高。

山东省无居民海岛的主要开发利用类型包括农渔业、旅游娱乐、工业交通、公共服务、国防用途和领海基点 6 种。农渔业用岛 110 个，一般建有养殖设施或看护建筑，如三平大岛、烧饼岛等；旅游娱乐用岛 26 个，部分海岛已被开发作为旅游度假岛，如桃花岛、海驴岛等，部分为景观海岛，如石老人、花斑彩石等；工业交通用岛 5 个，用于桥梁、油田、港口建设等，如砣子岛、海阳鸭岛等；公共服务用岛 28 个，用于助航导航、气象观测、海洋环境监测等，如大公岛、千里岩等；部分海岛具有领海基点和国防用途（图 4-31）。

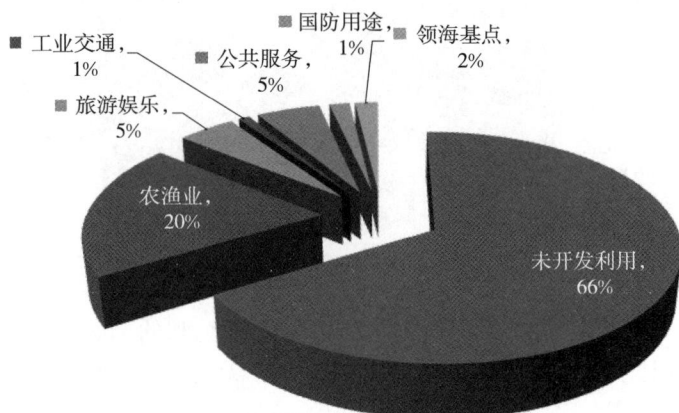

图 4-31　山东省无居民海岛主要开发利用现状

4.4.3.4　海岛保护与开发存在的问题

（1）岛陆开发活动无序

农田开垦是海岛重要的岛陆空间利用类型，在有居民海岛和部分无居民海岛上或多或少均有农田开垦或其痕迹，在特定海岛上，农田占有重要地位。长岛的北长山岛为基岩岛，地势较为起伏，仍有 20% 以上的岛陆被开垦为农田。农田开垦直接改变海岛地表形态和生物栖息地，影响海岛生物群落结构和生物多样性，也可能间接导致水土流失，对岛陆土壤及环岛近海造成影响。

矿产开发不仅占用空间资源，直接破坏生境，还可能排放污染物给周边环境带来影响。矿产开发和运输过程中的突发事故（如溢油）会对海岛生态系统造成严重破坏。2006—2008 年，长岛县海域接连发生 4 起溢油污染事件，严重影响了海洋环境质量和渔业资源。

（2）海岛生态环境破坏严重

特殊的地理位置、有限的规模和明显的空间隔离使得海岛生态系统极其脆弱。海岛开发和管理无序，沿海地区通过采用人工海堤方式连接近岸海岛、围垦滩涂、开辟海水养殖场等方式使海岛失去部分自然属性，如镆铘岛、白马岛等；部分距离较近海岛因人工陆连或围垦等而失去单一海岛属性，如三平岛、南北小青岛等；部分海岛因养殖需要而被破坏，如因渔业开发利用而对黄岛的外连岛、中连岛和里连岛进行炸岛挖岛活动，随意破坏岛体，破坏了海岛生态系统和自然景观。

工业建设和围填海工程发展迅速，用海需求不断扩大，与海岛及其周边海域的生态系统冲突日益突出，同时，滩涂、海域等受大陆陆源污染物的影响和海岛自身的污水排放、养殖污染，海岛海域环境状况已经恶化。如庙岛群岛、威海南部海岛等海域的刺参、紫石房蛤、皱纹盘鲍等渔业经济品种的产卵场、鸟类等保护生物的栖息环境逐渐被破坏，黄渤海洄游性经济鱼类的群聚与洄游通道受人类活动影响，物种多样性减少，湿地生态系统遭受破坏。

4.5　海洋生态灾害与风险

山东省管辖海域的主要海洋自然灾害有赤潮、绿潮、互花米草入侵、海水入侵和滨海土壤盐渍化、局地性灾害生物暴发、风暴潮等。

4.5.1　赤潮

2023 年，山东省管辖海域全年累计发生赤潮 2 次，累计赤潮面积 43km²。5 月 10 日，黄河口北部海域暴发夜光藻赤潮，面积约 30km²。8 月 16 日，日照近岸海域暴发多环马格里夫藻赤潮，面积约 13km²。山东省管辖海域历年赤潮暴发情况如图 4-32 所示。

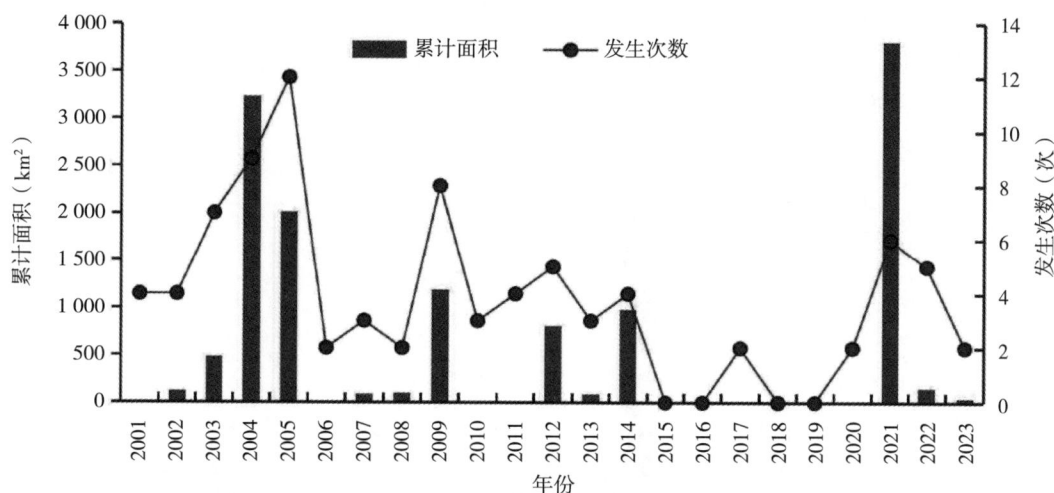

图 4-32　2001—2023 年山东省管辖海域赤潮累计面积和发生次数

2001—2023 年，山东省管辖海域赤潮灾害发现次数共计 87 次，累计面积约 13 127.99km²。其中，2005 年赤潮发生 12 次，为有记录以来最多的一年；赤潮总面积最大值出现在 2021 年，为 3 805.63km²，山东省管辖海域最常见的赤潮原因种为夜光藻。

4.5.2　绿潮

2023 年 5 月，黄海浒苔绿潮连续第 17 年暴发，最大分布面积 61 159km²，最大覆盖面积 998km²，总体呈现"南北跨度大、东西分布广""发生时间早、整体生物量大"等特点。山东省于 5 月 19 日正式启动前置打捞工作，8 月 3 日该年度浒苔绿潮灾害应急处置工作结束。2023 年浒苔登滩量较 2022 年减少了 93%，岸滩清理浒苔 1.63 万 t。2014—2023 年黄海绿潮发生情况如图 4-33 所示。

4.5.3　互花米草入侵

2023 年 9 月，山东省互花米草分布面积为 2.56km²。经过多年的持续治理后，山东

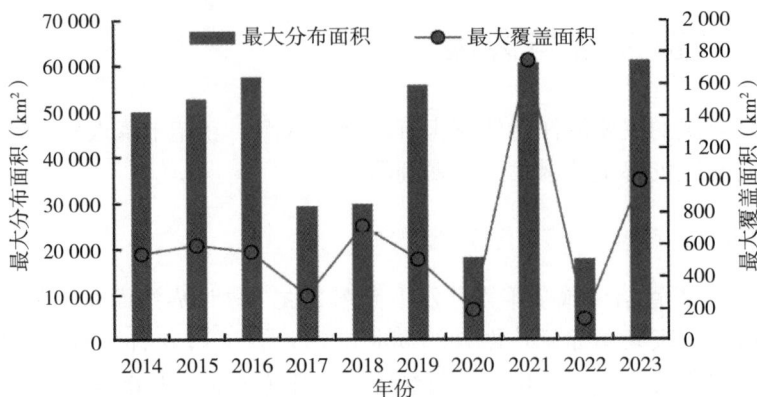

图 4-33　2014—2023 年黄海绿潮发生情况

省互花米草存量面积大幅减小，互花米草快速蔓延的趋势得到有效遏制。2019—2023 年山东省互花米草面积变化如图 4-34 所示。

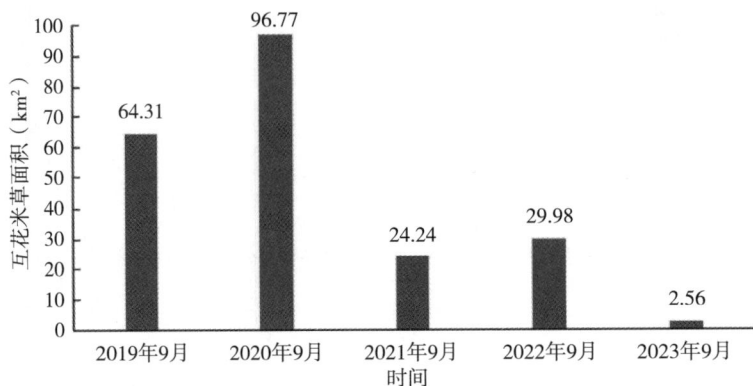

图 4-34　2019—2023 年山东省互花米草面积变化

4.5.4　海水入侵和滨海土壤盐渍化

4.5.4.1　海水入侵

2023 年，位于莱州湾西岸与南岸的滨州、东营、潍坊依旧是山东省海水入侵最严重的地区；海水入侵离岸距离最远出现在丰水期的潍坊寿光断面，入侵距离为 33.4km，较 2022 年同期降低 0.2km；除潍坊柳疃、烟台招远、威海初村及东营河口等 8 个断面外，其余 12 个断面海水入侵离岸距离呈稳定或减小趋势。2021—2023 年山东省丰水期各断面海水入侵情况如图 4-35 所示。

4.5.4.2　滨海土壤盐渍化

位于莱州湾西岸与南岸的东营、潍坊依旧是山东省滨海土壤盐渍化最严重的地区；土壤盐渍化等级基本为轻度及以上；土壤盐渍化离岸距离最远出现在丰水期的潍坊滨海断面，为 34.2km，较 2022 年同期降低 6.6km；除潍坊滨海、威海朱旺、烟台市区及东营河口等 8 个断面外，其余 12 个断面滨海土壤盐渍化离岸距离呈稳定或减小趋势。2021—

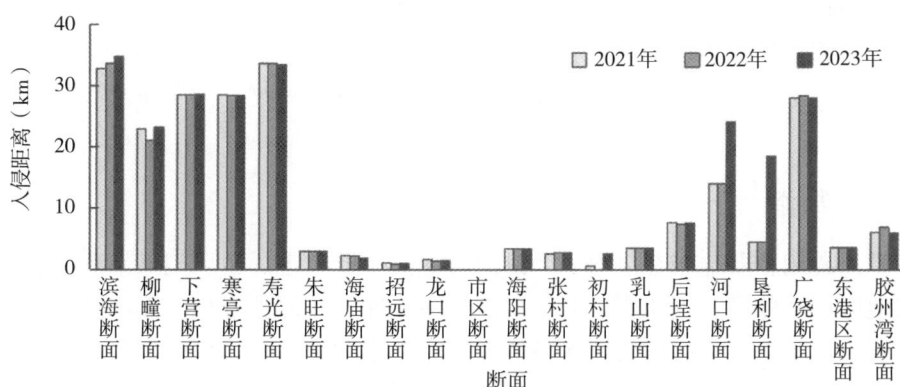

图 4-35　2021—2023 年山东省丰水期各断面海水入侵距离

2023 年山东省丰水期土壤盐渍化离岸距离如图 4-36 所示。

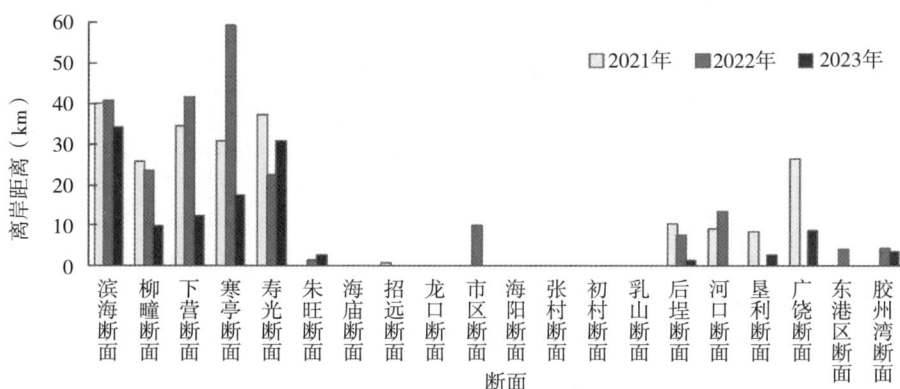

图 4-36　2021—2023 年山东省丰水期各断面土壤盐渍化离岸距离

4.5.5　局地性灾害生物暴发

2023 年 2—6 月，山东省青岛市胶州湾局部海域发生一起局地性海洋生物暴发事件，优势生物主要为多棘海盘车和经氏壳蛞蝓（图 4-37）。

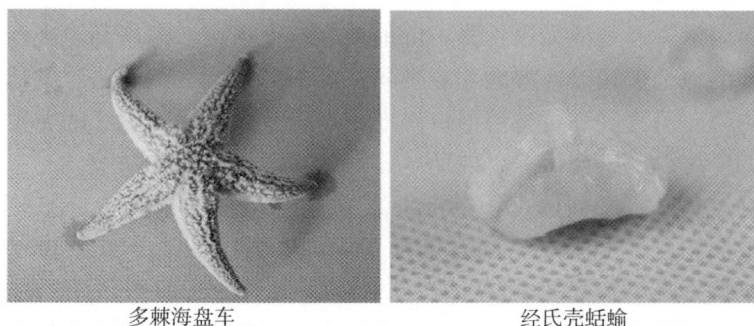

多棘海盘车　　　　　　　　经氏壳蛞蝓

图 4-37　胶州湾灾害优势生物

多棘海盘车属于棘皮动物，体型扁，盘略宽，呈现五角星的对称分布，是底栖生物群落中重要的捕食者，大量聚集时对贝类养殖造成严重危害。

经氏壳蛞蝓属于软体动物。贝壳中小型，呈长卵圆形，薄而脆，完全被外套膜遮盖。生长速度快、产量大，摄食小型双壳类及其他小型无脊椎动物，为滩涂及浅海贝类养殖的敌害。

4.5.6　风暴潮

温带型风暴潮主要分布在渤海，为渤海海域的主要灾害。台风型风暴潮一般在夏季发生，半岛地区频率较高。近年来，受风暴潮、河流冲击及泥沙堆积、无序养殖和堤坝受损等因素影响，山东省盐沼湿地受损区域主要分布在东营市、滨州市、烟台市、威海市和日照市等区域（表4-16）。其中东营盐沼湿地受风暴潮影响较大，受损严重区域分布在东营市河口区和垦利区，该区域现有自然岸滩受侵蚀现象严重，滩地大幅减少，部分区域植被被破坏，生物资源量大幅降低，抵御台风、风暴潮等海洋灾害能力持续减弱，直接危害后方生产生活安全，需要进行修复。

表 4-16　山东沿海地区盐沼湿地面积和受损情况（万 hm²）

序号	地区	湿地面积	天然湿地	人工湿地	受损程度
1	东营市	45.68	34.00	11.68	较重
2	潍坊市	21.59	10.61	10.98	轻微
3	烟台市	17.88	14.17	3.71	较重
4	滨州市	17.63	7.22	10.41	较重
5	青岛市	13.99	10.28	3.71	轻微
6	威海市	11.45	8.54	2.91	较重
7	日照市	3.92	2.55	1.37	轻微

资料来源：由佳，张怀清，陈永富，2017。山东湿地类型自然保护区发展探讨。安徽农业科学。

滨州市受损区域位于滨海平原与海岸滩涂交接的盐沼地带，现有的防潮堤坝因长期受套尔河河流淤积和海潮水流湍急侵蚀影响，部分堤坝冲毁塌陷严重，盐沼湿地植被退化，亟待修复。

威海乳山市因沿岸养殖池无序扩张，湿地被养殖区占用，海岸环境破坏严重；陆上水资源过度开采，湿地植被缺乏，湿地功能减弱；乳山湾东流区纳潮量急剧减小，淤积严重等原因造成乳山湾东流湾底和黄垒河河口湿地受损较重，需要对无序的养殖开展整顿，对湿地周边不协调厂房设施进行拆除，以期早日恢复湿地生态保护功效。

威海荣成好运角旅游度假区朝阳港湿地人为过度开发，养殖池、盐土等人工景观较多，使得朝阳港潟湖湿地的景观格局发生了变化，植被单一，分布零散，岸边无防护堤坝，极易受潮水特别是风暴潮冲刷侵蚀。

烟台莱州金仓湿地无海岸防护设施，杂石堆砌，遇到风暴潮极易使生态受损，亟待开展护坡防护。

青岛、日照等地市盐沼湿地受损情况较轻。

4.6　存在的主要海洋生态问题

受全球气候变化、海洋自然资源过度开发利用等影响，局部海域典型海洋生态系统显著退化，部分近岸海域生态功能受损、生物多样性降低、生态系统脆弱、主要河口互花米草入侵严重，风暴潮、赤潮、绿潮等海洋灾害多发频发。具体表现为：

一是部分砂质岸线侵蚀严重。部分海岸沙滩得不到有效保护，长期遭受海浪侵蚀，海沙流失，沙滩侵蚀严重；沿岸砂质岸线植被匮乏，固滩作用减弱，海浪、潮汐对砂质岸线的侵蚀影响加剧；围海养殖、盐田修建等人为开发活动占用、破坏部分砂质岸线。

二是部分海湾生态功能退化。部分典型湿地生态功能区域受自然和人类活动影响较大，滨海湿地面积减小；部分海岸带开发利用不合理，削弱了海岸生态系统的综合服务功能；部分海域富营养化问题较为突出，黄河口、莱州湾等典型生态系统呈亚健康状态。

三是互花米草等外来物种入侵严重。沿海七市沿岸海域均出现不同程度的互花米草入侵，特别是黄河三角洲、莱州湾、胶州湾等区域，互花米草入侵趋势日趋严重，严重影响了当地海洋生物的栖息环境，导致海草床零碎化、底栖生物和鸟类等的数量下降，对海岸带的生物多样性、滩涂养殖、河道航运及排涝等造成严重威胁。

四是沿海人工防护工程生态化程度不高。部分区域沿岸海堤建设标准低，较多使用临时块石堆砌，受风暴潮及海浪冲刷，块石护面塌落，防灾减灾能力弱，存在较大的安全隐患。大部分海堤注重防洪防汛要求，建设材料以非生态材料为主，硬质结构居多，与周边海洋生态环境衔接程度低、生态效果差。

五是海岛生态系统受损严重。因渔业养殖、工业建设、旅游等开发利用活动，部分海岛岸线受损、植被覆盖度降低、岛体被破坏。受陆源污染物、养殖污染等影响，海岛周边海域水质环境和海洋生物的产卵场、洄游通道、栖息环境被破坏，降低了海岛及其周边海域的生物多样性。海岛基础设施建设相对滞后，污水和垃圾处理设施相对简单，岛体护坡等防灾减灾设施不完善，给生态保护和安全防护带来隐患。

因此，亟须采取有力措施扎实推进整治修复项目实施，确保中央资金和地方财政资金使用绩效，确保山东省海洋生态保护修复项目取得实效。

第5章 山东省开展海洋生态保护修复工作基础

5.1 海岸带整治修复

2010 年，国家海洋局发布《关于开展海域海岛海岸带整治修复保护工作的若干意见》（国海办字〔2010〕649 号），部署海域、海岛和海岸带的整治、修复和保护工作，要求省级海洋主管部门编制省级海域海岛海岸带整治修复保护规划（规划期 2011—2015 年），制定全省海域海岸带整治修复保护年度计划、全省海岛整治修复保护年度计划和全省海洋生态整治修复保护年度计划，按照突出重点、循序渐进和量力而行的原则确定具体的整治、修复和保护项目。并对海域海岛海岸带整治修复保护项目的管理、实施方案的编制、经费保障、检查验收提出了具体要求。

2010 年以来，山东省各级政府开展全方位、大规模的海岸整治修复保护工作，先后实施了 107 个整治修复项目，包括招远侵蚀海岸、龙口北部海岸、烟台四十里湾海岸、莱山逛荡河口、威海九龙湾岸线、乳山潮汐湖、荣成爱莲湾海岸日照阳光海岸带、日照蔡家滩林场海岸等整治修复工程，计划整治修复长度约 181.11km，实际完成整治修复岸线约 103.56km，恢复沙滩 60 多万 m²、植被 20 万 m²，受损岸线得到有效修复，海岸生态功能、景观旅游价值得以提升。

5.2 "蓝色海湾"整治行动

"蓝色海湾"整治行动是我国海洋生态文明建设的重大举措之一，党的十八届五中全会提出"开展'蓝色海湾'整治行动"的工作部署，主要是通过实施海岸带生态修复、滨海湿地生态修复、海岛海域生态修复，使海洋生态环境质量得以改善，海域、海岸带和海岛生态服务功能得到有效提升。2016 年，财政部、国家海洋局发布《关于中央财政支持实施蓝色海湾整治行动的通知》（财建〔2016〕262 号）提出：坚持海陆统筹、区域联动，加快推进海湾综合整治和生态岛礁建设，推动海洋生态环境质量逐步改善。其中重点海湾综合治理的工作内容为以提升海湾生态环境质量和功能为核心，提高自然岸线恢复率，改善近海海水水质，增加滨海湿地面积，开展综合整治工程，打造"蓝色海湾"，具体包括：海岸整治修复，通过建设生态廊道等，强化社会监督，保护好自然岸线；"南红北柳"滨海湿地植被种植和恢复，治理污染提升海湾水质；近岸构筑物清理与清淤疏浚整治，海洋生态环境监测能力建设，海洋经济可持续发展监测能力建设等。

山东省实施"蓝色海湾""退养还湿"等重大项目，累计投入各类资金 50 多亿元，整治修复岸线 200 多 km，拆除清理垃圾废弃物 100 多万 m³，恢复养护沙滩 40 多 km，生态修复海域 2 000 多 hm²，逐步建立海洋生态修复长效机制。特别是潍坊市柽柳种植间作肉苁蓉模式，在有效恢复滨海湿地立体生态系统的基础上，每亩*可增加经济价值 1 万元左右，同时大幅提升了区域内海洋防灾减灾能力，生态、经济、社会效益突出。日照市全国首例港口岸线退用还海顺利完成，恢复 46 万 m² 金沙滩及 1 800 多 m 生态岸线，周围海域水质改善为符合国家海水二类标准，大海龟、江豚、白海豚等多年未见的海洋保护动物回归，海洋生态功能及生物多样性提升显著，成功探索了海洋生态修复新动能、新模式。东营市"退养还湿"40 多万亩，滨海湿地"红地毯"景观重现，东方白鹳、黑嘴鸥等多种鸟类数量大大增加，黄河三角洲区域滨海湿地生态系统功能不断提升。

5.3　生态岛礁工程建设

生态岛礁是指生态健康、环境优美、人岛和谐、监管有效的海岛。生态岛礁工程是为建设生态岛礁而采取的整治修复行动和保护管理措施，以保障海岛生态安全、维护海洋权益、改善人居环境，是海洋强国和生态文明建设的重要举措之一。

2012 年国家海洋局出台了《海岛生态整治修复技术指南》。该指南阐述了当时我国海岛生态整治修复的背景情况、一般原则、关键技术、具体实施程序和典型案例，成为我国海岛生态整治修复工作的主要技术指导文件。

《关于中央财政支持实施蓝色海湾整治行动的通知》（财建〔2016〕262 号）提出生态岛礁建设以改善海岛生态环境质量和功能为核心，修复受损岛体，促进生态系统的完整性，提升海岛综合价值。具体包括：自然生态系统保育保全，珍稀濒危和特有物种及生境保护，生态旅游和宜居海岛建设，权益岛礁保护，生态景观保护等，并同步开展海岛监视监测站点建设和生态环境本底调查等。

2016 年，国家海洋局印发了《全国生态岛礁工程"十三五"规划》（国海岛字〔2016〕440 号），明确了生态岛礁工程建设的指导思想、基本原则和工程目标，提出通过实施生态岛礁工程，到 2020 年，在 100 个海岛实施生态岛礁工程，形成各具特色的生态岛礁建设模式、标准和长效建设管理机制，确立了生态保育类、权益维护类、生态景观类、宜居宜游类和科技支撑类五类工程，并在组织领导、资金投入、规章制度、科技支撑和宣传力度等方面提出了具体保障措施。

2018 年印发《国家海洋局关于进一步推进生态岛礁工程实施的指导意见》（国海岛字〔2018〕56 号），对生态岛礁工程建设的总体要求、主要任务、保障措施提出了明确意见，并发布了生态岛礁工程建设指南。根据国家海洋局颁布的指南，山东省生态岛礁建设包括了生态保育类、权益维护类、生态景观类、宜居宜游类和科技支撑类五类，其中生态保护海岛 78 个、权益维护类海岛 8 个、生态景观类海岛 261 个、宜居旅游类海岛 120 个。

---

　　*　亩为非法定计量单位，1 亩＝1/15hm²。——编者注

5.4 渤海综合治理攻坚战行动

《生态环境部、国家发展和改革委员会、自然资源部关于印发〈渤海综合治理攻坚战行动计划〉的通知》（环海洋〔2018〕158号）和生态环境部、国家发展和改革委员会、自然资源部、交通运输部、农业农村部《关于实施〈渤海综合治理攻坚战行动计划〉有关事项的通知》（环海洋〔2019〕5号），相关部委批复确定了山东渤海综合攻坚海洋生态修复项目共29个，要求到2020年年底，山东省渤海区域须完成整治修复滨海湿地3 800hm²、岸线22km。山东省共争取落实资金15.44亿元，其中中央补助资金8.9亿元、地方及社会资金6.54亿元，切实保证了修复项目落地实施。截至2020年11月底，实际已完成整治修复滨海湿地3 983.9hm²，完成总任务目标的104.84%，整治修复岸线60.86km，完成总任务目标的276.64%。

5.5 增殖放流与伏季休渔

增殖放流就是对野生鱼、虾、蟹、贝类等进行人工繁殖、养殖，或捕捞天然苗种，经人工培育后，大规模放生、放流于自然海域，以供给和满足人类自身对海洋水产品的捕捞需求，用于缓解和平衡海洋鱼类捕捞需求与自然恢复之间不断扩大的总量差距。增殖放流也可以将特定幼苗人工投放到渔业资源出现衰退的天然水域中，以增加生物种群的数量，改善和优化水域的渔业资源结构，使自然种群在人工帮助下得以加速恢复，从而达到增殖渔业资源、改善水域环境、保持生态平衡的目的，实现发展海洋生态渔业发展的目标。近海增殖放流手段现已成为国内外在修复水域生态和恢复渔业资源方面较常采取的一种有效措施。

山东省增殖放流活动始于20世纪80年代，早期增殖品种主要是中国对虾，1990年之后，逐渐开始以中国对虾、三疣梭子蟹等甲壳类，褐牙鲆、许氏平鲉等鱼类以及海蜇等其他经济物种为主要增殖种类的增殖放流。2005年，山东省率先在全国开展了渔业资源修复行动，进行大规模的增殖放流活动。放流品种18余种，取得了显著的社会效益、生态效益和经济效益，对山东近海渔业资源和生态环境的恢复发挥了积极的推动作用。

2016年至今，山东省各级财政累计投入增殖放流资金12.2亿元，累计公益放流中国对虾、三疣梭子蟹等甲壳类，许氏平鲉、大泷六线鱼等恋礁性鱼类，褐牙鲆、圆斑星鲽、半滑舌鳎等鲆鲽类，金乌贼、曼氏无针乌贼等头足类，海蜇、大叶藻等海水物种，鲢、鳙、草鱼、中华绒螯蟹等淡水物种以及多鳞白甲鱼、松江鲈等濒危物种共28个物种水产苗种312亿单位，居全国首位。在公益型增殖放流的辐射带动下，群众型底播增殖蓬勃发展，成为山东省现代化海洋牧场的重要组成部分。据不完全统计，目前山东省沿海群众型底播增殖面积达10万hm²，每年底播增殖贝类、海珍品等水产苗种约1 500亿粒（头），年均投资15亿元以上。苗种供应体系不断优化，山东省拥有省级渔业增殖站268处、省级渔业增殖示范站18处。通过增殖放流，山东省近海严重衰退的重要经济渔业资源明显得到补充，如对虾、海蜇、梭子蟹等已形成稳定的秋季渔汛。回捕增殖资源已成为当前秋汛生产的主要形式和山东省2万多艘中小马力渔船约80万渔民增收的重要手段，并取得了明显的社会效益和经济效益。

　　伏季休渔是实现渔业可持续发展、保护渔业资源的重要措施，目前是我国养护和合理利用海洋渔业资源的主要管理手段，其目的是有效控制一定时空范围内的捕捞强度，以保护繁殖亲体和幼鱼自然生长，促进渔业资源种群数量的增加和恢复。

　　1995 年我国在黄海和东海实施伏季休渔制度，1999 年扩大至南海。之后，海洋伏季休渔制度历经数次调整，休渔期逐步延长，休渔作业类型逐步增加，休渔范围也扩展到渤海、黄海、东海和南海四大海域，涉及沿海 11 个省（自治区、直辖市）和香港特别行政区、澳门特别行政区，11 万多艘渔船，上百万渔民。经过 20 余年的实施，海洋伏季休渔制度的实施取得了显著成效。

　　2017 年，农业部在大量调研、深入了解情况和反复征求意见的基础上，制定了新伏季休渔制度，统一休渔时间为 5 月 1 日，总休渔时间延长一个月。伏季休渔制度实施以来取得的社会效益、生态效益和经济效益和总体上是显著的。社会效益方面，进一步增强了社会各界的海洋资源环境保护意识和国际社会影响力。生态效益方面，一定程度遏制了海洋渔业资源衰退和海洋生态环境恶化的势头。伏季休渔制度在时间选定上，主要集中在每年的春、夏季，即主要海洋生物种类的繁殖期和幼体生长期。实施伏季休渔制度，可以相对有效地保护海洋生物的产卵群体和幼生群体，增加补充群体数量，使主要海洋渔业资源品种得到普遍养护，并有利于资源群落结构的改善。经济效益方面，一定程度上提高了渔业生产效率和渔业生产效益。通过长期不懈实施休渔，为海洋生物资源的休养生息提供了一定的时间和空间，对维持我国海洋捕捞生产发挥了积极作用。伏季休渔制度是我国实施时间较早、持续时间较长的一项海洋资源环境保护管理措施，经过长期扎实广泛的宣传教育工作，已经为社会各界所熟知，加深了大家对渔业资源保护工作的了解和认识。

5.6　山东省海洋牧场建设

　　建设海洋牧场是修复海洋生态环境、养护水生生物资源的重要举措，是优化渔业产业结构、推动渔业高质量发展的有效途径。近年来，山东省积极贯彻习近平总书记关于发展海洋牧场的重要指示精神和省委、省政府重点工作要求，以增加供给、富裕渔民、改善生态为目标，深入推进海洋牧场建设，助力乡村振兴和渔业可持续发展。在建设海上粮仓、海洋强省、实施新旧动能转换等重大战略政策支持和指引下，山东省注重做好行业发展的顶层设计，先后发布实施了《山东省人工鱼礁管理办法》《山东省人工鱼礁建设技术规范》（DB37/T 2009—2012）、《"海上粮仓"省级海洋牧场评定标准》《山东省省级现代渔业园区建设规划》《山东省人工鱼礁建设规划（2014—2020 年）》《山东省海洋牧场建设规划（2017—2020 年）》《海洋牧场"十四五"建设规划》《山东省省级海洋牧场示范区管理工作规范》《海洋牧场建设规范》等规章制度及标准文件 10 余个，保障海洋牧场科学化、特色化发展。同时，建成"省级现代化海洋牧场综合管理平台"，这也开创了全国的先河，极大提升了山东省海洋牧场综合管理能力，为海洋牧场规范建设、高效管理和生态发展提供了重要保障。

5.6.1　山东省海洋牧场发展总体情况

　　山东省利用自身渔业资源特色和产业优势，大力推进海洋牧场建设，经过 10 余年的积累和发展，走出了具有山东特色的海洋牧场发展道路，其发展大致分四个阶段：一是试验探索阶段（1981—2004 年）。1981 年，黄海水产研究所在青岛胶南和烟台蓬莱两地开展人工鱼礁试验，为后期经济型人工鱼礁建设奠定了理论基础。二是筑基发展阶段（2005—2013 年）。以 2005 年"渔业资源修复行动计划"为标志，利用建设人工鱼礁、增殖放流等措施，修复海洋生态，养护渔业资源。将近 10 年间，通过"9 带 40 群"人工鱼礁打造，构建了山东海洋牧场雏形，引导经济型人工鱼礁走上自主发展道路。三是创新探索阶段（2014—2018 年）。以 2014 年山东省政府"海上粮仓"战略为标志，通过海洋牧场整合传统渔业产业资源，拓展发展空间，提出"投礁型、底播型、田园型、装备型、游钓型"五类牧场协同发展理念，制定"一体两带三区四园多点"布局，形成开展生态礁、观测网、海上平台、大型深水网箱、养殖工船等要素建设，提升海洋牧场建管能力，为全国海洋牧场发展打造了样板。四是高质量发展阶段（2019 年至今）。以 2019 年山东省政府印发实施《山东省现代化海洋牧场建设综合试点方案》为标志。根据习近平总书记"海洋牧场是发展趋势，山东可以搞试点"的指示，山东省争取政策开展现代化海洋牧场建设试点，积极探索模式、机制创新，逐渐形成海洋牧场"近浅海"和"深远海"协同发展、系统推进的整体格局，"山东模式""山东经验"在全国推广。

截至 2023 年，累计创建省级海洋牧场示范区 139 个，其中 67 个获批为国家级海洋牧场示范区，占全国的 40%，改造了水生生物栖息环境、补充了渔业资源数量，渔业海域"荒漠化"问题得到极大改善。先后建成重力式网箱 2 200 多个，桁架式网箱、大型养殖工船、大围网等深远海智能养殖装备 25 台（套），养殖水体总规模达到 200 万 m³，年产优质海水鱼超 4 万 t。预计到 2025 年，山东全省省级以上海洋牧场示范区数量将达到 140 个。海洋牧场总体形成浅海和深远海协调发展的新格局，生态修复范围进一步扩大，环境质量明显改善，生态管控能力全面增强，优质海产品实现稳定产出。

5.6.2 山东省海洋牧场发展取得的成效

海洋牧场的人工鱼礁、养殖筏架等设施能够为生物苗种提供安全的庇护场所，重建了海洋牧场生态链，有效遏制了"绝户网"等捕捞作业；海域立体应用提高了基础生产力，为生物提供了丰富的饵料生物，成为海洋生物的产卵孵育场所，增加了生物多样性和系统稳定性。据调查，人工鱼礁投放 12 个月后，礁区基础生产力平均提升 11.2%，生物量增长高达 6.7 倍。贝类、藻类资源的增殖大大提升了海洋牧场的生态固碳能力。

海洋牧场的建设与发展带动了山东省传统渔业的产业结构调整和转型升级，逐步由"产量型"渔业捕捞向"品质型"渔业生产和渔业服务转变。山东省投入运营的省级海洋牧场示范区每年可创造就业岗位 1.6 万多个，安置转产渔民约 1 800 人。海洋牧场发展带动了水产品深加工、休闲海钓、冷链物流、造船、旅游等产业的快速发展，满足了群众对优质水产品和渔业服务的需求，实现了海洋一二三产业融合发展，促进了渔船转产、渔民转业和渔区稳定。

海洋牧场建设助力渔业经济大发展。一是海洋牧场出产水产品种类多样、生长环境近似野生，质量安全可靠，市场价格高，水产品收入有保障，牧场水产品年生产加工产值30 多亿元。以投礁型海洋牧场为例，通过开展刺参、海胆等海珍品底播增殖，牧场综合年产值由建设前的 1 000 元/亩增至 9 000 元/亩，经济效益显著。二是促进了休闲渔业快速发展,"十三五"期间,省级休闲海钓场接待游客达 520 万人次,经营收入 14.3 亿元,带动旅游消费 145 亿元,有效促进了餐饮、交通、住宿、造船、渔具等相关行业发展,拉动消费额是所钓鱼品价值的 53 倍,一竿钓出大产业。三是拉动了水产苗种培育、水产品精深加工、冷链物流、海工装备、休闲文旅等海洋牧场相关产业的快速发展,形成产业链式联动发展效应,带动渔业整体提档升级。

5.7　山东省典型蓝碳生态系统碳储量调查评估

海洋是地球系统中最大的碳库,海洋碳库是大气的 50 倍、陆地生态系统的 20 倍,全球大洋每年从大气吸收的 CO_2 约占全球每年 CO_2 排放量的 1/3,在固碳和应对气候变化方面发挥着重要作用。山东省拥有滨海盐沼、海草床、海藻场等丰富的蓝碳资源,发展蓝碳潜力巨大。山东省盐沼主要位于黄河三角洲、莱州湾、胶州湾、乳山湾、丁字湾等沿海地带,盐沼植物类型以芦苇、柽柳、盐地碱蓬为主。山东省海草床主要分布于威海马山港、双岛湾、长岛庙岛及大小黑山岛,青岛汇泉湾、威海桑沟湾、俚岛湾、褚岛以及黄河口等处有少量分布,种类主要为鳗草和日本鳗草。

山东省委、省政府高度重视海洋碳汇工作,先后出台《贯彻落实〈中共中央、国务院关于完整准确全面贯彻新发展理念做好碳达峰碳中和工作的意见〉的若干措施》《山东省建设绿色低碳高质量发展先行区三年行动计划(2023—2025 年)》《海洋强省建设行动计划》等政策文件,支持开展海洋生态保护修复,推进全省海洋碳汇工作。率先印发实施《山东省自然生态系统碳汇监测评价工作方案》,着力构建自然生态系统碳汇"资源调查、储量评估、潜力评价、技术标准"四大体系,科学谋划海洋碳汇各项工作。

根据自然资源部《全国海洋生态预警监测总体方案(2021—2025 年)》和《2022 年全国海洋预警监测工作方案》部署要求,山东省积极先行先试,组织开展了黄河口盐沼湿地碳汇监测、长岛庙岛海草床生态系统碳储量调查评估等试点工作,累计布设各类监测点位 47 个,采集各类样品 300 余个,基本掌握山东省试点区域蓝碳生态系统状况和蓝碳储量资源,探索形成系列可复制推广的海洋碳汇调查评估经验,圆满完成多项蓝碳调查评估试点任务,为全面系统摸清全国、全省蓝碳资源家底做好经验储备。

监测结果显示,长岛庙岛和小黑山鳗草植物单位面积碳储量在 (99.13±16.10) ~ (329.85±96.77) g/m^2(以 C 计,余同)。丛生鳗草植物单位面积碳储量显著高于鳗草,在 (511.02±122.95) ~ (737.50±213.42) g/m^2。在海草不同组织中成熟叶片碳储量最高,新生叶片碳储量最低。鳗草叶片附着物单位面积碳储量在 (3.19±2.01) ~ (12.30±2.30) g/m^2,丛生鳗草叶片附着物单位面积碳储量在 (5.86±0.97) ~ (13.45±2.97) g/m^2。鳗草凋落物单位面积碳储量在 (47.53±18.33) ~ (340.38±98.77) g/m^2,丛生鳗草凋落物单位面积碳储量在 (160.31±61.57) ~ (357.92±124.02) g/m^2。沉积碳汇是海草床生态系统碳汇最为主要的组成部分,远高于生物量碳。调查结果表明,长岛 1m 深度沉积物单位面积碳储量在 (92.38±9.48) ~ (423.00±45.48) Mg/hm^2。沉积物粒径越小,有机碳密度越高。

监测结果显示,黄河口盐沼生态系统分布面积为 32 762.17hm^2,土壤 1m 以浅总碳储量为 123.4 万 t，植被碳储量 1.02 万 t，总碳储量 124.42 万 t。碳储类型有稀疏盐地碱蓬、滩涂芦苇、芦苇-柽柳-盐地碱蓬、盐地碱蓬-柽柳、淤泥质裸滩、潮沟，面积分别为 11 926.30hm²、1 453.68hm²、1 533.26hm²、274.08hm²、16 856.12hm² 和 718.73hm²。各典型植被生物量总量为 23 226.05t，其中盐地碱蓬区 5 754.71t、盐地碱蓬-柽柳区 666.80t、滩涂芦苇区 7 077.60t、芦苇-柽柳-盐地碱蓬区 9 726.94t。基于生物量特征，计算得到黄河口盐沼生态系统植被总的碳储量为 10 592.86t，其中盐地碱蓬区 2 532.07t、滩涂芦苇区 3 114.14t、芦苇-柽柳-盐地碱蓬区 4 279.85t、盐地碱蓬-柽柳区 666.80t。基于黄河口盐沼生态系统土壤固碳能力为 $1.24×10^4$t/年，假设盐沼植被每年增长的碳全部进入海洋被固定，植被固碳能力为 7 521.44t/年，初步得到黄河口滩涂湿地固碳能力约为 $1.99×10^4$t/年。

5.8　山东省海藻场生态系统调查评估

山东省沿海大型海藻野生资源非常丰富，广泛分布着马尾藻类、海带、裙带菜、网地藻、紫菜、石莼、蜈蚣藻、石花菜、江蓠类等大型海藻种类，在山东省海岸带蓝汇中占据重要的地位。然而，自中国科学院海洋研究所曾呈奎院士团队之后，人们对山东省海藻场的系统监测调查几乎为空白。山东省海藻资源现状相关基础数据的缺乏限制了对海藻场生态系统碳储量和碳汇能力的准确评估。2022 年通过调研及现场实地调查等方式，初步摸清山东省海藻场分布情况，重点对长岛海藻场生态系统和荣成海藻场生态系统开展了生态详查，较全面地掌握了海藻场的分布、面积，大型海藻的种类、生物量等海藻资源信息以及水环境、沉积环境、生物生态等基本生态状况，并对海藻场生态系统碳储量进行了初步调查和估算（表 5-1）。

初步估算山东省潮下带海藻场总面积约 44km²，依据实地核查海藻场平均生物量数据，估算山东省海藻场总生物量约为 $13.6×10^4$t。针对大黑山岛、南隍城岛、大钦岛、南长山岛、俚岛、褚岛 6 处重点海藻场开展了实地生态详查，共发现大型海藻 29 种，隶属于 18 科 21 属，红藻和褐藻居多，主要优势种为海带、裙带菜、海黍子、鼠尾藻、石花菜、日本角叉菜等。6 处重点海藻场面积范围 21 156～88 654m²，大黑山岛海藻场面积最大；平均生物量范围 209.36～4 088.53g/m²，南隍城岛海藻场平均生物量最高；碳储量密度范围 12.80～298.14g/m²，俚岛海藻场碳储量密度最高；总生物量范围 19.14～111.67t，总碳储量范围 1.14～10.71t，以南长山岛海藻场总生物量及总碳储量为最高。

长岛海藻场生态系统和荣成海藻场生态系统周边海域水环境状况良好，以符合一类海水水质标准为主，个别站位符合二类海水水质标准，沉积物质量总体良好，均符合一类标准。浮游植物、浮游动物、底栖生物、鱼卵及仔稚鱼生物资源丰富，群落结构稳定，海藻场内浮游植物和浮游动物丰度总体高于海藻场外对照区域。

调查发现，目前对于海藻场的威胁主要来自人为因素，包括近岸海区人为的破坏和占用以及人们对野生资源的过度开发、采集。由于很多大型海洋藻类具有重要的经济和食用价值，人们对其进行了不可控制的过度开发。近年来，对于海藻生态系统的保护修复工作已逐步开展，也取得了一定的效果，但仍需长期持续努力。

表5-1　山东省海藻场基本情况

海藻场所在地	海藻场所在行政区域			海藻场位置		资料来源	资料获取时间	海藻场类型	海藻场基本特征		
	省	市	县(市、区)	经度(°)	纬度(°)				海藻场面积(m²)	海藻场优势种	平均生物量(g/m²)
大黑山岛	山东省	烟台市	长岛县	120.624 719	37.965 445	实地调查	2022-6-16	潮下带海藻场	88 654	日本角叉菜	209.36
南隍城岛	山东省	烟台市	长岛县	120.895 851	38.368 499	原位调查	2022-7-19	潮下带海藻场	13 453	海带	4 088.53
大钦岛	山东省	烟台市	长岛县	120.821 172	38.298 629	原位调查	2022-7-20	潮下带海藻场	24 017	裙带菜	1 800.63
南长山岛	山东省	烟台市	长岛县	120.758 587	37.924 458	原位调查	2022-7-26	潮下带海藻场	49 263	石花菜	2 400.9
俚岛	山东省	威海市	荣成市	122.587 782	37.257 731	原位调查	2022-8-25	潮下带海藻场	26 767	石花菜	2 222.4
褚岛	山东省	威海市	荣成市	122.562 749	37.049 317	原位调查	2022-9-28	潮下带海藻场	21 156	鼠尾藻	2 376.96
养马岛	山东省	烟台市	莱山区	121.362 05	37.280 814	资料收集	2018-7-12	潮下带海藻场	525	海蒿子	1 538.69
汇岛	山东省	威海市	乳山市	121.393 679	36.410 222	资料收集	2018-8-5	潮下带海藻场	2 400	海蒿子	1 619.93
鸡鸣岛	山东省	威海市	荣成市	122.285 165	37.270 873	资料收集	2018-8-7	潮下带海藻场	700	裙带菜	7 551.29
任家台	山东省	日照市	东港区	119.373 259	35.302 945	资料收集	2019-7-19	潮下带海藻场	1 500	鼠尾藻	283.81
太平角	山东省	青岛市	市南区	120.213 037	36.023 097	资料收集	2019-7-21	潮下带海藻场	8 000	裙带菜	6 367.51
仰口	山东省	青岛市	崂山区	120.394 004	36.181 025	资料收集	2019-7-22	潮下带海藻场	5 200	鼠尾藻	2 914.27
黄岛金沙滩	山东省	青岛市	黄岛区	120.161 113	35.580 258	资料收集	2018-7-11	潮下带海藻场	—	—	—
田横岛	山东省	青岛市	即墨区	—	—	—	—	—	—	—
奥帆基地	山东省	青岛市	市南区	—	—	—	—	—	—	海蒿子	—

注：表中"—"表示未调查。

5.9 山东省互花米草防控

5.9.1 互花米草生长情况

山东全省调查区域丁字湾、乳山湾、莱州市朱旺海滩互花米草长势繁茂、生物量较高，部分植株高达 2m；上述区域养殖沟渠密布，沉积物有机碳含量高，海水盐度在 10～30，充足的水分和养料促进了互花米草的生长。莱州市西端互花米草最为矮小、密集，生物量最低；相对应的是该区域盐场较多，海水盐度 32 以上，沉积物有机碳含量最低，高盐度和低有机碳含量对互花米草的生长产生了较为显著的抑制作用。相对而言，潍河、潮河等调查区域互花米草长势适中，株高多在 1m 左右；这些区域海水盐度一般在 10～20，沉积物有机碳含量较低但高于莱州市西端。

互花米草对海水适应性较强，在盐度为 10～20 的环境中生物量较高，高盐度对其生长有一定的限制作用，高盐度生长的互花米草植株明显偏细。互花米草在沙、粉沙、黏土等不同底质环境中均有分布，其生物量与底质有机碳含量呈显著正相关关系。互花米草分布区底栖生物种类偏少，双齿围沙蚕、须鳃虫等环节动物和薄壳绿螂、古氏滩栖螺等软体动物比例较高。

5.9.2 互花米草治理情况

2003 年国家环境保护总局将互花米草列入首批入侵我国的 16 种外来入侵物种名单。为全面摸清外来入侵物种互花米草在山东省的分布及对生态环境的影响，制定科学合理的防控措施，保护滨海湿地生物多样性，按照《山东省互花米草防治实施方案》的任务要求，山东省海洋局多次部署，明确要求各地抓住治理关键时间，因地制宜，积极推进互花米草治理工作，从 2020 年起开展全域互花米草治理工作，至 2023 年累计完成治理面积 9 041hm²，除治率超 85%，遏制了互花米草扩散蔓延态势。互花米草被治理后，部分治理区本土盐沼植被盐地碱蓬、芦苇等逐渐恢复，生物多样性得到提升。黄河三角洲国家级自然保护区盐地碱蓬长势良好，平均植株密度达到每平方米 24 株；青岛市胶州湾治理后鸟类数量增加，在墨水河及白沙河、红岛东侧、大沽河等河口观测到的鸟类数量由 2021 年的 44 种 1 676 只增加至 2023 年的 48 种 3 073 只。

5.9.3 存在的问题

5.9.3.1 互花米草的入侵和扩散危害区域生物安全和生态系统的稳定

互花米草的入侵不同程度地侵占了本土生物的生存空间，威胁本土海岸生态系统，导致原生物群落生境空间破碎化，使得部分滨海湿地典型生态系统发生退化，对保护区的生态安全造成严重威胁。如黄河三角洲滨海湿地的盐地碱蓬区是国家一级保护鸟类黑嘴鸥的重要栖息地，生物多样性丰富，被互花米草替代后，形成单一的互花米草植物群落，鸟类栖息地环境遭到破坏。

互花米草破坏近海生物栖息环境，侵占本地海洋生物繁殖与生长滩地，影响滩涂养殖。如胶州湾等区域的海滩蟹类、贝类等动物在互花米草侵占区基本消失，滨海湿地的生物多样性遭到破坏，旅游业及水产养殖业受到影响。

互花米草的促淤作用也间接地对生态系统造成了严重的破坏。如在潮滩区域，互花米草本身的密度大，且具有很强的促淤作用，形成的"大坝"阻挡潮水影响海水交换能力，导致水质下降，并诱发赤潮，破坏了潮间带其他区域的生态环境；在河口区域，互花米草扩张可显著降低水流流速，致使泥沙淤积，再加上自身阻挡，削弱了河道航运与排涝功能。

5.9.3.2　互花米草分布于潮间带区域，繁殖能力强，治理难度大

互花米草治理是通过物理防治、化学治理和生物防治等方法限制互花米草的生长、有性繁殖和无性繁殖，从而达到控制扩散或完全清除互花米草的目的。互花米草多分布于河流入海口和河流冲刷的三角洲、滨海湿地等潮间带区域，分布区域受涨落潮影响，露滩时间短，且底质松软，机械和人员易下陷；互花米草通过发达的根系和随海流飘散的种子进行无性和有性繁殖，繁衍、再生能力非常强。互花米草作为入侵物种，具有极强的扩散能力、竞争优势和较广的生态位，其抗干扰的能力较强，并且在适度干扰后表现出很强的补偿现象。许多研究表明，采用单一的物理、化学方法或生物方法可以在一定程度上抑制互花米草的生长和繁殖，但往往不能快速有效地根除互花米草。目前，需要综合各类防治技术和互花米草生长扩散特性，研发简单、成本低、有效、快速和适合大面积推广的根除互花米草的集成技术。

5.9.3.3　互花米草生境迥异，尚无通用的治理模式，专业设备和治理经费缺乏

现场调查发现，互花米草大多分布在河流入海口处、养殖的沟渠、临近港口的滩涂、河流冲刷的三角洲等区域，各地市地理条件和自然环境差异较大，需要针对性地提出治理措施。目前全球尚无非常合适的治理方法，现有的治理措施尚处于实验阶段，其治理成效是否能够长期保持尚无可靠结论，治理后的荒滩如何防治互花米草再次入侵也是个难题。目前采取物理治理方式成本较高，各地市经费紧张，无法有效开展治理工作。另外，缺少专业的刈割设备和翻耕设备，治理进度缓慢，资金缺口巨大。考虑到海洋潮间带底质松软、需带水作业等特殊情况及风暴潮、潮汐等不确定性因素，互花米草治理施工难度大、成本高，在目前经济压力巨大、财政收入有限的情况下，无法承担如此庞大的资金支出。

5.10　山东省围填海管控与海岸线保护措施

5.10.1　山东省围填海管控对策

根据围填海分类管控限制级别的划分，从保护自然岸线、控制围填海规模和速度的角度出发，针对不同围填海限制等级，制定差异性围填海管控对策如下：

5.10.1.1　禁止围填海

禁止围填海岸段为海域生态红线中禁止开发区范围内的岸线。处于该管控等级下的岸线，禁止从事任何形式的围填海开发活动，以保持原海岸的自然生态性为主要目标，适当探索以湿地生态修复、沙滩养护为目标的海岸线整治修复活动。

5.10.1.2　高限制等级

围填海高限制等级的岸线包括权重计算后按自然断裂点法划分的高限制级别岸线和海

域生态红线中处于限制开发区范围内的岸线。该限制等级下，原则上严格限制围填海开发活动，禁止新增占用自然岸线的围填海开发活动。若确需进行开发活动，前期应从国家层面进行严格的科学论证，以保持自然岸线的生态性为目标，严格禁止破坏海域生态环境的开发活动。

5.10.1.3 较高限制等级

该限制等级下需严格限制围填海活动，严格限制新增占用自然岸线的围填海开发活动。如需进行，必须以保持海岸生态功能、不破坏自然岸线为原则，禁止修建永久性建筑物，禁止进行开采海沙等活动，仅可以修建透水建筑物或进行海岸生态修复整治活动。在布局围填海开发项目前，须进行国家或省级层面的科学论证活动并通过审批。

5.10.1.4 中限制等级

处于围填海中限制等级的岸段应限制围填海开发活动强度和规模，限制新增占用自然岸线的围填海开发利用类型和岸线长度指标。在水质交换条件较差、生态脆弱敏感的海域或河口地区应严格禁止，同时该岸段禁止布局对海岸线压力较大的临海工业、港口建设等开发活动，可以适当进行围海养殖等对海域生态环境压力较小的围填海活动。在布局围填海项目时，仍须注重海域生态环境及自然岸线资源的保护和修复。

5.10.1.5 较低限制等级

围填海较低限制等级的岸段允许适度进行围填海开发活动，控制围填海总规模，限制新增占用自然岸线的围填海开发利用类型和岸线长度指标。在符合海洋功能区划的前提下，应允许规模化围填海开发建设，但尽量降低开发对海岸生态环境、水动力条件、潮汐环境的影响。该岸段应适当放开临海工业、港口建设等对岸线生态压力较大的开发活动的权限，允许进行城镇与旅游基础设施建设、渔业基础设施建设等围填海利用结构压力稍小的开发活动。

5.10.1.6 低限制等级

划定为围填海低限制等级的岸段允许适度进行围填海开发活动，控制自然岸线开发占用速度和规模，鼓励集中集约开发利用和进行海岸生态化建设，以减少对自然岸线资源及海域生态环境的影响，探索以优化岸线布局、提高岸线利用效率为目标的围填海开发利用。

5.10.2 山东省自然岸线保护管理措施

对不同岸段进行综合评价以划定围填海限制等级，进行分级管控不仅是为了探索海岸带地区围填海开发利用的科学管理，降低围填海对海洋生态环境的影响和对自然岸线资源的破坏，更是为了为自然岸线的保护管理提供理论参考。结合围填海分级管控和地区海岸线保护规划，得出自然岸线保护管理措施如下：

5.10.2.1 落实海岸线生态红线制度

围填海分级管控指标评价结果只供开发决策参考，在自然岸线保护管理的具体实施中，被划为海陆生态红线的岸段，应严格遵守生态红线制度，自然保护区的核心区和缓冲区、海洋特别保护区重点保护区和预留区内的岸段禁止围填海。

5.10.2.2 推进海岸线开发分类管控

依据围填海管控分级划定结果，围填海高限制等级原则上禁止任何形式的围填海开发活动。但国家层面需求的围填海，应前期进行详细的科学论证，并尽量采用离岸人工岛式，最少化占用自然岸线。工业化、城镇化开发应尽量选择在围填海中限制等级及以下的岸段进行，并优先避开对原始基岩岸线、砂质岸线的破坏。参考国土空间开发规划、社会经济和近岸海域资源环境状况进行海岸线开发分类，划定限制开发、禁止开发、优化开发岸段。

5.10.2.3 实施海岸建筑退缩线管理

制定海岸线建筑退缩线管理制度，在未开发利用的岸线向陆一侧预留一定宽度的保留区，禁止修建任何大型建筑物、超高建筑物等，以保留原始自然岸线风貌，在加强自然岸线保护的同时，为公众提供更多的亲水空间。

5.10.2.4 加强海岸线生态修复与综合整治

对具有自然岸线结构和功能、有岸线整治修复条件的岸线进行海岸线生态修复，增加自然岸线长度。对即将开发的岸线，在规划论证时更加注重岸线生态化设计。同时探索自然岸线占补平衡制度，如围填海开发每占用 1km 的自然岸线，必须整治修复 1.5km 的海岸线。

5.11 山东省保护地选划

目前我国的海洋保护区按 3 级类别进行建设，其中一级类别包括海洋自然保护区及海洋特别保护区两类。海洋自然保护区是指以海洋自然环境和资源保护为目的，依法把包括保护对象在内的一定面积的海岸、河口、岛屿、湿地或海域划分出来，进行特殊保护和管理的区域。根据该定义，又可将其细分为海洋和海岸自然生态系统、海洋生物物种及海洋自然遗址和非生物资源 3 类。海洋特别保护区是指具有特殊地理条件、生态系统、生物与非生物资源及海洋开发利用特殊需要的须采取有效的保护措施和科学的开发方式进行特殊管理的区域。

山东省各级政府以及主管部门十分重视海洋生态保护工作，积极推动海洋保护地建设。目前已建立涉海的国家级、省级和市级自然保护区共 14 个，总面积 4 581.88km²。国家级自然保护区包括山东黄河三角洲国家级自然保护区、长岛国家级自然保护区、荣成大天鹅国家级自然保护区、滨州贝壳堤岛与湿地国家级自然保护区 4 个，总面积 2 032.32km²；省级自然保护区包括青岛大公岛省级自然保护区、胶南灵山岛省级自然保护区、烟台庙岛群岛海豹省级自然保护区、海阳千里岩岛省级自然保护区、烟台崆峒列岛省级自然保护区、龙口依岛省级自然保护区、荣成成山头省级自然保护区 7 个，总面积 1 936.00km²；市级自然保护区包括日照市前三岛市级海洋自然保护区、青岛文昌鱼水生野生动物市级自然保护区、莱州湾（湿地）市级自然保护区 3 个，总面积 613.56km²。目前已建立涉海的国家级、省级海洋保护区共 31 个，总面积 4 581.88km²。国家级海洋保护区包括青岛西海岸国家级海洋公园、青岛胶州湾国家级海洋公园、威海海西头国家级海洋公园、日照国家级海洋公园等 28 个，总面积 3 077.61km²；省级海洋保护区包括即墨大小管岛岛群生态系统省级海洋特别保护区、长岛长山尾地质遗迹海洋特别保护区、日照大竹蛏-西施舌生态系统省级海洋特别保护区 3 个，总面积 3 077.61 km²。

5.12 山东省海洋生态系统修复区识别

5.12.1 重要生态空间识别

5.12.1.1 生物多样性保护重点海洋生态功能区识别

滨州市无棣县海域。全面加强对贝壳堤和贝壳沙滩的保护。加强对马颊河文蛤、无棣中国毛虾和套尔河口海域等国家级水产种质资源保护区的保护。严格控制开发强度，完善滨州的港口功能，适度发展临港产业。因地制宜地适度发展滨海旅游和休闲渔业。

东营市利津县海域。加强对黄河三角洲国家级自然保护区的管理。做好东营利津国家级底栖鱼类生态海洋特别保护区、黄河口半滑舌鳎国家级水产种质资源保护区的建设与保护。适度发展以赶海拾贝、渔家乐、水上娱乐、休闲垂钓为主要业态的休闲渔业。

东营市垦利区海域。加强对山东黄河口三角洲国家级自然保护区的管理，维护黄河口生态系统及生物物种多样性，保持河口容沙功能，保障河口行洪安全。适度发展滨海生态旅游业，优化油气勘探开发，保护海洋生态环境。

东营市东营区海域。做好东营莱州湾蛏类生态国家级海洋特别保护区的保护工作。推进渤海海洋生态修复及能力建设。适度发展生态养殖、休闲渔业。发展海洋油气开采、海水利用等适宜产业，保护海洋生态环境。

东营市广饶县海域。加强对广饶海域竹蛏国家级水产种质资源保护区和东营广饶沙蚕类生态国家级海洋特别保护区的保护。发展高效生态渔业、现代渔业，适度开展滨海旅游等适宜产业。

长岛海洋生态文明综合试验区海域。做好长岛国家级自然保护区和斑海豹自然保护区的保护工作，打造国家级海洋生态产品基地，大力推动人工鱼礁和人工放流工程，重点推进百万亩海底森林和百万亩生态养殖基地建设。进一步完善海岛旅游度假设施，打造长岛休闲度假岛。试验潮汐能开发利用，大力发展海洋清洁能源。做好海岸线和海岛生态环境保护工作。

威海市环翠区海域。加强威海小石岛国家级海洋生态特别保护区、威海刘公岛海洋生态国家级海洋特别保护区、刘公岛国家级海洋公园的保护工作，健全海洋生态功能服务体系，提供优质海洋生态产品。改善海岸海湾生态环境，充分发挥人文遗迹和海滨自然景观资源优势，发展滨海旅游、休闲度假和生态人居。海域内海岛发展现代渔业和旅游业，提升刘公岛海洋文化旅游品位。

烟台市莱阳海域。加强对莱阳五龙河口滨海湿地海洋特别保护区的保护工作，重点是保护河口湿地生态系统和生物资源多样性。维护海湾生态环境，适度发展旅游、休闲、度假。

5.12.1.2 重要地理生境型重点海洋生态功能区识别

烟台市招远海域。保护招远砂质海岸海洋自然保护地的砂质岸线及海洋生态系统，保护莱州湾中国对虾种质资源保护区的重要渔业资源及其生境。改善海洋生态环境和恢复海洋生物资源，发展以增殖放流、人工鱼礁为主要内容的海洋牧场建设工程。在河口、沙滩等区域，禁止挖沙、填海等改变海域自然属性、破坏湿地生态系统功能的开发活动。

威海市荣成海域。维护荣成大天鹅国家级自然保护区、荣成成山头海洋生态自然保护区的生态安全，保护领海基点所在岛礁的稳定性，保护岬湾海岸的优质旅游资源，严格管制各类开发活动。保持成山头海域优良海洋环境，做好荣成湾国家级水产种质资源保护区和荣成褚岛藻类国家级水产种质资源保护区的保护工作，进一步改善渔业资源种群结构和质量。发展滨海休闲度假和生态休闲产业。禁止在重要滨海湿地区域开展围填海等改变海域自然属性、破坏湿地生态系统功能的开发活动，保护海岛、植被、海湾湿地、沙滩、基岩岬角海岸等的自然生态环境。海域内海岛发展现代渔业和旅游业。

5.12.1.3　人文与景观资源保护型重点海洋生态功能区识别

烟台市蓬莱区海域。保护蓬莱阁等历史人文遗迹，维护登州浅滩海洋自然保护地的海洋生态环境。在不损害人文遗迹和海滨自然景观的前提下，因地制宜地适度发展滨海旅游、休闲度假和生态渔业。开展海岸侵蚀的整治与修复，保护海岸沙滩、植被等自然生态环境。

青岛市崂山区海域。加强对以海蚀柱、海蚀崖、沙砾石滩等优质地貌为重点的自然景观和海岸生态环境的保护，提供海岸生态产品。加强对石老人国家旅游度假区的保护和建设。在不损害海滨自然景观的前提下，因地制宜地适度发展滨海旅游、休闲度假和生态渔业。整理和修复海湾生态环境。海域内海岛发展现代渔业和旅游业。

日照市东港区海域。加强全国海洋生态文明示范区建设，做好日照国家级海洋公园等保护区的保护和建设，保护沙滩、岩礁等自然资源，进一步提升"蓝天碧海金沙滩"的资源环境优势。加强海洋生态系统保护修复，恢复河口湿地功能。

5.12.2　敏感脆弱空间识别

生态保护红线禁止开发区域。主要为典型的海洋自然生态系统、海洋珍稀濒危野生动植物物种集中分布的海域、具有特殊价值的海洋自然和历史文化遗迹所在海域以及领海基点所在岛屿等。该区域禁止进行任何形式的工业化、城镇化开发，禁止改变海岸自然属性和破坏海岸生态功能的开发利用活动，对部分生态功能受损岸段，可开展沙滩养护、湿地修复等提升海岸生态功能的整治修复活动。

5.12.3　受损破坏空间识别

5.12.3.1　产卵场损害识别

（1）分布范围

产卵场主要分布在沿岸浅水区或潮间带，该海域温盐合适、饵料丰富，适合海洋生物资源产卵及生存。在海洋生物资源繁殖季节，产卵场能吸引生殖群体栖息繁殖，其环境条件既适合亲体的生存和发育，又有利于受精卵的孵化和仔稚鱼、幼鱼的生长，是海洋生物繁衍相对集中的海域。因此，产卵场在海洋生物资源恢复中所占的地位极为重要。然而，产卵场与陆地相连，易受陆地活动影响，从而对海洋生物资源及生态环境造成较大程度的破坏。

由于产卵场环境条件的改变，很多海洋生物资源种类被迫由原来的最适产卵场迁移到周边临近区域产卵，形成新的产卵场。同时，由于优良产卵场的衰减，产卵密集区的范围也有逐渐缩小的趋势。例如，黄渤海蓝点马鲛春汛渔场逐渐由以黄海中部和南部为主北移到渤海和黄海中部，渔汛则由明显的初、旺、末汛趋于不明显，变为无旺汛的渔期。历史上，小黄鱼产卵场最低温在 11～15℃，水深一般在 50m 以浅海域，盐度在 24～33。但是，长期的海域捕捞扰动和对小黄鱼资源的过度利用已经对小黄鱼的生殖习性产生了较大的影响，小黄鱼产卵期内对水温和盐度的适应范围扩大，水深范围也较以往向深海海域扩展。与历史调查资料相比，山东省近海产卵场总体变化趋势：产卵分布区扩大，产卵密集区萎缩。具体如下：

莱州湾产卵场曾是山东近海鱼类浮游生物密度最大的产卵场，2006 年已萎缩分为莱州湾西南部产卵场和莱州湾东北部产卵场两个产卵场。目前东移分化为龙口—莱州近岸海域产卵场、莱州湾西南部海域产卵场、黄河口海域产卵场。2006 年后，烟威近海产卵场在山东近海产卵场中的重要性有所提升，产卵量增加，产卵场功能和重要性持续增加，重心向渤海海峡一侧移动。一方面鳀、蓝点马鲛等原本进入渤海产卵的个体部分在此产卵；另一方面人工鱼礁的大规模兴建使恋礁性鱼类产卵场有所恢复。山东半岛南部 2006 年已衰退为石岛—青岛近海产卵场，胶州湾内外已不再是重要产卵场。目前石岛—青岛近海产卵场继续衰退，分化成乳山近海洄游鱼类产卵场、崂山湾外海海域产卵场，主要种类为蓝点马鲛、鳀。与 20 世纪 80 年代前相比，2006 年海州湾产卵种类有所减少，但仍为重要产卵场，目前重要产卵场面积减小，并向岸侧偏移。

（2）产卵数量

根据历史资料，山东近海鱼类浮游生物仅鉴定到种的就有 92 种，另外还有多种鉴定到属和科分类单元而不能确定种的种类。2009—2019 年调查鱼类浮游生物共 64 种，远低于历史文献记载数量。

近年来，渤海各调查季节鱼卵种类数（冬季除外）和资源生态密度与 1982—1983 年相比均有不同程度的下降，在春季和春夏季均呈现先降后升格局。渤海主要产卵季节（5月、6 月和 8 月）鱼卵种数由 1982—1983 年的 38 种，逐次下降到 2015—2016 年的 18 种（不足 1982—1983 年的 1/2），在 2016—2017 年的调查中鱼卵种类数小幅回调至 26 种。1982—1983 年鱼卵资源丰度指数为 1，1992—1993 年跃升为 3.09，进入 2010 年后，鱼卵资源丰度指数急剧下跌，近年来一直维持在 0.05～0.09 水平，当前鱼卵资源丰度不足 1982—1983 年的 1/10。渤海各调查时期不同季节出现仔稚鱼种类数和资源生态密度在春季、春夏季、秋季均呈现先降后升格局，而在冬季则均呈现明显的增加趋势。渤海仔稚鱼种数则由 1982—1983 年的 52 种（其中虾虎鱼类 3 种）下降到 2014—2015 年的 25 种（种类数不足 1982—1983 年的 1/2），随后上升至 2016—2017 年的 40 种（其中虾虎鱼类 9种）。仔稚鱼资源丰度指数 1982—1983 年为 1，1992—1993 年上升为 1.087，此后仔稚鱼资源丰度指数急剧下跌，近年来则维持在低位（0.679～0.761），当前仔稚鱼资源丰度不足 1982—1983 年的 3/4。

（3）产卵时间

随着鱼类产卵季节的变化，海洋生物资源的繁殖期因物种而异，甚至种内的不同种群也不一样。它们各自选择在一定季节进行产卵活动以保证种群的正常繁衍，这与各物种的生活习性、生态特性等密切相关。就黄渤海而言，一年内均有海洋物种进行产卵活动，但是，产卵季节因种而异，产卵持续时间长短也不尽相同。仅以黄渤海鲆鲽类生殖季节为例，油鲽、钝吻黄盖鲽的产卵期在 2—4 月，褐牙鲆、高眼鲽、尖吻黄盖鲽为 4—5 月，条鳎为 5—6 月，宽体舌鳎为 6—7 月，木叶鲽为 8—9 月，半滑舌鳎为 9—10 月，石鲽为11—12 月，几乎全年都有鲆鲽类产卵。

过度捕捞、环境变化对种群结构造成了影响，多数种类通过性成熟年龄提前、个体相对繁殖力增加等手段维持种群的补充。多数种类 1 龄即可性成熟，对整个种群而言，产卵的剩余群体首先到达产卵场产卵，首次产卵的补充群体由于性腺发育尚未达到产卵条件而产卵时间相对较晚，从而使整个种群的产卵期延长。根据报道，蓝点马鲛、小黄鱼、鳀均出现产卵期延长的情况，产卵盛期的持续时间也延长。

5.12.3.2　洄游通道损害识别

（1）洄游路线和时间

随着全球变暖的不断加剧，喜温水的海洋渔业生物也会因对温度的不适应而逐渐向较高纬度移动，从而形成新的渔场，进而使得鱼类洄游路线发生改变；北方鱼类种群产卵洄游时间提前、越冬洄游时间推后；除此之外，鱼群行动、鱼群栖息水层、在渔场停留时间长短、起伏及在海面集群时间等因素也会随着全球温度的升高而相应地发生改变。

（2）洄游通道阻塞

为实施国家战略、促进经济发展，我国实施了围海晒盐、农业围垦、围海养殖、工业和城镇建设填海造地等围填海建设。大量填海造地改变了海岸带陆海生态空间格局，对海岸带环境和生态产生了极大的负面影响，侵占了重要海洋经济生物的洄游通道，从而导致海洋生物的洄游路线发生偏移。

幽灵网具。山东海域每年有大量被渔民有意或无意丢弃的渔具，这些渔具不容易被海洋微生物分解，在海域内可以存留很长时间，故进入海域后，随着海流运动，在海面下继续进行着捕捞活动，且其很隐蔽，不容易被海洋生物发现。海洋生物易被这些渔具"捕获"，一旦被这些渔具"捕获"，便无法脱身，而且还会吸引其他海洋生物前来，从而成为一个"死亡陷阱"。因鱼类洄游常常是大规模的群体行动，故在鱼类洄游途中，大量的鱼类会被这些渔具捕获，且无法逃脱。造成鱼类洄游通道阻塞，更加不利于海洋生物资源量的恢复，对生态环境也会造成极大的破坏。

除此之外，一些养殖设施（如绳子、浮标、网箱、架子、网袋等）会直接影响所在海域的水文，影响当地海域的海流状况，加剧有机物的富集和溶解氧降低。筏式养殖的筏架和吊绳通过阻挡海流或潮汐而使流速降低 36%～63%，阻塞鱼类洄游通道。

第6章 山东省海洋生态保护修复典型案例

6.1 东营市黄河口以南滨海盐沼生态减灾案例

6.1.1 基本情况

东营市是黄河三角洲中心城市，位于山东省北部。黄河口区域位于渤海湾与莱州湾交汇处，由河流近口段、三角洲及滨海区组成，拥有我国乃至全球暖温带保存最完整、最典型、最年轻的滨海湿地生态系统，是黄河流域生态健康的"晴雨表"，是黄渤海区域海洋生物的重要种质资源库和生命起源地，是环西太平洋和东亚—澳大利西亚两条鸟类迁徙路线上的中转站。加强黄河河口湿地生态系统和滨海湿地生态系统保护，对维护黄河流域和黄渤海区域生态安全具有重要的作用。

黄河口区域海洋灾害以风暴潮、海浪和海冰为主，三种自然灾害的发生存在明显的季节规律，风暴潮和海浪灾害多发生在春秋两季冷空气活跃时期，海冰灾害多发生在隆冬时节。2018年以来，东营市每年发生2~5次风暴潮灾害以及10~15次海浪灾害。区域风暴潮灾害发生强度大，破坏力强。例如，2019年的超强台风"利奇马"过境东营期间风暴增水共造成经济损失9.17亿元，其中海洋渔业损失5.94亿元，海岸防护工程损失0.35亿元，其他损失2.88亿元。

党中央、国务院高度重视黄河流域的生态保护工作。习近平总书记多次就黄河三角洲生态保护作出重要指示，指出"下游的黄河三角洲是我国暖温带最完整的湿地生态系统，要做好保护工作，促进河流生态系统健康，提高生物多样性"。

为进一步提升区域海洋生态环境，加强防灾减灾能力，自2019年开始，东营市开展了黄河口以南滨海盐沼生态减灾修复工作。修复具体位置为黄河口以南滨海区域。根据修复位置及不同措施，又将区域分为3个分区，分别为垦东咸水沟分区、小岛河北侧分区、永丰河—小岛河岸滩分区。通过开展退养还湿、潮沟疏通、微地形改造、滨海盐沼植被恢复、牡蛎礁投放、海草床移植、养殖尾水生态处理等差异化修复措施，完成总修复面积近2 200hm²，疏通与恢复潮沟18.13km，整治岸线5.33km，提升了区域生态系统和物种多样性，实现了生态和减灾协同增效的预期目标，形成了人与海洋和谐共生的新局面。

6.1.2　主要问题

东营市黄河口以南的海岸带区域，盐地碱蓬曾大面积连片分布，形成典型的"红地毯"，部分区域集中分布有牡蛎礁和海草床，生态系统类型多样，鸟类等生物多样性丰富，区域不仅具有很高的生态价值，还为抵御风暴潮、海浪和赤潮等提供了天然屏障。

自20世纪80、90年代开始，对区域内荒滩逐步进行开发利用，养殖池塘面积逐渐增大，在促进海洋渔业发展、增加渔民收入的同时，生态和减灾问题日益突出，海域自然岸线受损，海洋灾害风险增大。党的十八大以来，东营市积极践行海洋生态文明理念，区域功能由渔业生产向生态保护转变，生态状况有了一定的改善，但仍存在生态和减灾问题。一是区域内潮沟淤涨（图6-1）、消失，海水交换能力降低。二是滨海湿地遭受养殖池塘侵占，海岸带植被退化趋势明显，"红地毯"大面积衰退，形成大量裸滩（图6-2）。三是由于渔业生产、港口建设等人类活动，牡蛎礁及海草床等生态系统逐步消失，生态系统及物种多样性受到严重威胁。四是各类生态系统的退化甚至消失破坏了岸线防护的天然屏障，使近岸生态系统更加脆弱，也带来了更大的海洋灾害风险。

图6-1　区域内潮沟淤涨（修复前）　　　　图6-2　湿地植被受损严重（修复前）

6.1.3　特色举措

6.1.3.1　构建海堤-植被-潮滩综合防护体系

通过退养还湿500余hm²、潮沟疏通和微地形改造18.13km，恢复原生态本底环境。充分利用不同生态系统植被生境适宜条件，因地制宜实施立体化植被修复与恢复，采用种植和补充盐地碱蓬等本土植被种源等方式，提高本土植被覆盖度，修复碱蓬等本土盐沼植被1 600余hm²，开展牡蛎礁投放和海草床移植面积77hm²，恢复了生态系统的多样性和稳定性，形成了梯度多层次生态系统修复格局，结合案例区域海堤现状分布，构建了海堤-植被-潮滩综合防护体系（图6-3）。

6.1.3.2　强化技术引领，助推本土盐沼生态减灾修复

本案例注重海洋生态减灾修复技术研发与应用实践，多家科研单位共同参与，对修复和减灾技术进行了攻关与突破，为盐地碱蓬等本土滨海盐沼修复取得成效提供了有力支撑。一是强抓碱蓬植被选种育种，践行原位生态修复理念。通过在相似生态分布区采集、选育和留存本土适宜种质资源，解决苗种抗逆性问题，显著提高了修复区植被成活率。二是实施"草方格"治理措施，大大降低了风浪影响，为碱蓬植被留种、留苗创造了适宜的微生态环境。三是针对春末夏初的极端气象环境采取应急性海水喷淋浇灌，保障碱蓬植株

图 6-3   海堤-植被-潮滩综合防护体系

生长用水，提升幼苗存活率。

6.1.3.3   创新构建长效管护模式

为确保生态减灾修复效果，东营市自我加压，创新建立了生态减灾修复长效管护模式。修复完成后，每年东营市地方财政筹资，保证管护资金来源，同时原参与修复的科研单位和企业继续开展修复区域管护工作，建立长效稳定机制。针对碱蓬植被受潮汐波浪影响较大、易发生生态系统衰退的情况，原位收集当年碱蓬种质资源，翌年春季补种，用喷淋设施及时灌溉，维持种子高出苗率和植株高存活率，确保植被盖度、密度和高度等生态指标处于较高水平，保持植被状况长期稳定。该管护模式将进一步巩固海洋生态减灾修复成效，提升生态系统自我调节和自然恢复能力，最终实现区域长期、稳定、自然的生态防护和减灾功能。

6.1.4   综合成效

6.1.4.1   促进海洋生态与减灾协同增效

构建的 20 余 km 以盐地碱蓬为主的植被带，平均宽度约 800m，植株密度达到 30 株/m^2，充分发挥了防潮御浪、护堤护滩等减灾功能，减缓了海堤受冲击的程度，提升了海岸带防灾减灾的韧性。碱蓬植被所处的潮间带高潮区正常潮位水深一般在 1m 以下，波高衰减率可达 50% 以上。区域生态减灾修复的实施积累了科学高效的生态减灾经验，为下一步海洋减灾工作提供了典范。

6.1.4.2   生物多样性和固碳增汇效果大幅度提升

随着区域的修复，原来被渔业养殖设施割裂的海岸带风貌得到彻底改变，滨海盐沼、牡蛎礁、海草床等生态系统得到有效恢复，生物多样性显著改善。近年来，黄河口区域鸟类种类增加至近 400 种，修复区域经常出现东方白鹳、黑鹳等国家一级重点保护野生动物以及群体数量巨大的鸿雁、海鸬鹚（图 6-4）、大天鹅等。经过修复后，区域固碳增汇的效果也十分显著（图 6-5）。经测算，区域滨海盐沼年碳汇量约增加 5 000t（二氧化碳），大幅度提升了区域碳汇能力。

6.1.4.3   拓展亲海空间，休闲产业蓬勃发展

区域生态减灾修复实施后，形成了一望无际、蔚为壮观的红海滩湿地（图 6-6）。蓝

图 6-4　种群数量巨大的海鸬鹚出现在修复区域

修复前　　　　　　　　　　　　　　　　　　　　　　修复后

图 6-5　垦东咸水沟退养还湿修复前后对比图

天白云、绿水红滩、飞鸟成群，修复区域已成为摄影爱好者、观鸟者的"天堂"，越来越多的人来此休闲度假。区域生态的改善提升了美学价值，拓展了公众亲海空间，大幅增加了区域及周边旅游业、休闲渔业影响力，该区域成为生态旅游的好去处。中央电视台及各地电视台、网络媒体多次对该区域进行宣传报道，该区域得到了社会大众的广泛认可。

图 6-6　永丰河—小岛河岸滩修复后形成的"红地毯"

6.1.4.4　公众广泛参与，海洋生态减灾意识再提升

区域海洋生态减灾工作得到了社会各界的广泛支持与帮助。修复区域已成为鸟类调查的重要观测点，各科研机构和社会组织在此开展调查，为鸟类科研、保护和管理等提供了坚实的数据基础。东营市建立"全国海洋科普教育基地"，积极向大众传播海洋生态保护、海洋防灾减灾等重要知识，开展内涵丰富的海洋研学，为提升全民海洋科学素养和海洋意识作出了贡献。

6.2　日照市退港还海建设美丽"金海岸"

6.2.1　基本情况

日照因港立市，日照港"因煤而生"。从 1982 年日照港动工建设至今，日照港石臼港区煤码头及其配套的煤堆场承载了日照港几代人的使命和记忆。它们是日照港业务发展的第一块基石，也是改革开放后国家出口的主要码头。然而，随着城市的不断发展，港口业务量不断提升，城市发展与港口繁荣之间的矛盾也逐渐凸显。2013 年以来，日照市抓住瓦日铁路建设的时机，积极推动石臼港区规划调整，明确逐步推动石臼港区东区的煤炭作业区全部改移至离城市较远的南作业区。2016 年以来，在国家"蓝色海湾"整治行动项目支持下，日照市通过整体规划、科学论证，在全国率先实施退港还海生态修复工程，按照生态优先、港城融合的总体工作思路，在海龙湾率先实施了港口岸线退港还海项目海龙湾退港还海项目，下决心把港口生产区搬离城市，将昔日的煤堆场变成了碧海蓝天的黄金岸线。

6.2.2　主要问题

日照港是全球重要的能源及原材料中转基地，国家铁矿石运输第一层次港口，中国北方重要的原油、液化品集散地，全国最大的粮食、木材进口口岸和焦炭转运中心。然而，日照港石臼港区煤炭作业区域紧挨风景区，货场在装卸、短倒过程中产生的粉尘对灯塔景区、万平口景区以及周边的环境造成了不利影响；运输铁路穿越人口密集城区，也给周围居民的正常生活、商业及旅游发展带来了负面影响。海龙湾修复前情况如图 6-7 所示。

6.2.3　特色举措

6.2.3.1　做好科学规划设计，把综合效益的高站位"立"起来

日照市坚持把科学规划作为"第一道工序"，坚持生态改善、社会效益和经济效益统筹考虑、综合推进。以补齐优美岸线为目标，委托国内著名海洋科研机构、院校参与项目论证和规划设计，确保工程设计科学、方案可行；在充分调研论证和尊重历史、市民情感的基础上，规划建设了煤码头工业遗址公园等景点，与灯塔景区、万平口景区连成一片，让群众在家门口赶海踏浪的愿望变为现实；将腾挪出来的土地规划打造成高端商务、旅游休闲区，直接带动港城高质量融合发展。

图 6-7 海龙湾修复前情况

6.2.3.2 改革投融资模式，把退港还海的社会资金"撬"起来

日照市坚持问题导向，积极主动寻找"有中出新"的破解路径，在提出海龙湾退港还海项目构想与规划时，充分考虑投资的可持续性、多样性，将岸线生态修复纳入"东煤南移"港口转型工程，进行同规划、同部署，将腾挪出来的 2 000 余亩土地交由政府统一规划与开发，中央财政和市级财政投入 4 亿元修复岸线，带动社会资金及地方投入近 40 亿元，创新形成了政府投资引导、社会资金参与的融资模式。

6.2.3.3 突出技术创新机制，把全程绿色施工的基础"筑"起来

为确保在生态修复过程中不给生态环境带来二次污染，日照市加大自主创新和科技攻关，先后研究创新了自动水幕式喷淋装置等新技术、新成果 12 项。在沙滩形成过程中，首次采用的特制防污屏、超低台车出运沉箱施工等先进技术达到国内领先水平，被评为交通运输部水运工程一级工法，为今后海域岸线生态修复全程绿色施工奠定了坚实的技术基础、积累了成功的实践经验。

6.2.4 综合成效

修复后的海龙湾周边生态环境得到了极大改善，更好地维持了生态平衡，恢复了 1 882m 的生态岸线，修复沙滩面积近 46 万 m²，腾出 2 000 余亩城市发展用地，"黑煤场"变回"金海岸"，海龙湾退港还海项目探索出一条港口工业岸线生态修复新路径，创造了优质岸线恢复新模式，生态、社会和经济效益显著。修复后的海龙湾如图 6-8 所示。

6.3 潍坊市"北柳"生态保护修复工程

6.3.1 基本情况

潍坊市位于渤海莱州湾南岸，滨海地区土壤含盐量高，盐碱地约占全市土地总面积的

图 6-8　修复后的海龙湾

17%，其中强盐渍化面积达 381km²，占全市总面积的 2.35%，该区域自然条件较差、生态环境脆弱、绿化成本较高、盐碱地综合利用难度大等问题一直是潍坊推进海洋生态建设的最大制约。潍坊市成功引种的耐盐碱乔木型柽柳盐松（鲁柽 1 号）从根本上破解了长期困扰盐碱地生态绿化的难题。为提高盐碱地生态和经济综合效益，潍坊市创制的"柽柳-肉苁蓉"复合经营模式，为盐碱地低成本高效可持续综合利用提供了新途径。

6.3.2　主要问题

潍坊北部沿海常年受海水入侵，土壤含盐量高，自然条件差、生态环境脆弱、绿化成本高、综合利用难度大，多年来一直是一片不毛之地。环渤海地区土壤盐渍化程度高，即便勉强栽种常规树种，但因日常维护成本高、抵御海洋灾害能力差，一次小的风暴潮倒灌就能造成毁灭性损坏，致使近海岸很难形成连片、高密度的防护林。

6.3.3　特色举措

6.3.3.1　规划"谋绿"，荒滩变资源

潍坊市坚持陆海统筹、一体谋划，将滩涂盐碱地治理纳入全市海洋环境保护专项规划，针对重点保护区、适度利用区和生态与资源恢复区制定重点保护方案，发挥柽柳改良盐碱土壤、保护植被、维护沿海生态系统平衡的作用，全面谋划推行滩涂、湿地、河口生态恢复与重塑。同时，积极组织开展沿海滩涂、近岸海域、荒芜盐碱地等零散地块合理开发利用，政府将其使用权以较长期限划拨给生态绿化公司，由生态绿化公司组织进行生态绿化，并在项目实施初期给予一定的年度经费补助。

6.3.3.2　科技"兴绿"，资源变资产

潍坊市积极与中国科学院、山东省林业科学研究院等科研单位合作攻关，大力借鉴丹麦、挪威海岸带生态保护修复经验，引进的耐盐碱乔木型柽柳盐松（鲁柽 1 号）专利成果

转化成功，种植及养护成本仅为一般乔本的 20%～30%，3 年后土壤含盐量从种植初期的 0.3% 降低到 0.1%，成功解决了盐碱地大型树木成活难、维护成本高的难题。2010 年至今，潍坊市海洋系统统筹安排政府、企业、社会等各类修复资金 10 亿多元，实施了"南红北柳"万亩盐松示范区、滨海旅游度假区湿地生态带、国际风筝放飞场盐松生态种植区以及潍坊欢乐海沙滩、白浪河入海口盐松防护林等一批生态保护修复工程，整治修复生态岸线 36.5km，建成海洋特别保护区、盐松防护林、绿化带 8 万多亩，形成千亩红滩芦花和万亩柽柳海岸交相叠加的生态保护修复样板。

6.3.3.3　杠杆"扩绿"，资产变资本

围绕解决盐碱地综合利用、海岸带整治修复资金投入短缺问题，用好改革关键一招，统筹推进涉海管理体制、海洋双向开放、海洋投融资等制度创新，深入挖掘和释放海洋生产力，创新金融供给方式，建立了政府引导、社会参与、市场运作的多元化投融资机制。引进设立新动能发展基金，重点用于海洋生态整治修复、沿海防护林建设等海洋生态文明建设，扩大沿海生态绿化面积 5 万亩以上，有效消除了政府举债风险。

6.3.3.4　借绿"生金"，资本变资金

探索"产业生态化"，加强与海洋科研机构合作，柽柳、盐松林下技术取得重大突破，开创"柽柳＋肉苁蓉"的林下种植新模式，与柽柳共生的管花肉苁蓉亩均产量 600kg，鲜品亩产值 1.2 万多元，深加工后亩产值可达 5 万元以上；同时推进科技研发，对柽柳有效成分进行提取、分离、精制，研发柽柳中药、保健品、美容护肤、洗涤、消杀等深加工产品，进一步提升柽柳种植产业附加值，实现从"投钱变绿"到"以绿生钱"。盐碱地生态保护修复产业的发展壮大，同步带动了当地居民就业，单个劳动力年可实现增收 1 万元以上。探索"生态产业化"，依托沿海绿色生态长廊，积极发展特色滨海旅游，60km² 集风筝冲浪、游艇观光、海洋文化于一体的 AAAA 级滨海旅游度假区年接待游客超过 300 万人次，寿光万亩林海生态博览园成为国家级森林公园，实现"海洋生态＋蓝色经济"良性发展。

6.3.4　综合成效

6.3.4.1　大大降低沿海防护林种植、维护成本

环渤海地区土壤盐渍化程度高是绿化苗木成活率低的主因。即便勉强栽种常规树种，但因日常维护成本极高，且抵御海洋灾害能力极差，往往一次小的风暴潮、海水倒灌就会对其造成毁灭性损坏。盐松改良土壤效果明显，优化了土壤结构，植物大量生长，地表植被覆盖度可达 80% 以上，且生长的植物品种繁多，提升了当地生态系统的生物多样性，有效筑起一道沿海绿色屏障，改善了沿海地貌风景，对推动当地滨海旅游业发展具有十分积极的意义。

6.3.4.2　实现"海洋生态＋蓝色经济"良性发展

通过与国内知名海洋科研机构合作，深入推进海洋生态保护修复产业化发展，盐碱地柽柳的林下经济效益可观，一举破解了"生态无回报、回报低、回报慢"的问题。同时，研究发现柽柳叶中富含多种对人类有益的氨基酸、微量元素等，探索开展柽柳产业化开发，推进以柽柳为原料的产品的研发，努力实现柽柳资源的合理有效利用，

为探索和推进滨海盐碱地生态治理、产业化发展蹚出了新路子，是实现生态产品价值的有效实践。

6.3.4.3　加快盐碱荒地向绿水青山的蝶变

通过全面实施以"三北防护林"为代表的盐碱荒地生态绿化工程，在潍坊北部形成一道重要的生态屏障；同时，以盐松替代成活率低、养护成本高的移栽苗木，成功解决了沿海道路、小区等乔木绿化问题，改善了生态，美化了环境，构筑起绿色海洋生态长廊，打造特色滨海旅游，提升滨海生态和人居环境。

6.3.4.4　盘活自然资源，建立健全多元投入机制

滨海盐碱地区整体海洋生态系统较为脆弱，因看不到有效盈利模式，多年来社会资金进入意愿一直不强。为破解这一难题，潍坊市很好地发挥了财政扶持资金杠杆示范作用，通过选择试点地块进行系统化、整体化生态保护修复，提升了自然资源增值收益，并在此基础上建立自然资源有序利用制度，按照谁修复谁受益原则，通过赋予一定期限的自然资源使用权等产权安排，鼓励引导社会投资主体从事生态保护修复，对集中连片开垦生态修复达到一定规模的经营主体，允许在符合自然资源管理法律法规和国土空间规划、依法办理相关审批手续、坚持集约节约使用的前提下，利用一定治理面积从事相应产业开发，吸引了基金公司、种植企业等一批社会资金前来投资兴业。

6.3.4.5　挖掘产业潜能，打通生态价值转换渠道

长期以来，滨海滩涂、湿地、海岸带等生态资源一直处于"沉睡"状态，即便通过生态修复"变绿"，也难以找到价值转换渠道"生金"。潍坊市通过深挖产业潜能，创造性"吃"掉生态价值"三层饼"，即通过盘活自然资源使用权引入社会资金实施生态修复，通过发展林下经济、研发深加工等促进产品价值转换，发展碳汇产业促进调节价值转换，发展休闲旅游促进服务价值转换，同时带动当地居民就业增收，实现了社会效益、生态效益和经济效益的有机统一。

潍坊市"北柳"修复前后对比如图 6 - 9 所示。

图 6 - 9　潍坊市"北柳"工程修复前后对比

6.4　威海市逍遥港海域综合整治保护修复工程

6.4.1　基本情况

2015 年，国家海洋局也印发了《国家海洋局海洋生态文明建设实施方案》（2015—

2020 年)》(国海发〔2015〕8 号,明确了"十三五"期间海洋生态文明建设的路线图和时间表,坚持"问题导向、需求牵引""海陆统筹、区域联动"的原则,以海洋生态环境保护和资源节约利用为主线,以制度体系和能力建设为重点,以"蓝色海湾""银色海滩""南红北柳""生态海岛"等重大项目和工程为抓手,旨在通过 5 年左右的努力,推动海洋生态文明制度体系基本完善、海洋管理保障能力显著提升、生态环境保护和资源节约利用取得重大进展,推动海洋生态文明建设水平有较大水平的提高。

　　威海市逍遥港海域综合整治修复工程拟通过滨海湿地恢复、入海河口整治、湾底清淤、修建护岸、慢行交通系统、景观步行道、能力建设及陆域污染减排等措施对逍遥港海域实施综合整治修复,修复湿地,提高水交换能力,实现"退堤还海""退养还滩",恢复自然岸线,并将整治与城市滨水区域开发、景观建设有机融合,以生态整治带动城市建设,营造具有现代文化特征的城市生态景观滨水岸线,通过综合整治修复促进近海水质稳中趋好,使受损岸线、海湾得到修复,滨海湿地面积不断增加,使自然景观与人工景观相结合,实现治污与环境的和谐发展,逐步实现"水清、岸绿、滩净、湾美、岛丽"的海洋生态文明建设目标。

6.4.2　主要问题

　　近海海湾不仅具有高生物生产力,还具有高生态服务功能和经济服务功能,已成为人类突破资源和环境困惑的出路之一。随着人类不断地向沿海集聚,海洋资源开发强度不断增大,而开发的随意性、盲目性和无规划性导致海湾服务功能显著降低。逍遥港海域分布有溪流、沟渠、滨海湿地等类型,海洋资源条件优越,但近年来因人类活动的破坏,该海域岸线资源和海洋生态环境严重退化。

6.4.3　特色举措

　　本次"蓝色海湾"综合整治措施主要包括海岸整治修复、滨海湿地植被种植和恢复、近岸构筑物清理、海洋生态环境监测能力建设四大类内容,空间上分布于逍遥港及逍遥河入海口两大区域。通过海陆统筹对海域进行综合整治遏制生态环境恶化的趋势,改善海洋环境质量,提升海岸、海域的生态环境功能,维护海洋生态安全,实现城市经济社会的可持续发展,达到海洋生态文明建设的目标。

6.4.3.1　海岸整治修复

　　海岸整治修复包括湾底清淤、护岸整治建设、生态廊道建设三部分内容。

　　(1)湾底清淤

　　逍遥港受人类过度开发影响而水域面积减小、岸线退化,陆域面积增加,针对逍遥港海域现状,进行退堤还海、退养还滩建设,对淤积湾底进行清淤,清淤面积约为 58 万 m^2,清淤方量约为 350 万 m^3。

　　(2)护岸整治建设

　　护岸整治建设共包含两部分内容,分别为逍遥港沿岸护岸建设及逍遥河沿岸驳岸建设。逍遥港沿岸建设景观护岸共计 4 981m,其中包括 270m 人工沙滩及 688m 湖心岛直立护岸,并对护岸后方近岸景观进行整治。

沿逍遥河口向上游 2 000m 范围内河道两侧建设驳岸，其中人工驳岸长度约为 600m，半人工驳岸长度约为 300m，其余部分为自然驳岸，并对驳岸后方近岸景观进行整治。

（3）生态廊道建设

沿逍遥港环绕建设慢行路共约 4 400m，建设步行道共约 10 000m；沿逍遥河两岸建设慢行路共约 4 000m，建设步行道共约 1 000m；建设跨河桥梁 3 座。通过打造会"呼吸"的路，与周边绿化、生态湿地相呼应，实现"海绵城市"的建设目标。

6.4.3.2 滨海湿地植被种植和恢复

滨海湿地植被种植和恢复主要包括滨海湿地恢复和河口绿地建设两部分内容。

（1）滨海湿地恢复

滨海湿地恢复主要包含三大部分内容，分别为：①对逍遥港东岸湿地进行修复、改造，陆生植被重建工程建设面积为 100 亩（包括乔木、灌木种植面积 80 亩和草本植物绿化面积 20 亩），栽植挺水、浮水植物 120 亩，栽植沉水植物 127 亩；②对逍遥港西岸进行绿化，建设栽植乔灌木树丛永久性绿地面积约 168 亩，栽植或混播宿根花卉临时性绿地面积约 232 亩；③对湖心岛进行绿化，栽种耐盐碱、耐盐雾乔木、草本，栽植植被面积约 24.6 亩。

湿地植被的设计和建设与原有区域生态环境景观相协调，强调通过良好的设计和建设将该人工湿地景观建设成为东部滨海新城重要生态环境改善区域。人工湿地整体绿化和景观湿地整体景观设计相适应的同时，考虑人水相亲的行为需求，合理搭配水生植物物种，使人们能亲近水体、亲近花草、亲近自然。

（2）河口绿地建设

打造河道湿地，可减轻洪水泛滥，为野生动植物提供栖息环境，改善当地水质，同时湿地栖息环境将给当地野生动植物提供生存空间，成为候鸟迁徙沿途的歇脚地。绿地建设主要通过人工培植多种、多层、高效、稳定的植物群落，主要包括沉水植物群落、挺水植物群落、浮水植物群落、淡水沼泽植物群落、高地草甸植物群落等。

6.4.3.3 近岸构筑物清理

拆除 3 000 亩逍遥港海域范围内的近岸附着物及构筑物，其中包括拆除养殖虾池面积约 800 亩。

该项目工程区逍遥港水域目前基本被养殖虾池及近岸附着物及构筑物占满，仅留有逍遥河入海河道一处开敞水域。该项目对逍遥港海域 3 000 亩范围内的近岸附着物、构筑物进行拆除清理，其中包括拆除养殖池约 800 亩。

拆除主要采用挖掘机对陆地表面的附着物及构筑物进行拆除，拆除后将建筑垃圾、生产垃圾、生活垃圾、岸边的垃圾土全部挖除并且外运至指定位置，避免二次污染。

6.4.3.4 海洋生态环境监测能力建设

该项目计划通过对逍遥港海域的整治，开挖湾内养殖堤坝，适当扩大水面面积和水深，增加湾内纳潮量和水体交换能力，控制逍遥河陆源入海污染物的排放，改善湾内水质指标。考虑到逍遥港区域主要为旅游功能，北部海域目前主要为增殖功能，项目实施后，湾内海水水质改善为符合二类海水水质标准。

6.4.4 综合成效

6.4.4.1 社会效益

该项目将整治与城市滨水区域开发、景观建设有机融合，以生态整治带动城市建设，营造具有现代文化特征的城市生态景观滨水岸线，随着整治项目的开展，当地生态环境全面改善，促进了区域经济和社会文化的快速发展和区域的两个精神文明建设。

6.4.4.2 生态效益

该项目对逍遥港海域进行综合整治修复，伴随着对原有养殖池围堰的拆除和湾内回淤物的清除、自然岸线的恢复，海滨湿地面积增加，海水自净能力、环境容纳能力大大提升。通过海滨湿地、绿地修复整治，湿地生态环境得到改善，滨海湿地的恢复，不仅为水禽提供了丰富的食物来源，繁茂的植物群丛也可以为水禽提供栖息繁殖所必需的安全空间。海域纳潮量增加，提高了海水自净能力，通过海洋垃圾防治、清理海域垃圾，加强了上游河道排污整治、陆源减排工作，杜绝陆域污染入海，使海域海水达到地表水二类标准。

通过对海域海水及湿地生态的整治，逍遥港海域近海水质稳中趋好，受损岸线、海湾得到修复，滨海湿地面积不断增加，使自然生态与人文景观相结合，提高了生态系统的稳定性，构成了一个能够自我更新的海域系统，实现了治污与环境的和谐发展，实现了"水清、岸绿、滩净、湾美、岛丽"的海洋生态文明建设目标。

6.4.4.3 经济效益

根据项目开工后工程区传统养殖产业与区域地块价值综合统计分析可以看出，该项目虽无直接经济效益，但是通过该项目建设带动周边土地价值升值，产生了较高的间接经济效益，且随着环境的改善，周边高新技术产业及旅游业等低能耗、高效益的产业将迅速发展，成为威海市新旧动能转换的重要节点，对传统养殖业升级转型起到了良好的示范和带动作用。

威海市逍遥港海域综合整治修复前后对比如图 6-10 和图 6-11 所示。

图 6-10　整治前的逍遥港区域养殖区护堤破损严重

图 6-11　整治后的逍遥湖公园

6.5　长岛海洋生态修复项目典型案例

6.5.1　基本情况

　　长岛地处胶东、辽东半岛之间、黄渤海交汇处，由 151 个岛屿组成，岛陆面积 59.26km²，海域面积 3 242.74km²，海岸线 187.64km，有居民岛 10 个，辖 10 处乡镇（街道、保护发展服务中心）4.2 万人口。位于天津、大连、烟台 3 个开放城市的交叉点上，东临韩国、日本，南临烟台，北倚大连，西靠京津，是进出渤海必经的黄金水道，战略区位优越。长岛还是山东半岛、京津冀经济区、辽东半岛的交汇点，位于环渤海经济圈的连接部，地处环渤海经济圈、黄海经济圈、东北亚经济区核心战略位置，经济地位十分突出。

6.5.2　主要问题

　　20 世纪 90 年代以来，随着长岛经济社会的发展，传统渔业、交通等用海需求向依托海岛陆域空间和海水资源优势的产业形成的新的用海用岛需求转变，生态环境保护与区域资源开发利用的冲突加剧，自然岸线被养殖业侵占，岸带油污、垃圾污染严重，沿岸生态环境和景观遭到破坏，灾害频发。同时由于自然因素及历史活动破坏，长岛部分山体岩层破碎，在强降雨、地震、风化等共同作用下，极易引发崩塌、滑坡等地质灾害，严重威胁人民群众生命财产安全。同时，大部分边坡位于环海慢行道路两侧，造成严重的视觉污染，与生态环境不协调。

6.5.3　特色举措

　　为贯彻落实习近平生态文明思想、推动山东省委省政府《关于推进长岛海洋生态保护和持续发展的若干意见》的实施，长岛以"固防守疆、生态文明、绿色发展"为使命，把"生态保护、绿色发展"作为第一要务和根本前提，以推进海岛生态保护与修复工作为抓手，积极开展长岛渤海综合治理攻坚战生态保护修复项目。该项目共计争取中央专项资金

1.2亿元，由长岛海洋生态文明综合试验区管理委员会下达的关于对《山东省长岛海洋生态文明综合试验区渤海综合治理攻坚战生态修复项目总体实施方案》批复建设，该项目于2020年11月底全部完工，2021年6月通过市级竣工验收。项目累计完成整治修复南长山岛、北长山岛、庙岛、大黑山岛等岛屿岸线总长13km，清理沿岸垃圾约6万m³。

在积极开展海岸带整治修复工作的同时，为更好地提升长岛海洋生态整体治理修复效果，改善海岛的自然景观和生态环境，长岛也在积极开展社会资金支持的生态修复项目：一是开展南长山明珠广场西信号山段海岸带植被绿化工程，该段工程于2021年3月施工至2021年10月结束，投资474万元。完成绿化面积2.4万km²，栽植乔木白蜡、柳树等400余株，栽植鼠尾草、粉黛乱子草共计44万株，新建彩色混凝土园路2 268m²。二是开展大钦岛乡地质环境治理项目，项目共投资约300万元，治理山体受损面积约1.8万m²，截至2021年底，项目完成了基础施工，彻底消除了大钦岛的地质灾害安全隐患。

6.5.4 综合成效

6.5.4.1 海岛生态环境明显改善，海洋生态资源和生物群落明显恢复

长岛生态修复效果显著，生态环境标志性物种重现长岛，白江豚、鲸鱼频频现身，对生态质量要求极高的东方白鹳、斑海豹、黄嘴白鹭等种群数量明显增加。海萝、鼠尾藻等原生藻类、鲍鱼等野生海珍品、渤海刀鱼等传统经济鱼类资源不同程度恢复，有效地改善了海岛的生态环境和生物多样性，提高了生态系统的稳定性。

6.5.4.2 海岛生态减灾能力得以改善，绿色发展动能加快生成

长岛往年实施的项目以防护为主，护岸生态效果一般，结构生硬，随着国家政策的改变，渤海综合治理攻坚战生态保护修复项目的护岸结构改用生态大块石方案，在满足岸线防护要求的前提下，块石护岸更具有生态性，更有利于海洋生物附着，有效体现了生态修复和防灾减灾的协同增效。岸滩后方绿化使水土保持能力极大提升，护岸后方采用透水混凝土结构，不仅可防止海浪侵蚀岸线，还可过滤入海雨水，养护近岸藻类等生物资源，提升生态环境承载力，形成以海岸保护、景观和休闲为主要功能的生态示范区，区域抵御海洋灾害的能力进一步增强。以生态环境承载能力为基础，以信息化物联网等智能设备为支撑的现代化海洋牧场基本形成，以"旅游＋渔业"的发展模式为区域海洋产业的发展提供了方向。

6.5.4.3 海岛基础设施逐步完善，地区产业结构进一步优化升级

长岛通过一系列海岸带整治修复工程，使基础设施短板逐步补齐、群众获得感和幸福感不断提升、保护发展取得重要阶段性成果；有效改善了海岛的自然景观和生态环境，形成了具有吸引力的绿色亲海地带，营造了适宜民众亲水的海岛风貌，促进了休闲渔业、生态渔业和旅游业快速健康发展，进岛游客"过夜游"需求相较以往大幅度上升，实现了保护与经济发展的相互促进，推动绿水青山就是金山银山理念在长岛的落地。

长岛海洋生态修复前后对比如图6-12、图6-13和图6-14所示。

图 6-12 长岛信号山段修复前后对比

图 6-13 长岛大黑山段修复前后对比

图 6-14 长岛庙岛岸线岸滩综合治理修复工程修复前后对比

6.6 青岛市"蓝色海湾"整治行动项目典型案例

6.6.1 基本情况

2018 年 6 月 12 日，习近平总书记到青岛蓝谷考察海洋试点国家实验室时，对发展海洋科研、海洋经济作出重要指示，特别提到蓝谷这个园区建设得很漂亮，要吸引更多的高层次人才落户。为深入贯彻落实习近平总书记重要指示精神，2019 年，青岛市申报"蓝色海湾"整治行动项目，获中央财政资金支持，项目总投资 17.32 亿元（其中中央财政资金 2.54 亿元），该项目位于青岛蓝谷小岛湾海域（属于鳌山湾群），项目分为两部分：一是小岛湾北岸海岸带综合整治项目，二是小管岛生态保护修复项目。小岛湾北岸海岸综合整治项目主要采用退缩建坝和海堤生态化建设等手段，有效提升了岸线稳定性和自然灾害防护能力，形成了生态减灾协同增效的海岸带防护体系；通过退养还海，滩涂清淤，垃圾清理等措施，修复了受损的自然岸线和滨海湿地，恢复了其生态功能，增加了纳潮量；进行海岛修复，耐冬等珍贵物种及其生境得到保育和保护，海岛生态功能得到全面提升。项目的实施系统解决了小岛湾北岸海岸带区域面临的自然岸线生态功能降低、围海养殖占用岸线和湿地以及海域环境质量差等突出的生态问题，从根本上遏制了生态系统受损的趋势，在青岛蓝谷南部海岸带构筑了"岸线＋离岛"的海洋生态安全格局，有效保障了国家科技湾区建设。

6.6.2　主要问题

小岛湾北岸海岸带海洋自然景观风貌不佳，生态功能受损，岸线西端主要是砂砾质海滩和滩涂，东端则多为礁石，海岸沿线散布了众多养殖池塘和育苗棚，影响了岸线景观，破坏了岩礁生态系统稳定性和整体性，对防灾减灾也有不利影响。此外，存在一定污染，目前污染源主要为入海河流、养殖池塘和附近农家宴的排污。

自然岸线保护有待加强。改革开放以来，围海养殖业兴起，占用了自然岸线；风暴潮等自然灾害导致岸线侵蚀、海堤受损；入海河口长期淤积，行洪不畅，岸线稳定性和自然灾害防护能力减弱，影响了自然生态功能。

海域环境质量亟须提高。河流入海污染物和养殖尾水排放对湾区生态环境构成威胁（主要陆源污染物有化学需氧量、无机氮、活性磷酸盐、悬浮物等）。此外，塑料类和纸类等生活垃圾也是造成海域污染的因素之一。进入海洋的塑料垃圾清理难度大、降解缓慢，在对海域造成污染的同时，还会威胁海洋生物资源。

6.6.3　特色举措

岸线整治工程。主要包含两部分，一是拆除工程，二是海域清淤工程。拆除工程的拆除对象为项目范围内农家宴、育苗棚等占用自然岸线的设施。海域清淤工程主要对岸线向海一侧的岩礁池、岸滩、港池等区域的坝体、块石、寄生块石和淤泥进行清除。整治岸线总长度 7.39km（包括 3.59km 生态岸线修复和 1.28km 基岩岸线修复）。拆除岩礁池 48hm²、农家宴设施 4hm²、育苗棚 25hm²。

岸线修复工程。采取护岸加固、海堤生态化建设等手段，提升岸线稳定性和自然灾害防护能力，主要包括建设生态护岸、亲海平台等内容。修复生态岸线总长度 3.59km。

入海河道整治工程。主要包括高山河、盘龙河、冯家河、于家沟河 4 条入海河道两侧环境整治等内容，总长度 558m。

退养还海工程。主要是小岛湾及小管岛附近海域的养殖清退，退养面积约 1 228hm²。

海岛修复工程。通过对岩礁池进行拆除、垃圾清理，恢复海岛岸线 1.15km；修复岛体护坡 933m，提升了海岛的防护能力；修复沙滩面积 0.56hm²；种植珍稀濒危植物，提高植被覆盖度。系统提升小管岛生态功能，珍稀濒危物种及其生境得到保育保护，受损生境得以修复，基础设施有效保障了生态保护修复工作。

6.6.4 综合成效

6.6.4.1 小岛湾生态功能有效提升

根据《2019年青岛市蓝色海湾整治行动跟踪监测报告》《2019年青岛市蓝色海湾整治行动项目（小岛湾北岸海岸带综合整治项目）对岸线属性和生态功能影响评估报告》等专题报告结论，通过该项目的建设构建了"岸线＋离岛"景观格局，形成自然岩礁、生态岸线、亲海空间、秀丽河道、最美海岛等丰富滨海景观单元，岸线稳定性和自然灾害防护能力提升，岩礁生态系统得以修复，典型岛屿生境得以保育恢复；该项目所有建设内容均未压占大陆自然岸线，未改变自然岸线的属性，生态岸线建设符合国家相关规范要求，提升了潮间带的生态功能，岩礁湿地生态系统得到恢复，岸线环境品质全面提升。周边生态环境持续改善，Ⅳ类水质面积持续降低。

6.6.4.2 海岸带防灾减灾效益显著

项目的实施清理了占用自然岸线的建筑物及乱石，修复并恢复了原自然岸线和防灾减灾设施。同时清理了项目区沿岸的建筑垃圾、生活垃圾和岸边的垃圾土等。重点对陆域、海域范围内育苗棚、农家宴、岩礁池进行拆除。对沿岸植被缺失地带进行植被恢复，植被恢复与培植面积约为15.67hm^2，增强了海岸带防台风、风暴潮等自然灾害防灾减灾能力。

6.6.4.3 社会经济效益逐步显现

通过该项目的实施，完善了周边的旅游服务设施，滨海旅游人数持续增加；小岛湾北岸城市景观和公共服务能力全面提升，促进了海洋优势产业和科研单位聚集，带动了经济发展，促进了小管岛海岛生态经济试点工作；该项目整治修复后的岸线将发挥科教文化功能，在亲海空间公众可以全面认识海洋、了解海洋资源的重要性，增强对海洋的保护意识；该项目的实施为蓝谷地区创造了更为良好的投资环境，能不断带来间接经济效益。

小岛湾北岸海岸带综合整治修复前后对比如图6-15所示，小管岛岸线整治修复前后对比如图6-16所示。

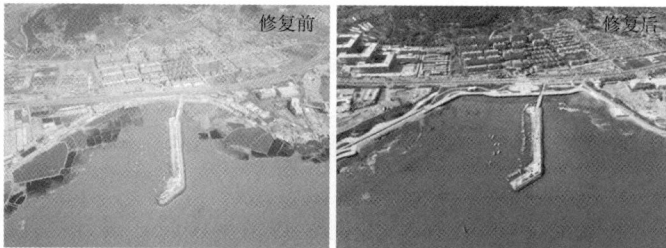

图6-15 小岛湾北岸海岸带综合整治平台修复前后对比

图6-16 小管岛岸线整治修复前后对比

第 7 章　山东省海洋生态保护修复实践

7.1　整体情况

党的二十大报告提出，发展海洋经济，保护海洋生态环境，加快建设海洋强国。强调要提升生态系统多样性、稳定性、持续性，加快实施重要生态系统保护和修复重大工程、生物多样性保护重大工程。2020—2024 年，山东省共 11 个（2020 年 2 个、2021 年 3 个、2022 年 2 个、2023 年 2 个、2024 年 2 个）海洋生态保护修复工程项目被纳入中央财政资金支持范围，其中包括 3 个海岸带方向海洋生态保护修复工程项目、8 个"蓝色海湾"方向海洋生态保护修复工程项目。从类型来看，修复工程主要包括沙滩整治修复、海堤生态化、海草床（海藻场）修复、互花米草治理、牡蛎礁修复、滨海盐沼修复、海岛生态修复等。从地区分布来看，烟台、威海、东营、潍坊、日照和滨州 6 个地市均有涉及，其中，威海和东营获中央财政资金支持的项目各 2 个，其他地市各 1 个。共争取中央财政奖补资金 28.46 亿元，地方配套资金 16 亿元，整治修复岸线 52.8km，修复滨海湿地 10 550hm²。海洋生态保护修复工程项目的实施有效改善了近岸海域水质环境，丰富了海洋生物多样性，提高了修复区域海洋碳汇能力，增强了岸滩海洋生态服务功能。

7.2　2020 年日照市太阳湾海岸带保护修复项目

7.2.1　地理位置

涛雒镇地处日照东港区东南部，位于日照、岚山两个国家一类港口中间。距市区 16km，东临黄海，北接日照经济技术开发区，南与岚山区接壤。涛雒镇地势平坦，腹地开阔，海岸平缓。全镇总面积 112km²，海岸线长 16.5km，是山东省中心镇、小城镇建设示范镇、安全文明镇。该海洋生态保护修复项目位于涛雒镇，起点为刘家湾赶海园北侧，地理坐标为 119°25′45.84″E、35°17′10.88″N，终点为阜鑫渔港北侧，地理坐标为 119°24′10.22″E、35°14′35.31″N。在总计 6.9km 的岸线范围内开展保护修复工作。

7.2.2 主要生态问题

7.2.2.1 项目海域生物种类、密度和多样性逐年减少

通过近年来的实地调查，发现项目区周边海域浮游植物种类、密度、多样性及丰度减小，浮游动物种类、密度及丰度减小，底栖生物种类、密度及多样性减小。

7.2.2.2 入海口海域环境质量有待提升

通过近年来的现场调查，发现项目区周边海域水质符合海域功能要求的二类海水水质标准，未出现水质超标现象，底质沉积物符合国家规定的一类沉积物质量标准，反映了项目区周边水质和沉积物质量总体良好。通过测图分析发现，现状河口区域高程较高，常年淤积情况明显，加之养殖水任意排放，污染周边水域（图7-1），pH、无机氮、无机磷和石油类均局部超标，存在一定程度的环境风险，有待进一步提升环境质量。

图7-1 小海河口淤积明显（修复前）

7.2.2.3 沿海植被受损严重，影响砂质海岸生态安全

沿海植被起到防风固沙的作用，能够和前方沙滩形成良好的整体防护体系。项目区大部分沙滩后方林带土地裸露，沿海植被遭受病害和自然灾害，土地裸露区域植被覆盖度不足10%，植被稀疏区域植被覆盖率不足50%，且密度有连年下降的趋势，固沙能力连年减弱，未形成减灾屏障（图7-2）。

图7-2 刘家湾赶海园北侧岸线侵蚀、南侧区域破坏严重（修复前）

7.2.3　修复方案

7.2.3.1　修复规模和目标

通过对太阳湾海岸带进行保护修复,将损坏的、割裂的自然岸线修复为生态岸线,与其他生态岸线等连成一个整体,构建连续完整的多层次防灾减灾体系,系统改善区域生态系统的安全性及稳定性,提升生物多样性。实现了海岸带防灾减灾能力的综合提升,促进了海岸带区域生态、减灾协同增效,吸引投资,增加就业,带动周边经济发展。砂质海岸修复后滩肩宽度不小于 30m,长度为 1 641m,实现平均波高衰减率 40%,潮间带生物丰度相对增加,海堤生态化建设 366.13m,防灾减灾能力提升至 50 年一遇等级。

7.2.3.2　平面布置

太阳湾海岸带保护修复项目沿海岸线方向在 6.2km 岸线范围内开展保护修复工作,沿岸空间布局为"砂质岸线+河流入海口+砂质岸线",修复方式为"沙滩修复+海堤生态化建设+沙滩修复";垂直于海岸线方向构建纵向生态防护体系,砂质岸线保护修复主要为沙滩修复工程,打造"海洋+沙滩+现有植被"三位一体综合砂质岸线防护体系;入海口修复为"退堤还海+海堤生态化建设",构建"生态协同减灾"的入海口梯度防护保护体系(图 7-3、图 7-4)。

图 7-3　总平面布置

7.2.3.3　修复内容及技术手段

太阳湾海岸带保护修复项目的主要建设内容包括砂质海岸修复工程和海堤生态化建设工程。砂质岸线修复工程中,通过人工补沙方式抬高沙滩滩肩高度和增加滩肩宽度,扩大海滩规模形成缓冲区,有利于波能的消耗,起到很好的减灾作用,降低近岸波高。海堤生态化建设采用斜坡式护岸,在原有海堤基础上优化海堤生态功能,开展生态化建设,建设后将极大改善现状护岸对风暴潮的适应性。

图 7-4 小海河口区域整治后的效果图

（1）砂质海岸修复

对刘家湾赶海园以北和小海河口以南的砂质岸段进行沙滩修复。修复砂质海岸长度
1 641m，修复面积 25.77 万 m²，其中刘家湾赶海园北侧修复砂质海岸面积 2.07 万 m²，
小海河口以南修复砂质海岸面积 23.70 万 m²。沙滩修复断面滩肩高程为 3.0m，滩肩肩宽
30m，放坡坡度为 1∶34（图 7-5）。

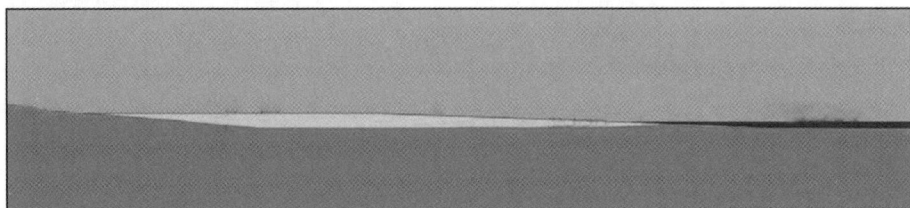

图 7-5 沙滩修复断面

（2）海堤生态化建设

小海河口以北段生态化海堤采用斜坡式结构，外侧护面采用连锁块式生态护面，坡度
为 1∶1.5，连锁块厚度 0.3m，连锁块空隙间填筑种植土，种植碱蓬，连锁块下方布设高
强土工格栅＋土工布（400g/m²）＋中粗沙层（0.3m 厚）。连锁块下方布设混凝土镇脚
块。护底采用 60～100kg 块石，护底宽 5m、厚度为 0.8m。顶高程 5.0m，块石护底顶高
程为 1.50m（图 7-6）。

小海河口以西段生态化海堤采用斜坡式结构，外侧护面采用连锁块式生态护面，坡度
为 1∶1.5，连锁块厚度为 0.3m，连锁块空隙间填筑种植土，种植碱蓬，连锁块下方布设
高强土工格栅＋土工布（400g/m²）＋中粗沙层（0.3m 厚）。连锁块下方布设混凝土镇脚
块。护底采用 60～100kg 块石，护底宽 5m，厚度为 0.8m。顶高程 5.0m，块石护底顶高
程为 0.50m。海堤顶部设置浆砌块石挡浪墙，顶高程 5.4m，基础采用 0.3m 厚的二片石
垫层。

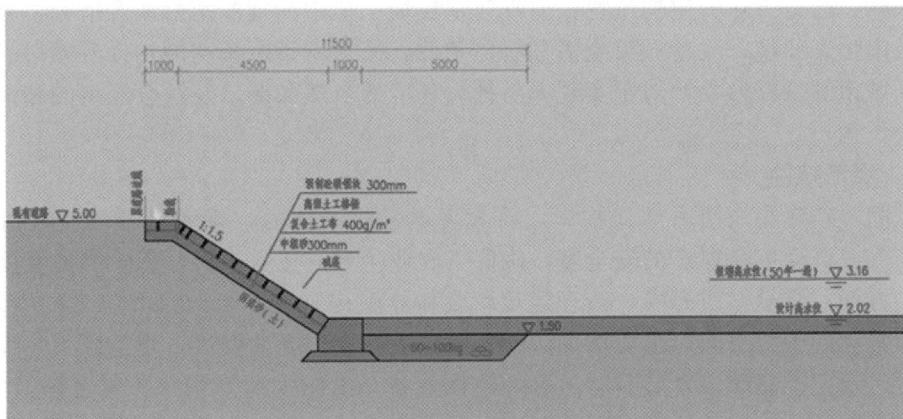

图 7-6　局部生态化海堤断面

7.2.4　保护修复成效

7.2.4.1　生态效益

太阳湾海岸带保护修复项目砂质海岸修复面积为 25.77 万 m^2，砂质岸线修复工程对潮间带进行补沙。通过该保护修复项目的实施，在保护岸线的同时能维持砂质岸线的稳定，实现岸线保护和生态绿廊自我维护的统一。工程拆除小海河入海口构筑物共 5.22 万 m^3，全面清除该区域现状围堰、码头等，退堤还海，增加河口区域纳潮量及水体交换体量，遏制周边海域水质的污染趋势，改善入海口处水体水质，同时可避免区域水质恶化对近海文昌鱼等珍稀海洋生物造成影响。该项目海堤生态化建设 366.13m，以促进海岸带生态、减灾协同增效为首要设计原则。因此在保证堤身结构安全的前提下，建筑材料也体现了生态要求。优先考虑将自然块石作为护面、护底材料，外购石方亦须达到环保要求，均采用对环境友好的建筑材料，有利于坡面植物生长和藻类、贝类附着，促进海岸线生态多样性恢复。

7.2.4.2　减灾效益

沙滩是防止海岸侵蚀的较佳手段，太阳湾海岸带保护修复项目采用修复沙滩等生态岸线来固化海岸。修复沙滩采用人工补沙的方式，抬高沙滩滩肩高度，增加滩肩宽度，扩大海滩规模，形成缓冲区，减弱台风的破坏力度，起到自然护岸、保护高地的作用。在项目修复范围内，小海河入海口岸段的防潮堤，风暴潮风险程度较高但防御标准较低，难以有效抵御风暴潮灾害。该项目通过对小海河口海堤进行生态化建设，并确保达到防御标准的要求，可增强小海河口区域海堤的防护体系，有效降低风暴潮中海堤面临的灾害压力，消除海堤的灾害安全隐患，确保沿海居民安居乐业。

7.2.4.3　社会效益

太阳湾海岸带保护修复项目通过修复砂质海岸等措施，可优化海岸带的生态环境，拓展海岸带的旅游休闲空间，有利于以海岸、沙滩为主题的旅游业、服务业发展，使产业布局空间进一步拓宽，增强日照市滨海旅游业的吸引力。通过海堤生态化建设，可提高沿岸防护能力，保护后方陆域安全，保障沿海居民安居乐业，为今后滨海地区的开发及利用提供安全保障。通过拆除养殖构筑物，清理建筑垃圾、集中治理养殖管线等措施，能够进一步美化城市生态环境，改善城市生活和居住条件，完善城市配套功能，提升城市品位和档次，树立城市的良好形象，对于实现人与社会环境的自然和谐以及社会经济的和谐发展具有积极的作用。

7.2.4.4　经济效益

一方面，新建小海河入海口护岸，将大大增强防潮能力，减轻风暴潮灾害造成的损失，提高人民群众生命财产的安全度，确保工农业生产的正常进行，保障当地经济稳定发展。另一方面，修复砂质海岸，清理建筑垃圾和养殖构筑物等可改善海岸带的生态环境，打造海岸带休闲旅游空间，进而增加旅游人数，促进周边商业发展，增加收入，带动区域经济发展，对于推动城市发展具有显著的经济效益。太阳湾海岸带保护修复项目实施后，日照东方太阳城与涛雒镇的环境得到相当大的改善，该项目的实施可为东港区滨海旅游业带来可观的经济效益，也会吸引外地商人来东港区投资建设，从而增加当地的经济收入。同时随着该项目的实施，海岸生态质量不断提高，有利于改善周边海域的生态环境，为海洋生物提供良好的栖息环境，有利于延长海洋经济的产业链、拓宽产业领域，全面提高海洋经济水平和综合效益，促进相关行业的发展，增加农渔民收入和就业机会。

7.3　2020年威海市浪暖口至和尚洞海岸带保护修复项目

7.3.1　地理位置

威海市乳山市位于山东半岛东南端沿海，$121°11'—121°51'$E，$36°41'—37°08'$N。东邻文登区，西毗海阳市，北接烟台市牟平区，南濒黄海，与韩国、日本隔海相望，位于中国、日本和韩国东北亚金三角之中，地理位置优越。威海市乳山市海岸线西起乳山口，东至浪暖口，全长199.27km，海岸类型以砂质岸为主，是山东省海岸带资源条件最为优越的岸段之一。威海市浪暖口至和尚洞海岸带保护修复工程项目位于乳山市东部海岸浪暖口至和尚洞岸线。

7.3.2　主要生态问题

近年来，浪暖口至和尚洞海岸带保护修复项目区沿岸被大量养殖池及工业化养殖大棚占用，废弃生产设施及生产生活垃圾随处可见，入海河口湿地面积减小，且河口、海岸及周边海域的生态环境遭到破坏，与相邻的银滩海岸优美的生态环境极不协调。主要生态环境问题如下：

7.3.2.1　河口湿地功能退化，防灾减灾能力降低

入海河口是盐沼湿地天然的发源地，浪暖口至和尚洞海岸带保护修复项目区黄垒河及徐家河入海河口原为天然湿地资源，但近年来，河口养殖池无序扩张，河口湿地被养殖区占用（图7-7），湿地地表积水条件越来越差、土壤含盐量不断升高，湿地生态环境遭到严重破坏，沼泽芦苇群落、香蒲群落面积日益减小，湿地植被匮乏（图7-8），白鹭、苍鹭、海鸥等鸟类已基本不见，生物多样性受损，湿地功能严重退化，区域防灾减灾能力减弱。

图 7-7　大面积养殖池塘占用入海河口　　　　图 7-8　湿地植被匮乏（修复前）
　　　　　湿地（修复前）

7.3.2.2　沿岸植被匮乏，生态环境系统单调

湿地、森林、海洋被称为地球三大生态系统，湿地被称为"地球之肾"，森林被称为"地球之肺"，海洋被称为"地球之心"。乳山市南向大海，海洋资源丰富，区内河流众多，其中黄垒河、乳山河为两大主要河流，河口区域天然湿地资源丰富，背靠乳山等山脉，森林资源丰富，乳山市整体生态资源丰富、生态系统良好。

浪暖口至和尚洞海岸带保护修复项目位于乳山市东部岸线，多为砂质岸线，细腻绵长的沙滩是该区域重要的生态景观之一。但除沙滩外，沿岸其他生态系统较差，湿地植被缺失，沿岸植被匮乏，沙滩得不到有力保护，大风天气，沙滩侵蚀严重，沿岸风沙飞扬，整体生态环境效果较差（图 7-9）。

图 7-9　沿海植被匮乏（修复前）

7.3.2.3　砂质岸线减少，整体生态效果受损

近年来，围海养殖面积无序扩张，导致砂质岸线减小（图 7-10）。此外，养殖户生产无规性严重，废弃养殖大棚、生产设施、生产生活垃圾乱丢乱放，沿岸生态环境遭到严重破坏，对周边海陆生态系统产生了较大的影响，生态环境功能降低，与乳山市银滩优美的生态环境不匹配，影响岸线的生态整体性（图 7-11）。

图 7-10　养殖池塘占用砂质岸线（修复前）　　图 7-11　废弃养殖设施遍布（修复前）

7.3.3　修复方案

7.3.3.1　修复规模和目标

针对项目区海岸带问题，威海市浪暖口至和尚洞海岸带保护修复项目通过海域综合整治修复，促进海岸带生态、减灾协同增效，综合考虑资金情况、防灾减灾紧迫性等因素，拟修复8.27km砂质岸线（局部为礁石岸线）、7.0km生态海堤、5.0km植被防护带，在浪暖口至和尚洞海岸带区域整体构建"砂质海岸（礁石海岸）-生态海堤-植被防护带"的沿海区域生态减灾空间体系，提高岸线抵御台风、风暴潮、海浪等海洋灾害能力修复和恢复海岸带生态功能，提升生态功能和减灾能力。

7.3.3.2　平面布置

浪暖口至和尚洞海岸带保护修复项目位于威海市乳山市东部岸线黄垒河—浪暖口—和尚洞岸线。具体修复范围包括黄垒河至浪暖口、浪暖口至洋村口、山东外事职业大学至和尚洞三段，整治岸线总长约8.3km，岸线主要属砂质海岸，局部为礁石海岸（图7-12）。

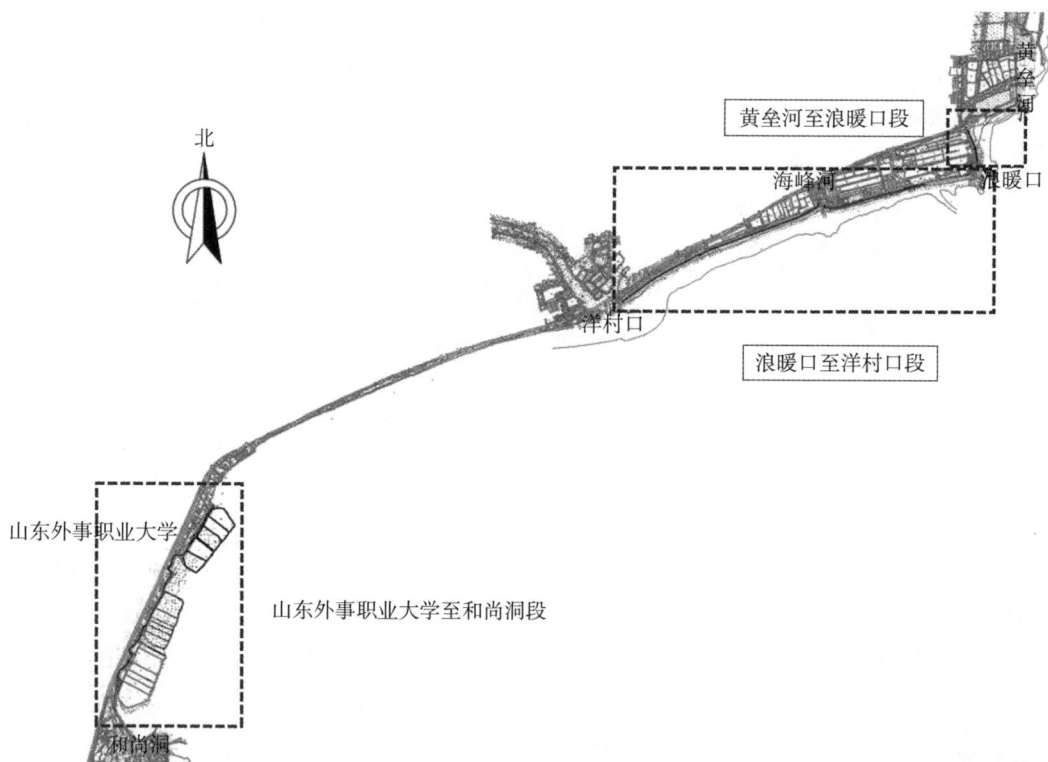

图7-12　项目空间分布平面图

7.3.3.3　修复内容及技术手段

（1）砂质海岸（礁石海岸）修复

根据浪暖口至和尚洞海岸带保护修复项目区海域具体情况，主要对山东外事职业大学至和尚洞段岸线外侧现有养殖池塘进行清理，养殖池塘围堰至生态海堤外边线之间区域也属海岸修复清理范围（图7-13），该区域的生产生活垃圾及建筑垃圾需一并清除干净，清理养殖围堰工程量依据现场调查测量结果进行核算，具体清理方案如下。

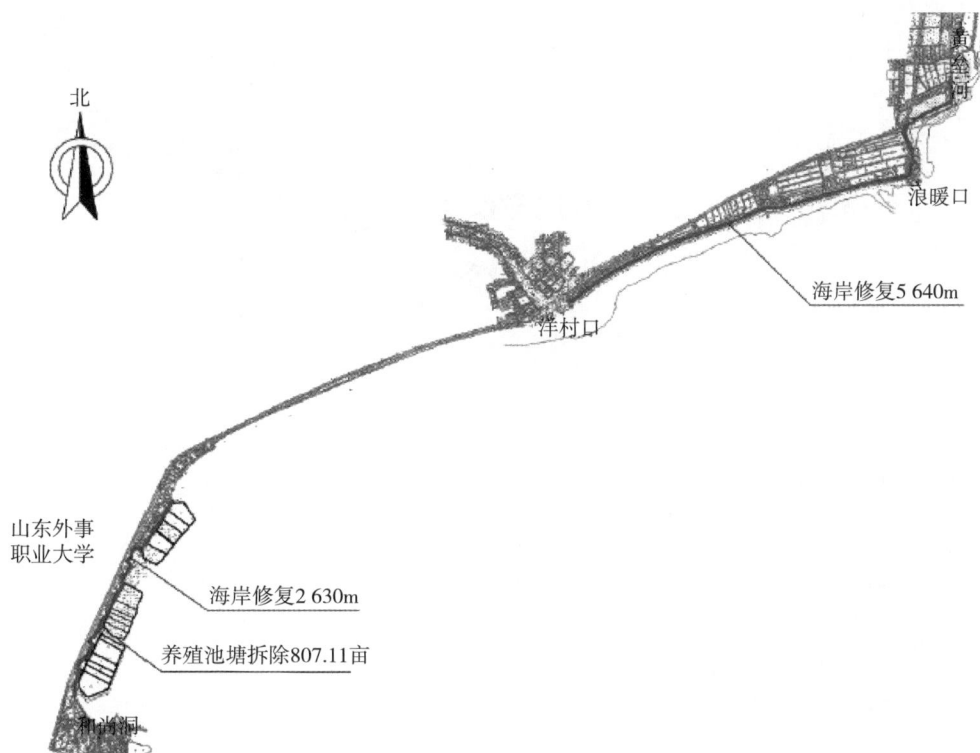

图 7-13　砂质海岸（礁石海岸）修复平面布置图

养殖池塘围堰为当地养殖户自行建设的混凝土结构围堰，坝体高度平均为 3m，顶宽约为 1.5m。坝体拆除主要采用挖掘机和自卸车配合的陆上施工法，拆除范围内的养殖池全部拆除至原泥面，拆除养殖围堰总长 10 600m，方量约 4.8 万 m³，将拆除挖除的土方回填至指定填埋场，禁止转移至其他海域丢弃。

（2）海堤生态化建设

对浪暖口至洋村口、山东外事职业大学至和尚洞现状破损海堤进行加固，采用生态斜坡式海堤结构形式，实现岸滩至后方防护林生态连续性，避免出现生态隔离，打造海陆统筹起关键衔接作用的生态海堤系统，修复生态海堤长度约 7 000m（图 7-14）。

具体结构方案如下。

①二级斜坡式生态海堤。斜坡式生态海堤主要采用二级斜坡结构。堤顶高程 5.5m，考虑标高 3.5m 以下受波浪、水流冲刷、侵蚀，采用干砌块石护面，坡度为 1∶2，厚度为 500mm，增强护坡抗冲刷性，同时干砌块石护坡生态性能良好，可增加护坡的生态性。干砌块石护面下方设置现浇 C30F250 混凝土蹬脚块，蹬脚块底部铺设 300mm 厚碎石垫层，蹬脚块外侧抛填 100～200kg 护底块石进行防护，保证海堤坡脚稳定性，坡脚上部采用原沙回填，蹬脚块处原沙回填标高不小于 2.0m，最大限度保持沙滩岸线宽度。标高 3.5m 以上，受波浪、水流影响较小，采用生态石笼护坡，坡度为 1∶2，提高岸线生态性。同时为提高岸滩生境多样性，并考虑局部冲刷较强的位置，二级斜坡式生态海堤上部

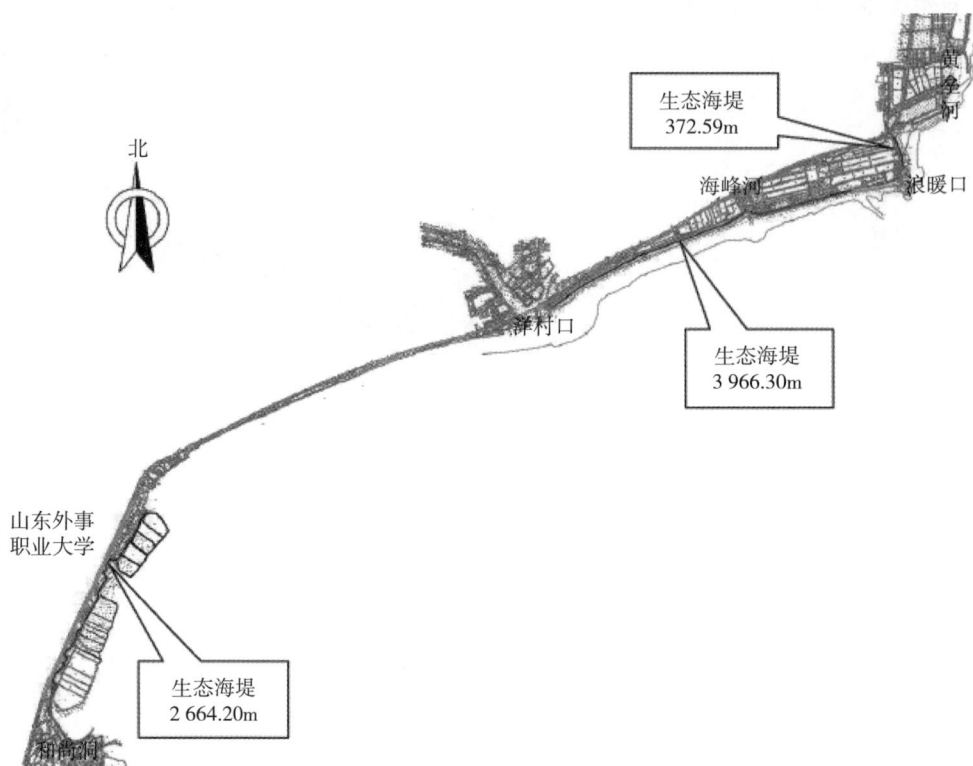

图 7 - 14　海堤生态化建设平面布置图

改用干砌块石结构，其余部分均一致。生态石笼采用格宾石笼结构，在低碳钢丝经机器编制而成的双绞合六边形金属网笼中回填块石，在 3.5m 标高以上部分块石缝隙中填充混播草籽种植土。

②阶梯台地斜坡式生态海堤。阶梯台地斜坡式海堤结构与斜坡式生态海堤类似，下部一层斜坡采用干砌块石结构，上部采用格宾网箱块石的台地结构，每层平台高 400mm、宽 800mm，网箱上部铺设混播草种种植土。

③台阶式生态海堤。台阶式生态海堤布置间隔约 100m，具体根据海堤走向确定，宽度为 9m 或 15m。基础部分与二级斜坡式生态海堤一致，不同之处在于一级斜坡面层调整为灌砌块石台阶结构、二级斜坡面采用浆砌块石台阶结构。踏步宽度为 400mm，高度为 200mm，整体坡度为 1∶2，一级台阶斜坡顶部高程为 3.5m，二级台阶斜坡顶部高程为 5.5m，坡脚处采用现浇混凝土蹬脚块蹬脚，外侧回填 100～200kg 护底块石，上部采用原沙回填，掩埋蹬脚块厚度不得小于 1m。

④直立与斜坡混合式生态海堤。浪暖口至洋村口段部分海堤与浪暖口牡蛎安置区作业通道存在用地交叉，为保留牡蛎安置区作业通道，满足养殖户生产作业需要，同时考虑海岸线保护需要，不占用砂质岸线，在二级斜坡式生态海堤局部段陆域可利用空间不足区域，采用直立与斜坡混合式生态海堤结构。该结构与二级斜坡式生态海堤标高 3.5m 以下结构完全一样，采用干砌块石护面，坡度为 1∶2，厚度为 500mm。区别在于标高 3.5m 以上结构改用直立挡墙结构，挡墙采用现浇 C30F250 混凝土，上部设置黄岗岩护栏，堤

顶面层为 3m 宽彩色强固透水混凝土。

（3）植被防护带修复

黄垒河至浪暖口段植被防护带位于浪暖口口门海堤面层修复边线至安置区围墙之间。选用胸径 6～7cm、株高 3～3.5m、冠径 2m 的小规格黑松进行片植，种植密度为 $4m^2$ 1 株，下部草本采用狗牙草，播种满种。海峰河至洋村口段植被防护带紧接海堤面层布置，自海向陆、从低至高，依次布置 2m 宽草本＋小灌木植物带、8m 宽灌木带，草本＋小灌木植物带主要穿插布置连翘、红王子锦带花、柠檬黄萱草、马蔺等植被，灌木带种植柽柳。山东外事职业大学至和尚洞段植被防护带位于堤顶后方陆域最内侧 10m 宽范围内，根据修复区域有无现状植被进行分块设计，将有植被的区域定义为补植区、无植被的区域定义为片植区，结合现状植被品种，植被防护带选用黑松。补植区主要是对现有植被带中未种植或植被较稀疏区、现状植被破坏及死亡区域进行补植，通过补植植被，提高现有防护带植被群落稳定性及防护性，补植区黑松规格与现状黑松规格相同，补植区面积约 1.84 万 m^2，平均补植密度约为 $25m^2$ 1 株。片植区采用小规格黑松进行规模化片植，以形成植物群体效应、提高成活率、形成植物屏障，起到一定的防风减灾作用，并与补植区及周边防护带相衔接，从而保障整个区域形成连续的、完整的植被防护体系。

7.3.4　修复成效

7.3.4.1　生态效益

长期以来，在对海洋资源开发利用的过程中，人们存在认识不足、宏观调控不合理的现象，海洋资源为公共资源，人们在对其进行开发利用的同时未充分考虑到其生态服务功能价值，致使海洋生物资源数量锐减、海洋生态系统遭到不同程度的破坏。浪暖口至和尚洞海岸带保护修复项目对威海市黄垒河—浪暖口—和尚洞岸线进行保护修复，伴随着养殖围堰及养殖大棚的拆除清理，自然岸线恢复，生态环境得到改善，对于维持生态系统的稳定性、调节当地气候、涵养水源具有重要的意义。通过海堤生态化建设提升岸线抵抗自然灾害的能力，兼顾区域整体生态架构的完善，海岸自然生态得以修复，对维持自然平衡起着非常重要的作用。通过对项目区海岸带的保护修复，使缺少防护的岸线得到修复，使自然生态与人文景观相结合，提高了生态系统的稳定性，构成了一个能够自我更新的海域系统，实现了治污与环境的和谐发展，逐步实现"水清、岸绿、滩净、湾美、岛丽"的海洋生态文明建设目标。

7.3.4.2　减灾效益

浪暖口至和尚洞海岸带保护修复项目对威海市海岸带进行保护修复，通过海堤生态化建设等措施可有效提升项目区防灾减灾能力。目前项目区海堤整体建设标准较低，存在受风浪淘刷现象，通过对现状海堤进行生态化修复，增加块石护坡、植被护坡等生态化改造，提高海堤建设标准，增强海岸抵御风暴潮、海浪的能力，可有效降低海岸带侵蚀危害，保护岸线、提高海洋灾害防治能力，确保岸线后方生产生活安全。恢复入海河口湿地及沿岸植被防护带，也可有效涵养水源、蓄洪防旱、降解污染、调节气候、补充地下水、控制土壤侵蚀。提升岸线防护能力，提升岸坡稳定性，实现生物工程消浪固滩与人工防护相结合，构筑防护双屏障。

7.3.4.3　社会效益

浪暖口至和尚洞海岸带保护修复项目通过盐沼修复、海堤生态化建设，提高了入海河口湿地生态系统的服务功能、有效改善了乳山湾东流区湿地的生态环境，打造了乳山湾东流区温婉流畅的动感海岸线、满足了人们休闲度假、观光旅游、养生保健、生物观察研究的需要，完善了滨海岸线的完整性和功能性、促进了人与滨海环境的融合统一，成为人们生态旅游、娱乐休憩、享受自然景观的重要场所之一。该项目对于保护岸线后方居民生命财产安全具有重要的屏障作用，同时构建了绵延万米的绿（植被）黄（沙滩）城市飘带，生动优美的滨海岸线可以极大优化周边居民生活休闲环境，提升生活幸福满意度，有利于促进社会精神文明建设，具有显著的社会效益。

7.3.4.4　经济效益

滨海休闲旅游业的发展是建立在海域的自然环境优美、休闲设施完备和生态景观的完整性的基础上的。浪暖口至和尚洞海岸带保护修复项目在岸线整治与生态修复的基础上，通过以海岸生态景观资源为载体，对景观进行规划设计，形成威海市乳山市独特的滨海休闲旅游特色，充分发展了休闲资源潜力，为当地休闲旅游业发展注入新的元素，丰富了旅游内容，从而有力地推动了威海市乳山市滨海休闲旅游业的发展。滨海休闲旅游业的发展不仅会给区域发展带来经济收入，还对区域产业结构调整和产业层次的提升具有重要意义。近年来，乳山市高度重视滨海旅游业发展，成功打造了"母爱圣地、幸福乳山"城市名片和旅游品牌，乳山市旅游业已经进入由蓄势向跃升快速发展的轨道，旅游产品开发遵循"以人为本"原则，逐步向滨海资源倾斜，走向更加注重集公众参与及互动、滨海观光与休闲度假于一体的综合发展之路。通过威海市浪暖口至和尚洞海岸带保护修复，提升了本岸段特有的自然环境和生态环境，完善了该区域的旅游、休闲功能，拓展了城镇区域空间，实现了威海市乳山市生态旅游可持续发展。

7.4　2021年威海市海洋生态保护修复项目

7.4.1　地理位置

荣成市三面临海，位于山东半岛最东端，地处北纬37°黄金线，三面环海，紧邻日本、韩国，是中国大陆海岸线第一缕阳光升起的地方。海岸线长493km，沿海分布10个海湾、115个大小岛屿，拥有滩涂15万亩，临近烟威、石岛、连青石渔场，是多种鱼虾产卵、索饵、越冬洄游的优良场所，水产资源丰富，盛产对虾、鹰爪虾、黄花鱼、牙鲆鱼、扇贝、海带、裙带菜等鱼虾贝藻类海产品100多种。全市充分发挥得天独厚的自然优势，坚持经营规模化、企业集团化、产业多元化、市场国际化的发展方向，走养捕加并举、渔工商综合经营、产供销配套联动的发展路子，使海洋渔业经济步入健康发展的快车道。

石岛是威海市唯一的一个、也是全国不可多见的"经济单列区"。石岛三面环海，海岸线长百余千米，与日本、韩国隔海相望，总面积260km²，辖6个街道办事处（港湾街道、斥山街道、桃园街道、东山街道、王连街道、宁津街道）、144个行政村、45个居委会。石岛湾位于石岛南岸，东起镇锣岛，西至黄石板嘴，为大半椭圆形开湾，纵深

7.5km，平均宽 4km，面积 31km²，水深 7m。湾口东南向敞开，宽约 5km。2021 年威海市海洋生态保护修复项目包括两个子项目：子项目一威海市朝阳港海岸带保护修复项目位于荣成市好运角旅游度假区朝阳港周边区域，子项目二威海市石岛湾海岸带保护修复项目位于石岛湾北流口段和石岛湾桃园村段。

7.4.2　主要生态问题

7.4.2.1　朝阳港潟湖生态系统退化严重

近年来，朝阳港内天然潟湖区域受人类活动影响，生物多样性及生态安全受到严重威胁，由于近海养殖池塘无序扩张，岸滩及水域被侵占（图 7-15），纳潮量减小、水体交换周期长、水质恶化、潟湖生态系统退化。由于沿岸缺少植被生态系统防护，防灾减灾能力降低。潟湖面积逐年减少，潟湖被养殖池塘切割，水体交换不足，滨海生态受损（图 7-16），前滨生物群落基本消亡，岸线后方生态植被质量差、范围小、不连续，部分区域受人为活动影响变成荒地，生态系统服务功能基本丧失。

图 7-15　围网养殖占用潟湖水域（修复前）

图 7-16　滨海生态受损（修复前）

7.4.2.2　朝阳港外侧砂质岸线生态质量差，生态系统受损

潮间带减少，近岸滩涂布满养殖池，大面积的工厂化养殖大棚侵占岸线。根据威海市海岸带跟踪监视监测报告《威海海岸带图集》，2001—2014 年 14 年间朝阳港以西海域砂质岸滩面积减少 4.5hm²，减少了 3.3%，粉砂淤泥质岸滩减少 104.3hm²，减少了 7%。朝阳港以东海域砂质岸滩面积减少 1.5hm²，减少了 0.8%，基岩岸滩减少 7.3hm²，减少了 8.7%。

朝阳港外侧砂质岸线岸滩面积变化较小，但岸滩缺少防护，后方滩肩高度降低，滩肩宽度大幅度减小。部分海岸生态系统服务功能丧失、前后滨生态受损，难以形成由海向陆连续过渡的生态系统，已经严重危及后方陆地生态系统安全。该段岸线植被匮乏，沙滩得不到有力保护，大风天气，沙滩侵蚀严重，砂质岸线生境不稳固，导致植物附着基及动物栖息地频繁受自然灾害侵袭，生态群落受损，鸟类等动物食物资源匮乏，导致区域生境逐渐荒漠化（图 7-17）。

图 7-17　海岸带生态功能退化（修复前）

7.4.2.3 石岛湾砂质岸线退化，生态功能丧失

石岛湾北流口沙滩自然状态下为典型的沙坝潟湖海岸，曾发育有超过 4km 长、平滩宽度超过 60m 的大型天然优质沙滩，但随着人类活动的加剧，海湾动力环境改变，沙滩不断遭受侵蚀。至 2010 年干滩宽度已减少至不足 40m，发生严重退化，截至 2016 年，干滩宽度已不足 20m。由于岸滩逐渐退化，海陆动力作用加强，越浪等对后方植被生态系统造成侵害，海堤后方植被难以成活，滨海生态系统形势严峻（图 7-18）。

图 7-18 石岛湾岸滩后方植被匮乏（修复前）

7.4.3 修复方案

7.4.3.1 修复规模和目标

为最大限度地恢复各区域岸滩原貌、提升海岸带生态防灾减灾能力、保护岸滩生态环境，确定 2021 年威海市海洋生态保护修复项目总体目标：修复砂质海岸 10.91km，海堤生态化改造 13.52km，后方植被防护带修复 13.52km，盐沼修复 525 亩，为海岸带区域整体构建"砂质海岸-生态海堤-植被防护带""盐沼-生态海堤-植被防护带""潜堤＋水下沙丘＋沙滩＋后滨植被带"等生态减灾空间体系，使砂质海岸综合波高衰减率达到 80%以上、盐沼综合波高衰减率达到 60%以上，提高项目区岸线抵御台风、风暴潮等海洋灾害的能力和恢复海岸带的生态功能。

7.4.3.2 平面布置

子项目一威海市朝阳港海岸带保护修复项目位于荣成市北部虎头角以东区域，具体整治范围为朝阳港外侧虎头角至小五队段及朝阳港内部海岸线（图 7-19）。拟构建"砂质海岸-生态海堤-植被防护带"的沿海生态减灾空间体系及"盐沼-生态海堤-植被防护带"生态减灾空间体系。子项目二威海市石岛湾海岸带保护修复项目主要为沙滩修复类型，从平面分布上分为两段：石岛湾北流口段沙滩保护修复（图 7-20）、桃园村段沙滩保护修复（图 7-21）。通过砂质岸线的修复，拓宽海岸带消浪防灾空间，削弱浪、流作用于沙滩后方生态系统的能量，保护岸滩整体生态环境的稳定，为贝类、鸟类、鱼类等动植物提供栖息、繁殖场所，生态环境的繁荣进一步保障了砂质岸滩的稳定，最终实现了海岸生态系统的结构恢复和生态减灾协同增效。

具体分段布局如下：

图 7 - 19 威海市朝阳港海岸带保护修复项目平面布置图

图 7 - 20 石岛湾北流口段沙滩保护项目平面布置图

图 7-21　桃园村段沙滩保护修复项目平面布置图

7.4.3.3　修复内容及技术手段

（1）威海市朝阳港海岸带保护修复项目

子项目一威海市朝阳港海岸带保护修复项目包括"砂质海岸-生态海堤-植被防护带"沿海生态减灾项目和"盐沼-生态海堤-植被防护带"生态减灾项目。具体修复内容如下：

①"砂质海岸-生态海堤-植被防护带"沿海生态减灾项目。

A. 砂质海岸修复。对虎头角—朝阳港段的东南侧岸线及朝阳港—小五队段的岸线砂质海岸进行修复，通过拆除养殖池实现"退养还海"255 亩、通过拆除养殖大棚实现"退养还海"16.5 万 m^2，恢复岸线生态功能及自然属性，修复岸线长度约 8 210m。

B. 海堤生态化改造。对虎头角—朝阳港段的东南侧岸线及朝阳港—小五队段岸线现状破损海堤进行生态化改造，通过堤身结构形式优化、生态护面材料选择、堤顶植被防护带种植等措施，提升沿海抵御台风、风暴潮等海洋灾害的能力及生态性，修复生态海堤长度约 7 560m。根据项目区砂质岸线分布情况及现状地形，将海堤生态化改造分为三种结构形式。

a. 天然沙斜坡式生态海堤。通过对整治区域岸线现状进行分析，将天然沙斜坡式生态海堤改造区域确定为虎头角—朝阳港段的东南侧岸线及朝阳港—小五队段的西部、东部岸线。该区域现状岸滩多为天然沙滩，沿岸植被缺乏，沙滩内侧海堤多为土坝，沿岸生态效果较差，堤身防护能力受损。为恢复砂质海岸及防灾减灾功能、提高区域生态性，对该区域进行生态修复，修复长度约 4 810m。天然沙斜坡式生态海堤为天然沙生态斜坡式结构，控制轴线走向与现状岸线一致。结构主要依托外侧沙滩建设，结构护面采用宾格网箱，下设碎石垫层和土工布，护面坡度 1∶1.5，宾格网箱空隙内铺设种植土并配合种植绿化。堤顶后方缓冲带采用 12m 宽固沙植被带，提高沿岸防风固沙能力，增加滨海植被覆盖度，改善海岸沿线生态环境，建成由海向陆、具有一定规模的生态减灾空间体系（图 7-22）。

　　b. 生态宾格网箱海堤。通过对整治区域岸线现状进行分析，确定生态宾格网箱海堤改造区域为虎头角—朝阳港段。该区域沿岸现状分布有养殖池及养殖大棚，外侧为硬质海堤，其他区域存有少量沙滩，部分区域为已受损的土坝，沿岸分布有芦苇、碱蓬等原生植被，后方部分有黑松等植被。沿岸生态效果较差，防灾减灾能力差。为提高海堤生态性及防灾减灾功能，对该区域进行生态化修复改造，修复长度约 1 820m。依托岸线现状，确定生态宾格网箱海堤采用生态宾格网箱直立式挡墙＋原生植被方案（图 7-23），控制轴线走向与现状岸线一致。生态宾格网箱直立式挡墙结构最大限度保留现有沙滩，在沙滩后方安放宾格网箱，下设碎石垫层。宾格网箱空隙内铺设种植土并配合种植芦苇、碱蓬等原生植被。海堤后方采用 12m 宽固沙植被带进行防风固沙。

图 7-22　天然沙斜坡式生态海堤结构效果图

图 7-23　生态宾格网箱海堤效果图

　　c. 直立斜坡混合式生态海堤。通过对整治区域岸线现状进行分析，确定直立斜坡混合式生态海堤改造区域为朝阳港—小五队段中部。该区域现有海堤为原养殖池混凝土堤坝，属人工直立海堤，沿岸生态效果较差，受损严重，海堤生态服务能力严重不足。为提高海堤生态性、恢复防灾减灾功能，对现有海堤进行生态化修复改造，修复长度约为 930m。依托岸线现状，直立斜坡混合式生态海堤采用直立式海堤＋生态斜坡式结构，控制轴线走向与现状岸线一致。对现有海堤进行生态化改造，提高海堤生态减灾能力。堤前摆放一层 200kg 以上的生态大块石，防止淘刷。在堤后护面采用生态宾格网箱结构，下设碎石垫层和土工布。在宾格网箱空隙内铺设种植土并配合种植原生植被（图 7-24）。堤顶采用 12m 宽沿海防护林，提高沿岸防风固沙能力，增加滨海植被覆盖度，改善海岸沿线生态环境，建成由海向陆、具有一定规模的生态减灾空间体系。

　　C. 植被防护带修复。通过对海堤顶部背海侧陆域空间进行植被修复，建设生态绿廊，增强防风固沙能力，构建完整的岸线防护体系，与砂质岸线、生态海堤相结合，建成由海向陆、具有一定规模的"砂质海岸-生态海堤-植被防护带"沿海生态减灾空间体系。修复植被防护带约 7 560m，面积约 9.07 万 m^2。植被防护带主要选用抗海潮风和耐盐碱性、

图 7 - 24　直立斜坡混合式生态海堤效果图

耐贫瘠性好的植物，优先选择柽柳、黑松等，植被布置自海向陆、从低至高，依次布置草本＋小灌木植物带、灌木带、乔木带，草本＋小灌木植物带主要穿插布置连翘、红王子锦带花、柠檬黄萱草、马蔺等植被，灌木带主要种植柽柳，乔木带主要种植黑松。

②"盐沼-生态海堤-植被防护带"生态减灾项目。

A. 盐沼修复。该项目在朝阳港内通过拆除养殖池及养殖围网实现"退养还海"约3 822亩，其中养殖池约3 300亩、养殖围网约522亩，并恢复盐沼525亩（图 7 - 25）。修复区现被大量养殖池塘及养殖大棚占据，首先对现有养殖池塘及养殖大棚进行清理拆除，实现"退养还海"。根据该区域特点、盐沼退化原因，因地制宜采取相应措施，对功能减弱、生境退化的盐沼采取以生物措施为主的途径进行生态恢复和修复，盐沼修复主要措施为植被、藻类恢复。优先选择与项目区相适应的耐盐碱植物，芦苇、香蒲、黑松、柽

图 7 - 25　盐沼修复平面布置图

柳等植物在项目区均有分布且长势良好，该项目植被选用是在尽量保持原有生态植物的基础上进行了植物的优化与补充栽种。基于对本土植物的调查，选择黑松、垂柳等作为岸顶陆生植物的先锋物种，选择芦苇、香蒲、碱蓬等作为挺水植物先锋物种，选择莲和睡莲等作为浮叶植物先锋物种，选择金鱼藻、大叶藻等作为沉水植物先锋物种，修复效果图见图7-26。

图7-26　盐沼修复局部效果图

　　B. 海堤生态化改造。2021年威海市海洋生态保护修复项目区朝阳港内沿岸遍布养殖池及养殖大棚，导致朝阳港纳潮量减少、水动力条件变弱、淤积较为严重。现状海堤以现有养殖池围堰为主，无养殖池区域海堤大多为人工土石坝，部分区域在土石坝外侧简单铺有混凝土板。现在海堤受损较为严重。为提高海堤生态性、恢复防灾减灾功能，对现有养殖池、养殖大棚进行拆除，实现"退养还海"，对现有海堤进行生态化修复改造，修复长度约5 960m。依托岸线现状，海堤生态化改造采用生态直立式海堤＋原生植被方案，采用直立式海堤结构，挡墙前方随机摆放天然大块石，挡墙下方铺设碎石垫层、二片石垫层，挡墙后回填石渣、铺设种植土。墙后采用12m宽沿海防护林（图7-27）。

图7-27　大块石生态海堤效果图

C. 植被防护带修复。通过对海堤顶部背海侧陆域空间进行植被修复，建设生态绿廊，增强防风固沙能力，增加滨海植被覆盖度，改善海岸沿线生态环境，建成由海向陆、具有一定规模的生态减灾空间体系，修复植被防护带约5 960m，面积约7.15万 m²。植被防护带主要选用抗海潮风和耐盐碱性、耐贫瘠性好的植物，优先选择柽柳、黑松等，植被布置自海向陆、从低至高，依次布置草本＋小灌木植物带、灌木带、乔木带，草本＋小灌木植物带主要穿插布置连翘、红王子锦带花、柠檬黄萱草、马蔺等，灌木带主要种植柽柳，乔木带主要种植黑松。

（2）威海市石岛湾海岸带保护修复项目

①北流口段。

A. 滩面拆除。拆除滩面上现有的混凝土及块石护面，恢复自然沙滩，拆除量总计4.6万 m³。

B. 滩肩补沙。在现有岸线前方进行滩肩补沙，滩肩平均宽度70m，干滩顶高程为2.5m，施工滩坡按1：10控制，滩肩补沙回填沙量85.2万 m³，形成干滩面积15.2hm²。沙滩施工分为两层回填，底层沙从现状填高至1.5m，其上覆盖1.0m厚的表层沙。回填砂粒径为0.3～0.8mm，其中表层沙粒度为0.3～0.6mm，底层沙粒径为0.4～0.8mm。考虑到丁坝东侧为侵蚀热点，适当增大该区域沉积物粒径，丁坝东侧岸滩修复用砂粒径为0.7～1.0mm。

C. 覆植沙丘。滩肩陆侧进行覆植沙丘，北流口段覆植沙丘面积为3.53万 m²。覆植沙丘以滨海植物为主，在现状的基础上，提升滨海植被带的丰富度，提高生物多样性，打造更加生态、自然的海岸线氛围。树种选择抗海雾、抗海风、耐盐碱、无病虫害、长势健壮的适合在本地沿海生长的树种，如黑松、小龙柏等，乔灌草混交，建立稳定的生态系统。

D. 水下沙坝。为了确保有沙源对岸侧及下游沙滩进行滋养从而减弱海滩侵蚀，在离岸潜堤内侧修建长500m、宽50m的水下沙坝（图7-28），沙坝顶高程为-1.0m，沙坝总方量为7.1万 m³。

图7-28 水下沙坝实景

E. 离岸潜堤。在北流口段东侧赤山大酒店前方水域建设 427.6m 离岸潜堤，离岸潜堤顶高程－0.8m，在潜堤两端分别设置灯浮标 1 座。采用斜坡式扭王字块体护面结构，原泥面开挖至－5.4m，然后铺设 300mm 厚的二片石垫层，堤心抛填 400~500kg块石，堤心上方安放 6T 扭王字块护面，顶标高－0.8m，两侧设 400~500kg 块石护底。

F. 丁坝。在赤山大酒店前方沙滩处建设 95m 长丁坝，顶高程 2.5m，在端部 40m 段顶高程由 2.5m 渐变至 0.5m。丁坝采用斜坡式结构，堤身回填 10~100kg 块石棱体，丁坝护面水下部分采用 2T 四脚空心方块，下卧垫层及护底采用 200~300kg 块石；水上部分为 850mm 厚浆砌块石护面，坡度为 1：2，顶部宽度为 4m。

G. 拦沙堤。拦沙堤端头位于浅滩区，低潮时堤头水深 0.6m 左右，常有游客在此游玩，为防止游客从水中登堤产生安全隐患，同时为了防止附近游船触礁，拦沙堤采用直立式结构，顶高程 3.0m。在北流口段西侧建设 345m 拦沙堤，顶高程 3.0m。拦沙堤采用直立式结构，基槽开挖至－3.5m，然后铺设 500mm 厚的二片石垫层，抛填 10~100kg 块石基床，基床顶高程为－0.5m，上方预制安装 C35F300 混凝土方块，方块顶部现浇C35F300 混凝土挡墙，挡墙顶高程 3.0m，挡墙后方堤心回填 10~100kg 块石棱体。挡墙前沿采用 2T 四脚空心方块护面，下卧垫层及护底采用 200~300kg 块石。拦沙堤顶宽度 7m，上部安放 1.0~1.5t 大块石，打造自然生态的礁石群效果。回填沙滩段拦沙堤在内侧 10~100kg 块石棱体后方铺设 500mm 厚的二片石垫层及 600mm 厚 5~100mm 的混合碎石倒滤层，然后回填形成沙滩，在拦沙堤内侧与沙滩衔接处建设挡墙，挡墙底高程 1.3m。

H. 坡顶维修。拟建拦沙堤处现有护岸顶部挡墙受外海波浪侵蚀破坏，亟须维修，结合本次海岸带保护修复项目，在现有陆域与沙滩交汇处设置高 300mm、宽 500mm 的路缘石。

②桃园村段。

A. 滩肩补沙。在现有岸线前方进行滩肩补沙，滩肩平均宽度 25m，干滩顶高程为2.5m，施工滩坡按 1：10 控制，回填恢复沙滩 6.3 万 m^3，形成干滩面积 1.4hm^2。沙滩施工分为两层回填，底层沙从现状填高至 1.5m，其上覆盖 1.0m 厚的表层沙，回填沙粒径为 0.3~0.8mm，其中表层沙粒径为 0.3~0.6mm、底层沙粒径为 0.4~0.8mm。

B. 滨海步道及覆植沙丘。在沙滩后方建设 844m 的滨海步道，滨海步道宽度为 2m。原泥面开挖后铺设 300mm 厚的二片石垫层，然后现浇 200mm 厚 C30 混凝土垫层，表面进行木栈道铺装，栈道两侧设置路缘石。在滨海步道两侧覆植沙丘 3 400m^2，树种选用黑松，搭配草皮，乔灌草混交，建立稳定的生态系统。

C. 岸线整治。对桃园村外岸线进行整治，滩肩西侧区域铺设沙 4 500m^3，对滩肩南侧堤坝面层进行整修，整修面积 413m^2，现有面层凿毛清渣后现浇 300mm 厚 C35F300 混凝土面层。

砂质海岸修复工程典型剖面如图 7 - 29 所示。

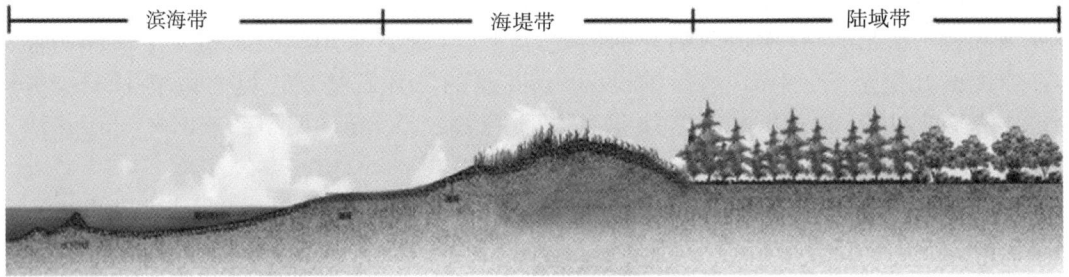

图 7 - 29　砂质海岸修复工程典型剖面效果图

7.4.4　修复成效

7.4.4.1　生态效益

2021 年威海市海洋生态保护修复项目的实施有效提升了海岸生态缓冲功能，从宏观上控制了自然与人为因素对资源和环境的影响，逐步改善了滨海地区的生态服务功能，通过对海岸带进行保护修复，实现了自然岸线恢复、植被覆盖面积增加、海水自净能力提升，潟湖等滨海典型生境生态环境得到改善，可以为水禽提供丰富的食物来源，繁茂的植物群丛也可以为水禽提供栖息繁殖所必需的安全空间，对于增加生物多样性和生态系统的稳定性、调节当地气候、涵养水源、固碳造氧具有重要的意义。通过海堤生态化改造提升岸线抵抗自然灾害的能力，同时兼顾区域整体生态架构的完善，使海岸自然生态得到修复，提高了生态系统的稳定性，构成了一个能够自我更新的海域系统，达到治污与环境的和谐发展，逐步实现了"水清、岸绿、滩净、湾美、岛丽"的海洋生态文明建设目标。

7.4.4.2　减灾效益

风暴潮、台风等极端天气每年给石岛人民的生命和财产安全带来了极大的危害，也极大地考验了本地生态环境，给威海市的防灾减灾部署工作带来极大的压力。通过 2021 年威海市海洋生态保护修复项目的实施，可有效降低海岸带侵蚀危害、保护岸线、提高海洋灾害防治能力，确保岸线后方生产生活安全。沿岸植被修复也可有效蓄洪防旱、降解污染、调节气候、控制土壤侵蚀，在提升海岸防灾减灾能力的同时保护了海岸带生物多样性，构建了坚实的海岸带生态减灾安全屏障。

7.4.4.3　社会效益

2021 年威海市海洋生态保护修复项目的实施对推进威海市重要生态功能区建设、有效控制环境污染和生态破坏、大力发展循环经济、提高环境支撑能力、努力建设环境友好型社会的生态建设与环境保护具有重要示范意义。该项目通过海岸带生态保护修复，塑造了有特色的滨水城市空间生态循环形象，提高了海岸带生态系统的服务功能，有效改善了威海地区海岸生态环境，满足了人们休闲度假、观光旅游、养生保健、生物观察研究的需要，完善了滨海岸线的功能，促进了人与滨海环境的融合统一，成为人们生态旅游、娱乐休憩、享受自然景观的重要场所之一，形成景观生态价值突出、生态效益显著的滨海资源特色，满足了公众的亲海休闲需求，提升了公众对政府公共服务的满意度，提高了公众的生态文明意识，营造了良好的社会氛围和公共秩序。

7.4.4.4　经济效益

2021 年威海市海洋生态保护修复项目的建成使得区域资源环境得到改善，生态海岸带清洁、有序，拉动了滨海旅游业的发展，吸引了高品位投资的科学、高效用海，创造了绿色经济、环保经济的良好发展氛围。项目未实施前，该区域旅游人数每年 3 万～4 万人次，且经常收到该区域环境较差的投诉，给游客造成了极差的体验。项目建成后，2023 年该区域游客突破 10 万人次，朝阳港内湖成为著名"打卡地"，相关投诉较同期减少 90% 以上。依托朝阳港海岸带保护修复项目腾出的优质发展空间，荣成市好运角旅游度假区聚焦"两山"转化文章，全力做好产业"加""减"的文章。"加"就是在现有基础上，大力发展新能源、休闲度假等产业。在朝阳港大桥北侧，与青岛海梦季实业有限公司合作，利用岸线修复腾出空间，增加 2 处、7 000m² 文旅商业设施，并在南侧规划增设赶海功能区。在朝阳港大桥南侧，与北京能源集团有限责任公司合作，投资 10 亿元，增加约 4 000 亩的渔光互补项目，为区域发展开辟了新赛道。"减"就是利用项目实施契机，将原有养殖企业全部搬离，按照"+旅游"的思路，与荣成海洋发展集团有限公司合作，打造了一处集良种研发、育苗及研学于一体的综合性育苗基地，全面提升养殖规模，做大海水养殖育苗产业。通过"加""减"的文章，有效带动了区域经济的发展，居民显著受益，实现了人与海洋环境的协调发展，促使当地经济走上可持续发展的轨道。

7.5　2021 年东营市海洋生态保护修复项目

7.5.1　地理位置

黄河三角洲指位于渤海南部的入口沿岸地区，即以垦利宁海为顶点，北起套尔河口南至支脉河的扇形地带，为近代黄海三角洲区域，海岸线全长 413km，陆域面积约 5 400km²，其相邻海域面积约 4 800km²，涵盖了东营市及其管辖的海域范围。该区域生态系统独具特色，处于大气、河流、海洋与陆地的交接带，是世界上典型的河口湿地生态系统。

东营市地理位置为 118°7′—119°10′E，36°55′—38°10′N。小清河以南广饶县境成陆较早，5 000 多年前就有人类繁衍生息；西部利津县大约成陆于春秋战国时期；北部、东部系近代黄河泥沙造陆所成，仅有近百年历史。东、北临渤海，西与滨州市毗邻，南与淄博市、潍坊市接壤。南北最大纵距 123.0km，东西最大横距 74.0km，总面积 8 243.26km²，海岸线长 412.67km，滩涂面积 12.23×10⁴hm²，15m 等深线以内浅海面积约 48×10⁴hm²，拥有丰富的渔业资源和滩涂养殖资源，且沿岸滩宽、水浅、地势平坦、河流众多，孕育着丰富的生物资源和良好的栖息环境。

2021 年中央财政支持的东营市海洋生态修复项目包括山东黄河三角洲国家级自然保护区项目和河口区北部海岸带生态系统保护修复项目两个子项目。子项目一实施区域位于山东黄河三角洲国家级自然保护区，子项目二实施区域位于山东省黄河三角洲河口区北部沿海地区。

7.5.2 主要生态问题

7.5.2.1 互花米草入侵

东营市最早引进的互花米草分别栽种到了西北部套儿河口、东南部小清河口和中部五号桩，引种时间分别为 1985 年、1987 年和 1990 年。自然保护区内最先在黄河现行流路黄河口管理站一侧发现互花米草，2012 年以前分布面积相对稳定，基本维持在 $500hm^2$ 左右，随后开始快速蔓延，2019 年自然保护区互花米草总面积达到 4 148hm^2。

近年来，黄河口及邻近海域互花米草增长迅速，盐地碱蓬和海草床被大面积取代。互花米草具有广盐性、耐盐性、高适应性、强大的繁殖扩散能力和入侵竞争性，生态幅宽，入侵性和竞争性非常强。本土植物与之相比竞争力相对较低，互花米草占据了大面积盐地碱蓬（图 7-30）、光滩（图 7-31、图 7-32）和海草床（图 7-33）的生态位，并持续快速扩张。项目区域互花米草呈蔓延态势，占用大量滩涂，分布范围内几乎没有其他植被分布，对河流和滩涂生态环境产生极大威胁。生物连通性降低，侵占底栖生物、鸟类栖息生境，对滨海生态系统完整性造成严重损害，使生物多样性下降。

图 7-30 互花米草入侵盐地碱蓬（修复前）

图 7-31 马新河至沾利河段互花米草分布（修复前）

图 7-32 沾利河至草桥沟段互花米草分布（修复前）

图 7 - 33　互花米草入侵海草床（修复前）

7.5.2.2　盐地碱蓬退化

盐地碱蓬是我国北方滨海盐沼潮滩的关键物种和建群种，具最广泛的分布范围，可从低潮带一直分布到高潮带，对于滨海潮滩生态系统的功能和生态系统健康的维持具有重要意义。

1983 年以来的围填海活动对盐地碱蓬生境的直接侵占达到 62.58%，剩余的盐地碱蓬生境 90% 以上分布在黄河口和一千二自然保护区。近些年来，受气候变化和围填海活动的双重压迫，保护区内潮上带和高潮带盐地碱蓬群落也呈现一定的退化趋势，表现为群落面积减小和覆盖度降低。尤其是在一些自然潮滩围堤区：一方面，围堤切断了原高潮带潮滩与自然潮滩的连接；另一方面，围堤的建设是为了在潮滩高潮带开采石油，这些工程从施工到运行整个过程都会对当地的植被造成影响，导致一些裸斑的出现，且裸斑无法自我恢复（图 7 - 34）。而这些裸斑区的原生植物主要为盐地碱蓬或柽柳。

图 7 - 34　项目区盐地碱蓬裸斑及其分布（修复前）

在黄河口自然保护区北岸，主要是由于盐地碱蓬的退化形成了裸斑；而在一千二自然保护区及黄河故道附近，主要是柽柳退化形成的裸斑。以黄河口自然保护区北岸为例，围堤外裸斑约占盐沼湿地的 25%，围堤内裸斑占盐沼湿地的 35% 左右。这些裸斑面积>0.01km²，植被盖度≤10%，需要针对其退化原因选择合适的修复措施。

7.5.2.3　海草床退化

2015 年以来，山东黄河三角洲国家级自然保护区联合中国科学院海洋研究所对黄河三角洲的河口潮间带区域的海草床进行了调查研究，发现日本鳗草海草床的面积达到 1 031.8hm²，几乎连续分布。2019 年 8 月，自然资源部北海局通过船舶走航的方式着重调查历史上曾有海草床记录的水域，结合无人机影像和现场观测，发现曾报道有海草床分布的黄河口口门附近和垦利防波堤附近海域的海草床已经被互花米草替代，其中，大片米草已完全覆盖垦利防波堤附近海域滩涂，日本鳗草所在区域被大片互花米草覆盖（图 7 - 35）。

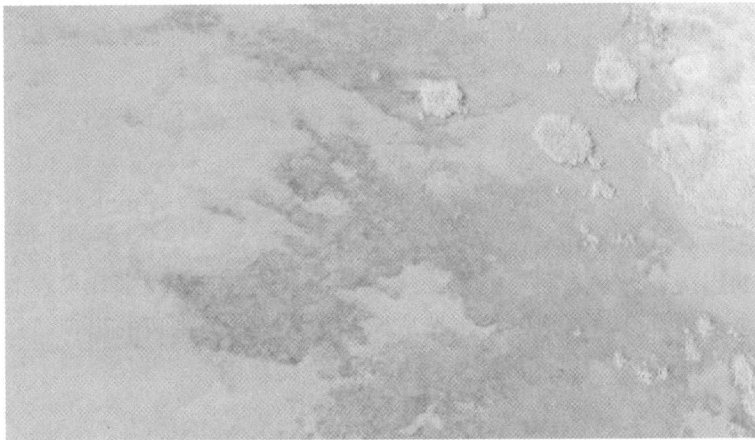

图 7 - 35　2019 年 8 月黄河口海草床被互花米草侵占

7.5.2.4　牡蛎礁退化，牡蛎礁生境生物多样性降低

牡蛎礁拥有改善水体、提供栖息地、稳定海岸线等功能，对维持生态系统发挥着重要的作用。但近几十年来，高强度的渔业捕捞、严重的环境污染和频发的病害使全球温带河口区牡蛎资源量急剧下降，牡蛎礁生境遭受破坏或丧失，从而改变了河口生态系统的结构与功能，也影响了黄河口滨海重要经济鱼类的种群维持和资源补充。在黄河三角洲河口区域，牡蛎礁是具有重要生态功能的特殊生境。牡蛎作为滤食性动物，能大量去除河口水体中的悬浮颗粒物、浮游植物和碎屑，提高水体的透明度，从而增加水生生态系统的初级生产力。

目前山东省仅在黄河口和莱州湾部分海域存在少数近江牡蛎礁，并且当地渔民对近江牡蛎的采捕力度仍然较大，捕捞旺季每天的采捕量高达数吨。东营海域存在的牡蛎礁礁体边缘常有渔网拖痕，受人类活动和泥沙沉积影响较大，调查发现当地近江牡蛎种群幼贝数量很少，年龄结构失衡。由于近江牡蛎繁殖期较长，在亲体贝类被大量采捕的情况下，幼体无法大量补充将导致该种群的大幅萎缩甚至灭绝。这将导致牡蛎礁体面积不断缩小，影响其生态功能与保护管理。牡蛎礁生态系统的严重退化明显影响了其生态服务功能和附近海域的生物多样性，亟待通过人工辅助措施开展保护与修复。

7.5.2.5 海岸带防护能力差

河口区生态渔业区东起挑河、西至潮河，南起生态河、北至－10m 等深线，总面积 100 万亩，是全国单片面积最大的养殖区。由于该区域沿海冬春季易受寒潮或冷空气侵袭，夏季还常受到台风影响，同时由于滩涂广阔和水深较浅等自然地理特点，该区域成为风暴潮灾害最为严重的区域之一。由于缺乏统一的安全生产保障，溃堤、越浪、决口现象时有发生，每逢风暴潮来临，现场总是狼藉一片，绝产、减产几近常态。河口区海岸带防护措施不稳定与灾害频繁矛盾突出。现在均为土坝，建设标准不一，参差不齐，临海侧为乱石干摆护坡、少部分为膜袋混凝土护坡及土坡，堤外潮间带部分土壤流失，互花米草在草桥沟、挑河河口及北部潮间带蔓延，生态恶化趋势明显。建设标准低，安全结构稳定性差、水稳性能差，抗风暴潮能力极弱（图 7-36）。

图 7-36 沾利河至草桥沟段抛石护岸（修复前）

7.5.3 修复方案

7.5.3.1 修复规模和目标

2021 年东营市海洋生态修复项目在遵循生态修复内涵的前提下，根据项目通知的要求，坚持"尊重自然、生态优先"的原则，遵循黄河三角洲生态系统的特征和自然规律，采取贴近自然的修复措施，因地制宜地解决东营市黄河三角洲突出的生态问题。项目旨在解决黄河三角洲河口区北部沿海防护和减灾能力差，保护区潮滩互花米草入侵、盐地碱蓬和海草床退化等突出的生态问题，通过多种修复措施组合的方式，改善河口区岸滩侵蚀状态；改善河口渔业区域潮滩生态系统功能；修复和恢复项目区域潮滩本地植被，修复盐沼湿地和海草床，为珍稀濒危鸟类提供更好的栖息地和迁徙通道，降低近岸海域无机氮等污染，改善生态系统的健康状况，提升项目区域生态环境的质量，追求"防护-治理-修复"

的和谐可持续发展。

子项目一拟清除互花米草面积 806.7hm²，恢复盐地碱蓬面积 2 100hm²，其中人工修复面积 1 050hm²（其中 210 hm² 以播撒种子为主要手段，840hm² 为微地形改造加种子截留方式），自然恢复面积 1 050hm²；修复海草床总面积为 50hm²，疏通潮沟 30km。子项目二拟恢复盐地碱蓬 240.33hm²、活体牡蛎礁构建 915.05hm²、互花米草治理 497hm²、构建碱蓬种植带 62.27hm²、构建块石牡蛎礁 12 822m、退养还海 129.32hm²、坡面生态提升 12 822m。

7.5.3.2 平面布置

2021 年东营市海洋生态保护修复项目由子项目一黄河三角洲国家级自然保护区项目和子项目二河口区北部海岸带生态系统保护修复项目构成。子项目一位于山东黄河三角洲国家级自然保护区，黄河口以北的北汊河两侧和黄河口以南的垦东 121 附近，属自然岸线，位于国家级自然保护区，附近海域未开发利用（图 7-37）；子项目二位于黄河三角洲北部岸段山东黄河三角洲国家级自然保护区以外，西起马新河东岸，东至草桥沟西岸，属人工岸线（图 7-38）。

图 7-37 子项目一空间平面布局

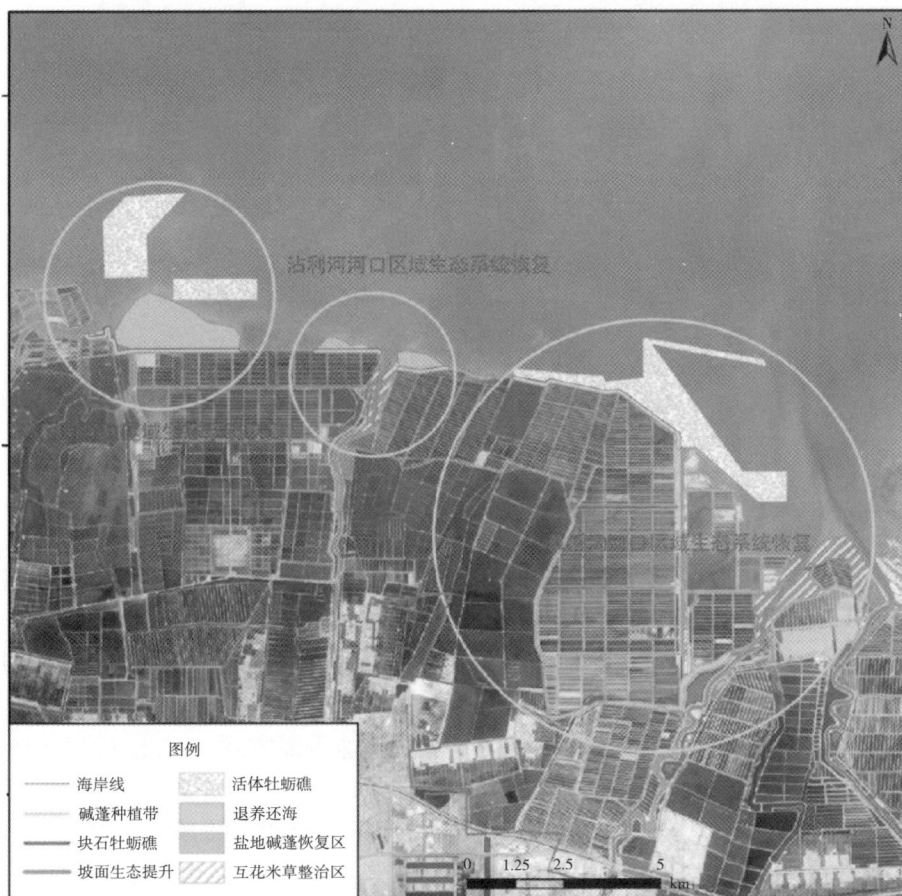

图 7-38　子项目二空间平面布局

7.5.3.3　修复内容及技术手段

（1）互花米草治理

主要包括北汊河两侧和垦东 121 以南区域以及河口区北部 3 个治理区域。北汊河两侧治理面积为 639.3hm²，垦东 121 以南区域治理面积为 167.4hm²，河口区北部治理面积为 497hm²。采用半封闭和全封闭围隔互花米草控制技术（图 7-39），具体采用刈割＋淹水＋犁耕综合防治技术对互花米草集中分布区进行人工防治。

6—8 月，对项目区互花米草进行刈割后进行围坝淹水。在项目开展的区域用醒目的旗帜或者标识塔作为工程开展的边界识别物。利用履带刈割机将互花米草定植区的植株地上部分刈割（在地上 5～10cm 处开始刈割），植株地上部分可以通过人工收集运出，或者留在原地，用于盐地碱蓬恢复。施工期间利用落潮的短暂时间进行刈割。刈割处理后的区域，利用犁耕机进行犁耕，目的是将土壤里的互花米草根部切断。在潮汐来潮方向设立半围隔或全围隔坝体。坝体高度应高于最大潮沙高度。坝体顶部宽度一般在 1～2m，底部宽度为 3～4m，坝体可以原位取土，土质坝体用土工布压实，并再次覆土压实，坝体外围使用木桩，用苇板或混凝土材料作为防护体。

图 7 - 39   半封闭和全封闭围隔互花米草控制技术

8—11 月，控制区内引入海水并保持长期淹水，确保剩余互花米草全部死亡。11 月，在拟恢复盐地碱蓬区域塑造各式微地形，用于将上游盐地碱蓬种子的拦截。在互花米草控制区的海拔较高位置，可以将一侧坝体挖开，使得互花米草控制区较高海拔区域与潮汐连通。在潮汐作用下，中高潮带的盐地碱蓬种子有部分可以被拦截于微地形内部。此时，将收获的盐地碱蓬种子或者种子产品施撒于微地形内部。

在地势较低的互花米草控制区内，应该严格使用全围隔方式。对北汊河西侧的互花米草采用淤埋方式进行防治。利用河道清淤泥土，对项目区互花米草进行掩埋，掩埋厚度0.8m。垦东 121 以南区域缺少沙土，属于极度淤积区，所以土工膜袋无法充填，不能实施围淹＋旋耕技术治理，适宜采用旋耕＋刈割方式治理，残留互花米草均为株高小于10cm 的幼苗，密度为 0.08 株/m²，是连片互花米草对照区密度的 0.14%，即地上植被的清除效率为 99.86%。

（2）盐地碱蓬恢复

黄河三角洲国家级自然保护区盐地碱蓬主要为分布在高潮区和中潮区的两种生态型。中潮区盐地碱蓬长势较矮，冠层分散，底部茎不分侧枝，颜色更红；高潮区盐地碱蓬呈团簇状，生物量较大，冠层集中，底部茎分侧枝。两者颜色都能随着水盐胁迫的改变而发生相应改变。拟对不同区域针对性地选择不同修复技术和技术连用方式。

高、中潮位选择坑洞微地形、伏垄塑沟微地形及生物质添加嵌套技术，改善土壤水盐条件，增加种子截留效率，达到修复的目的。针对低潮区水动力对种子库结构的干扰和破坏，选择具有防浪保水能力的种子产品施撒于低潮位退化区，补充土壤种子库含量，达到修复的目的。子项目一中对因北汊河两侧互花米草入侵而导致盐地碱蓬退化的区域和高潮滩无法自我恢复的光板地进行盐地碱蓬恢复及互花米草残体清理，以恢复本地种盐地碱蓬盐沼生态系统。修复区域总面积为 2 100hm²，其中，微地形改造等人工措施修复区域面积约 1 050hm²，自然恢复的区域面积约 1 050hm²。人工修复以微地形改造为主（面积为840hm²）、播撒种子为辅，面积 210hm²。修复后植株密度不低于 20 棵/m²。子项目二为潮间带区域，人工修复面积约为 240.33hm²。其中马新河及附近恢复 170.87hm²，沾利河及附近恢复 69.46hm², 修复后盐地碱蓬植株密度不低于 20 棵/m²。

项目区域盐地碱蓬修复效果如图 7-40 所示。

图 7-40 盐地碱蓬修复效果

（3）海草床修复

选择 2 处海草修复区域, 进行退化海草床的生态修复和维护。第一处位于孤东防波堤以南, 拟修复海草床面积为 20hm²; 第二处位于垦东 121 以南, 拟修复海草面积达 30hm²。

采用 2 种修复方式进行, 即植株移植、种子种植＋自然恢复。在北汊河两侧可以利用围坝治理互花米草的海域人工培育海草种苗。每公顷植株移植修复区预设工程量为移植 1 万株日本鳗草, 种子种植修复区内, 每公顷修复面积工程量为种植 5 万粒日本鳗草种子。本项目共移植 50 万株日本鳗草植株和种植 250 万粒种子。本项目植株移植和种子种植采用两种植株移植布局, 分别为"行式"和"块式"移植布局, 分别如图 7-41 和图 7-42 所示。

（4）牡蛎礁修复

①活体牡蛎礁构建。针对项目区存在的生态环境问题进行生境改善和恢复, 构建牡蛎礁 915.05hm², 稳定滩面、控制侵蚀、为动植物提供稳定适宜的栖息环境。其中, 在马新河河口区域构建 391.76hm², 在草桥沟河口区域构建 524.29hm²。在实施区域, 使用打桩的形式进行固定, 绳网拉结, 固定幼体牡蛎苗, 苗种选择近江牡蛎, 为河口区大型种, 过去在中国南北方河口区都有分布。采苗季节, 以牡蛎壳为附着基, 每个牡蛎壳间距 5cm, 每串 100 个贝壳, 每个贝壳附苗 2~3 个, 每串共附着 200 个苗。待牡蛎礁稳定后, 取出绳网和木桩。

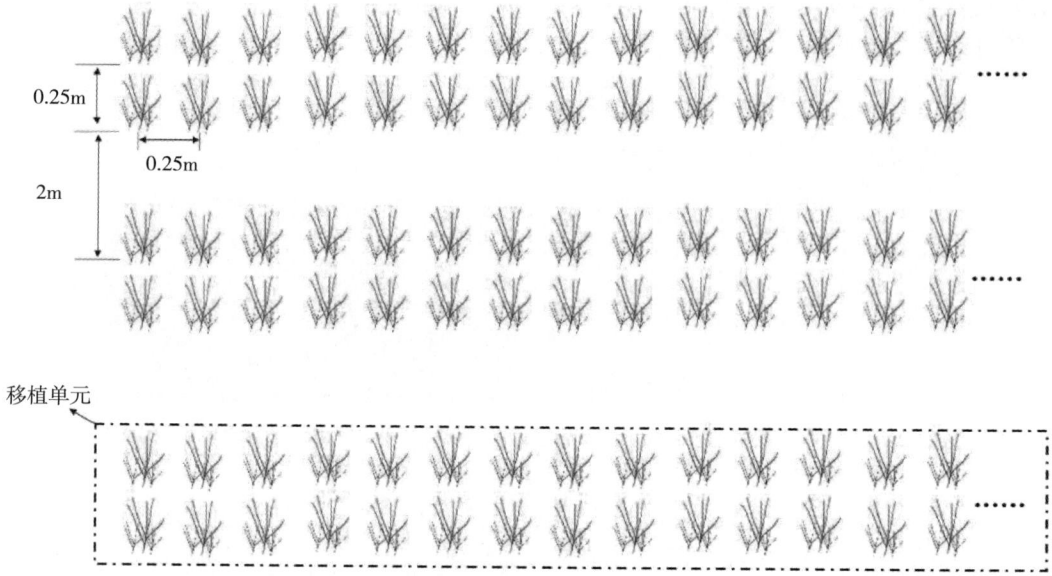

图 7-41　海草修复区域海草移植"行式"布局

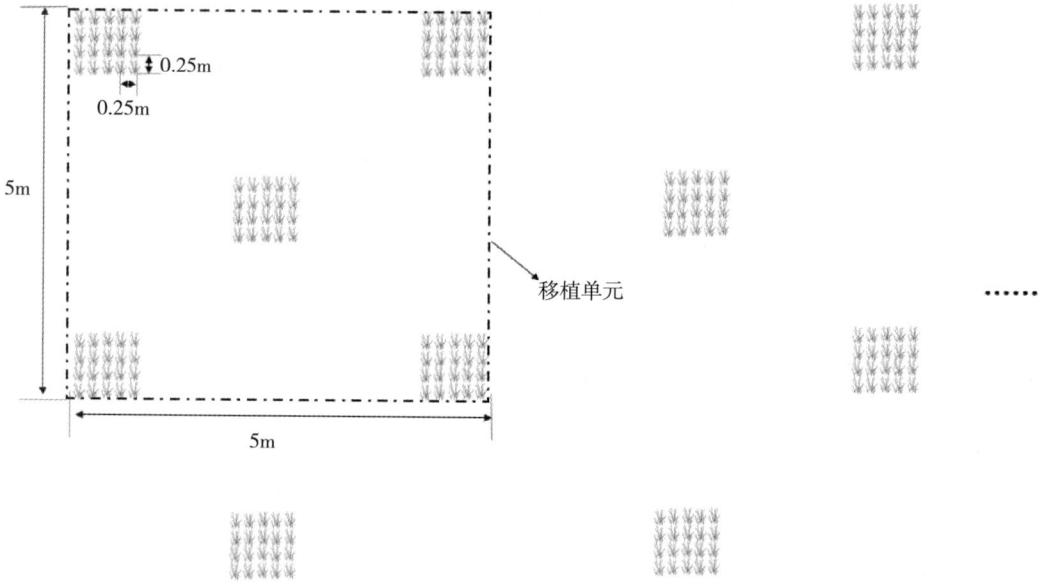

图 7-42　海草修复区域海草移植"块式"布局

牡蛎礁构建如图 7-43、图 7-44 和图 7-45 所示。

②块石牡蛎礁构建。采用天然块石、牡蛎壳、贝壳等材料构建块石牡蛎礁 497hm²。构建长度 12 822m、宽度 5m、高 1～1.5m。块石牡蛎礁生态线的构筑主要分为礁体构筑与牡蛎礁幼苗投放两个步骤。其中礁体可以采用天然块石，能够有效消减潮汐扰动、降低潮高。牡蛎礁稳定措施为开挖底槽后，铺设高强双向土工格栅一层，回补一层，前方采用 250m 厚现浇 C35F300 混凝土板护底，顶宽 2m，其下抛填 10～100kg 块石；牡蛎礁采用

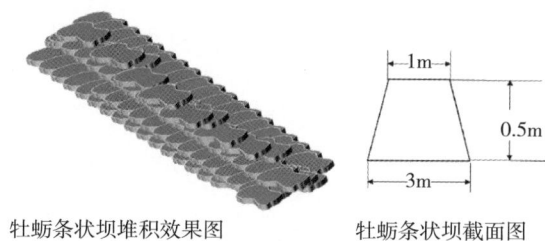

牡蛎条状坝堆积效果图　　　　牡蛎条状坝截面图

图 7-43　网绳式牡蛎礁构建示意图

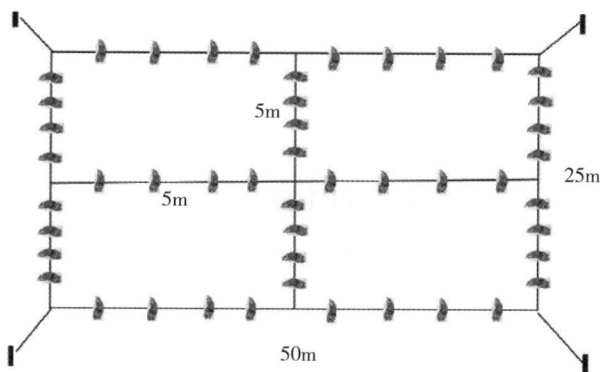

图 7-44　网格式牡蛎礁示意图

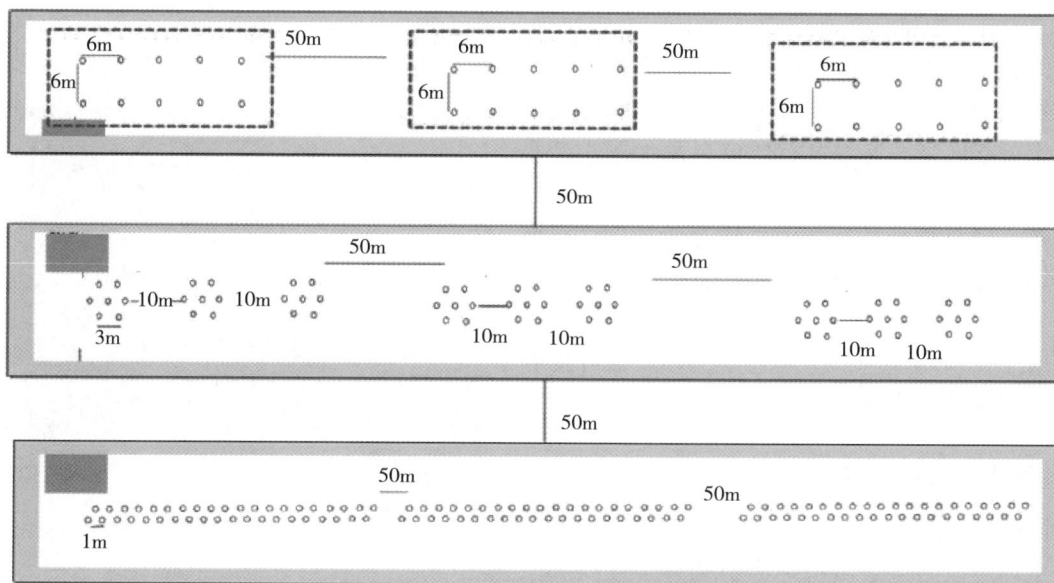

图 7-45　牡蛎活体生态礁群示意图

200～400kg 块石铺筑。填二片石垫层、10～50kg 块石基床至 0.0m；基床上方现浇 C35F300 混凝土；后方抛填 5～100m 混合碎石倒滤层及铺设 400g/m² 无纺土工布一层，前方采用 250m 厚现浇 C35F300 混凝土板护底，顶宽 2m，其下抛填 10～100kg 块石；牡蛎礁采用200～400kg块石铺筑（图7-46）。

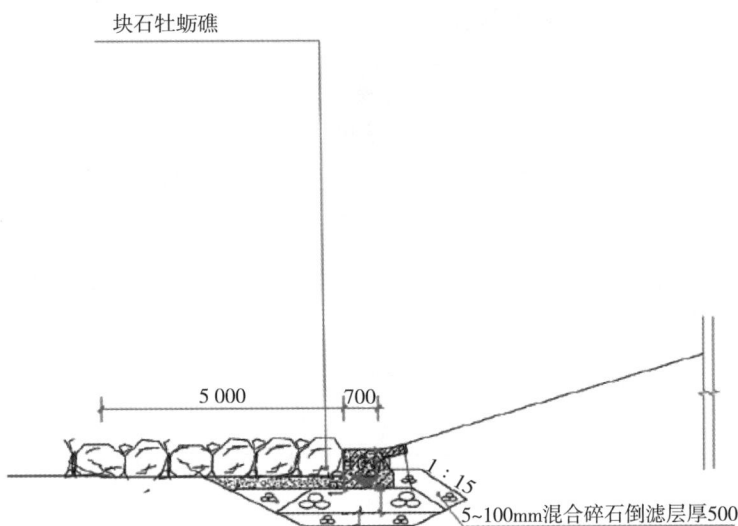

图7-46 块石礁体断面图（单位：mm）

（5）退养还海及坡面生态提升

拟在草桥沟河口区域，利用原养殖池排水沟渠，在北侧打开坝体，建设透水闸一处，引海水贯通，与海域连通，提升养殖区水循环动力，增强水体交换能力，总计疏通沟渠10 360m，构建自然水域129.32hm²。按照提升稳定性、生态性的原则，结合现状坝体外侧的石块，整合资源，因地制宜，提升坡面生态性、稳定性、美观性。原膜袋混凝土结构的，在原有基础上，顺坡干砌块石，同时用混凝土分割成框。原有乱石摆放杂乱无序，严重影响美观及使用安全的，在原坡基础上塑形、压实，同时整理乱石，干砌块石于坡面。在底部铺设400g/m²无纺土工布一层，回填厚5～100mm的混合碎石倒滤层，干砌块石600mm，混凝土框格6.8m×4m（图7-47）；总计生态提升修复坡长12 822m。

图7-47 干砌块石效果

7.5.4 修复成效

7.5.4.1 生态效益

（1）改善生态环境，丰富物种多样性

通过项目的实施，能够修复退化的盐地碱蓬和海草床，提升植被覆盖度，治理互花米草入侵问题，对维护湿地的碳汇功能具有重要意义。修复后的自然本地植被生境不但为水生动物、水生植物提供了优良的生存场所，也为多种珍稀濒危野生动物（特别是黑嘴鸥等鸟类）提供了必需的栖息、迁徙和繁殖场所。同时，自然潮滩为许多物种保存了基因特性，使得许多野生生物能在不受干扰的情况下生存和繁衍。通过开展水闸布置、蓄水池建设和加强沿线管理等水资源配置工程进行供需分配，有效地调节了水资源的配置，合理利用了水资源，有效保护了野生生物的生存与繁衍，保障了生态系统的健康发展。更好地发挥了黄河三角洲储碳和固碳、调节气候变化、减缓全球变暖等方面的作用，能改善区域的环境质量。

（2）降解污染物，净化水体

修复退化的本地植被，提升植被覆盖度，能更好地发挥降解污染物、净化水体的功能，发挥植物过滤带的功效，利用植被吸收、储存、分解或转化污染物质，提高水环境质量；另外，通过植物外力的阻挡使一些污染物自然沉降，通过物理作用阻断污染物的传输。经过一系列的物理、生物化学作用，改善水环境质量，降解污染物质。

7.5.4.2　社会效益

（1）提升黄河三角洲战略地位

黄河三角洲土地资源优势突出，地理区位条件优越，自然资源较为丰富，生态系统独具特色，海洋经济发展迅速，在环渤海地区发展中具有重要的战略地位。2021 年东营市海洋生态修复项目能够针对黄河三角洲面临的突出生态问题，因地制宜采取生态保护修复措施，不仅改善了区域生态环境、恢复了本地植被，还为渔业区的发展提供了有力的保障，促进了环渤海经济的进一步发展。

生态修复和生态防护项目的实施将进一步推动东营市城市更新、改善城市生态环境、优化城市空间格局、提升城市安全指数等，随着保护修复力度的加大，东营市整体的形象与核心竞争力将不断凸显，对推动黄河三角洲生态文明建设具有重要作用。

（2）提升抵御自然灾害的能力

项目的实施，首先可以增强海岸带防灾减灾能力，在风暴潮等极端天气条件下，能够减轻海洋灾害的破坏程度，保护内陆安全，防灾减灾经济效益突出。相间分布的牡蛎礁及坡面生态提升可减弱海水动力，起到消减波浪、风暴等对潮滩的侵袭，固定岸线、防潮防浪等作用，减灾效益明显。河口区生态防护体系的建成可以对东营市形成有效的保护，抵御和减缓自然灾害的影响，保障企业正常的生产运营和人民的生命财产安全，打造生态良好的岸线，是社会进步、城市发展的体现，是城市发展的重要组成部分，能够提升周边土地价值，对加速东营市的开发、开放，促进经济持续健康发展具有重要意义。

7.5.4.3　经济效益

我国国际重要湿地每年每万平方米价值为 11.42 万元，是农田生态系统的 16 倍之多。山东黄河三角洲国家级自然保护区内的湿地生态服务功能总价值为 174.72 亿元。保护湿地就是保护生产力，由生态效益及社会效益转化的间接经济价值不可估量。同时通过发展生态旅游吸引游客，促进当地消费服务业的发展，带动区域的经济持续稳定发展。通过湿地保护不断改善人居环境、增强城市的文化底蕴、提升东营“湿地之城”新形象，为山东半岛打造蓝色经济区、高效生态经济区贡献力量。

子项目一的实施，将提升山东黄河三角洲国家级自然保护区的景观价值，2019 年山东黄河三角洲国家级自然保护区门票收入 1 871.65 万元，所有收入合计 2 602.87 万元，通过提升黄河三角洲自然生态景观，能给区域旅游带来一定的经济效益。子项目二的实施，将对河口区北部沿海形成保护屏障，为养殖生产提供有力保障，推动养殖生产的发展。建成后可有效扩大海域使用面积近 3 万亩，并长期维系百万亩渔业区生产安全，有效地避免海啸、台风等自然灾害造成的人身及财产安全损失。该项目的效益分为直接效益和间接效益。直接效益为海域使用金的征收，间接效益为后期灾害减少的损失和现有堤坝每年修复的费用。

7.6 2021 年潍坊市海洋生态保护修复项目

7.6.1 地理位置

2021 年潍坊市海洋生态保护修复项目区位于潍坊市莱州湾老河河口区域。潍坊市寿光市距济南、青岛 2h 车程，寿光市人口 110 万，陆域面积 2 018km²，海岸线长 30km，海域面积 2 万 hm²。小清河和老河入海口海域地势平坦，坡度很缓，潮间带一般在 8 000m 左右，高潮区的植被主要有芦苇、碱蓬和柽柳等。

7.6.2 主要生态问题

7.6.2.1 莱州湾水质污染严重，富营养化加重，典型生态系统呈亚健康状态

根据山东省生态环境厅 2019 年 6 月发布的《2018 年山东省海洋生态环境状况公报》，2018 年 3 月、5 月、8 月和 10 月 4 个航次的海水质量监测结果，劣于第四类海水水质标准的海域面积分别为 2 900km²、1 888km²、2 394km² 和 3 335km²，主要分布在莱州湾、渤海湾南部等近岸海域。呈富营养化状态的海域面积分别为 6 824km²、1 942km²、3 253km² 和 4 420km²，重度富营养化海域主要集中在渤海湾南部、莱州湾等近岸海域。莱州湾典型生态系统受环境污染、资源不合理开发等因素影响，总体依然呈亚健康状态，氮磷比失衡现象及海域富营养化状况略有加重。

7.6.2.2 互花米草大面积入侵

2013—2016 年莱州湾湿地面积总体呈下降趋势，4 年间莱州湾湿地面积共减少 4.77km²，平均每年减少 1.19km²，其中天然湿地面积总体减少 27.44km²。近 50 年来，潍坊市所处的莱州湾西南岸岸线前进趋势明显，大量淤泥质粉砂质滩涂岸线被人工岸线取代，以盐田及养殖区的形式存在，滩涂湿地面积逐年递减。2021 年潍坊市海洋生态保护修复项目所在区域经多年开垦开发，大量滩涂被开发成盐田、养殖池塘（图 7-48），破坏了该区域的自然生态环境，严重影响了该区域的生物多样性。近几年来随着盐化工行业效益的下滑，大量盐田废弃，河口生态功能丧失，湿地植被匮乏，生态环境质量脆弱，或亟待恢复河口盐沼湿地生态功能。此外，项目区现有岸滩近年来受外来物种互花米草的侵占严重（图 7-49），导致原生植被芦苇、碱蓬等植被生长区域退缩，破坏滩涂贝类生物栖息地，基本丧失了海滨滩涂的生态功能，导致区域内生物多样性遭到严重破坏，严重影响了当地生态环境的平衡。

图 7-48　盐田、养殖池塘占用滩涂（修复前）　　　图 7-49　互花米草入侵（修复前）

7.6.2.3　海洋水产种质资源衰退

2021 年潍坊市海洋生态保护修复项目所在区域整体处在潍坊市域三级阶梯地形的最底端，受海水侵蚀和回渗影响，沿海形成大片的盐田，地下水咸化造成紧邻盐田的土地土壤退化，基本不生长植被，仅在河口交汇地区形成了以柽柳、碱蓬为代表的海陆生态过渡带植物种群。此外，河口地区湿地受围垦过程的影响，生境遭受破坏、功能显著退化，许多鱼类、鸟类的食物来源丧失，加上过多的捕捞，渔业资源也严重衰退。项目区海洋生态系统脆弱，盐沼湿地功能退化明显，海水入侵及土壤盐渍化程度高，河口海湾地表裸露较多，原生态植被匮乏，本土品种自然退化严重，湿地生态系统不稳定，生态服务功能显著降低，生物多样性差，如不及时开展海洋生态保护修复工作，水产种质资源将持续衰退。

7.6.2.4　牡蛎礁生态系统退化

20 多年前，生活在 2021 年潍坊市海洋生态保护修复项目区的品种主要为近江牡蛎，分布在河口低盐水域，栖息在低潮线以下水流畅通的河床及河口附近，退大潮时裸露。由于项目区底质多为泥沙，无附着基，故牡蛎附着于苗贝，久而久之，形成团块形同礁石，当地渔民称之为"牡蛎山"。支脉河、小清河、老河、潍河、胶莱河等均有分布，分布面积 80hm^2，资源量 0.95×10^4 t；其中，以分布于老河口区域附近的牡蛎最为密集。近年来，由于海岸带工农业的发展及城市用地的扩张，项目所在海域不断被开发为水产用地、盐业用地、建筑用地等，滩涂湿地面积减小；沿海地区经济的高速发展使该区域的入海污染物总量不断增加，水体浑浊且富营养化严重，近江牡蛎大量减少，仅在部分保护区仍有育种。这些都导致牡蛎礁生态系统的退化，牡蛎礁生态系统具备的减缓海浪能量防护海岸线、为其他生物体（包括牡蛎幼贝）提供生长所需的表面、为蟹贝提供庇护场所、为大型鱼类提供觅食场所等生态服务功能也随之丧失，导致海域的生物多样性显著降低。

7.6.2.5　海岸防灾减灾功能降低

2021 年潍坊市海洋生态保护修复项目所在海岸带目前仅靠 20 世纪修建的堤坝防护，是不同时期不同单位建设的，绝大部分建设标准偏低，多年来损毁严重（图 7-50），整体防潮功能差，远远不能满足抵御风暴潮的要求。给沿岸民众的生产和生活带来了极大的安全隐患，一旦遇到大风天气，风浪过大会加快堤坝的侵蚀速度。现存海堤多为单一的抛石结构，堤后缺乏植被，或者种植树种单一，缺乏层次感和景观度，海堤设计缺乏生态化理念。

图 7-50　海堤损毁（修复前）

7.6.3　修复方案

7.6.3.1　修复规模和目标

通过退围还滩恢复河口海湾潮汐通道，将老河口宽度由 380m 扩展至 1 800m，增大滩涂湿地面积；清除互花米草 180hm²，恢复河口湿地植被 188hm²，恢复牡蛎礁海域 107hm²，显著提升了滩涂湿地生态系统服务功能，有效降低了莱州湾富营养化程度；恢复了底栖生物资源，改善了鸟类栖息环境；生态化改造 4km 海堤，显著提升了海岸生态防灾减灾能力；形成"芦苇茫茫、碱蓬红毯、怪柳绿林、众鸟栖息"的河口海湾湿地生态景观，全面提升了海洋生态文明水平。

7.6.3.2　平面布置

2021 年潍坊市海洋生态保护修复项目进行盐田拆除和互花米草清除，恢复了盐沼湿地，进行了海堤生态化改造，通过互花米草清除、自然滩面恢复和贝类等底播增殖进行了底栖生物恢复。平面布置如图 7-51 所示。

7.6.3.3　修复内容及技术手段

2021 年潍坊市海洋生态保护修复项目包括退围还滩与盐沼湿地修复、互花米草清除、海堤生态化改造、底栖生物恢复和牡蛎礁恢复五部分。

（1）退围还滩与盐沼湿地修复

退围还滩与盐沼湿地修复内容包括盐田围堰拆除、退围还滩整治、芦苇和碱蓬种植三部分内容。

①盐田围堰拆除。盐田围堰分为外侧围堰和内侧隔堰。拆除围堰按最大高度 4.0m、

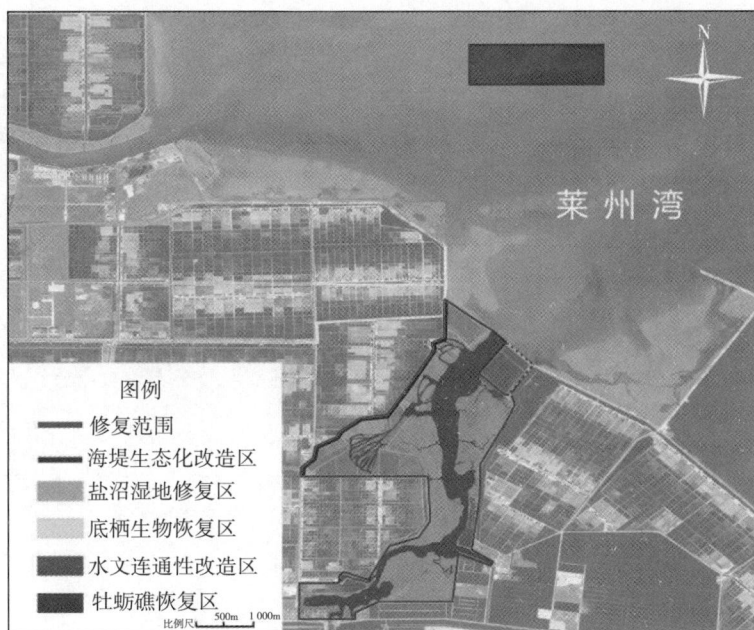

图 7-51　2021 年潍坊市海洋生态保护修复项目修复区域空间布局

顶宽 30m、坡度 1：1.5 计算，拆除长度共计 5.78km，土方量 83.2 万 m³；拆除隔堰按最大高度 1m、顶宽 10m、坡度 1：1.5 计算，拆除长度共计 7.80km，土方量 9.0 万 m³；总拆除围堰 13.58km，拆除土方量 92.2 万 m³。

②退围还滩整治。针对该区域存在的自然湿地面积减小、水体交换能力减弱、鸟类栖息地生境不足和湿地生物多样性降低等生态问题，采取湿地微地形整理、滩面营造工程和坡面的生态化改造工程，实施"退围还滩"，增加河口湿地面积，增强河口水体交换能力，恢复鸻鹬类、白鹭和苍鹭等鸟类的生境，遏制湿地生态系统退化，恢复和提高湿地生态系统服务功能。清理盐田围堰长度 13.58km，退围还滩面积 224hm²。

退围还滩的工程措施如表 7-1 所示，退围还滩与盐沼湿地修复范围如图 7-52 所示。

表 7-1　2021 年潍坊市海洋生态保护修复项目退围还滩主要修复措施

序号	主要生态问题	具体修复措施
1	水体连通受阻，水体交换能力减弱	拆除盐田
2	自然湿地面积减小，自然生态空间减少	微地形整理
3	鸟类栖息地承载力不足，湿地生物多样性降低	滩面整理

③芦苇和碱蓬种植。2021 年潍坊市海洋生态保护修复项目退围还滩区域是盐碱化土壤类型区，适宜进行盐沼湿地的修复。本着因地制宜的原则，以种植本地优势盐沼植被芦苇和盐地碱蓬为主，补种二色补血草、獐毛、香蒲、拂子茅、白茅等相关景观植物，进行盐沼湿地的植物造景设计。项目进行芦苇修复的具体方法为在芦苇木质化以后取苗，该方

图 7-52　退围还滩与盐沼湿地修复范围

式条件下侧芽萌发较迅速、成活率高。芦苇取苗后，去掉顶端叶片，保留至 30cm。其根部保留 10～15cm 的根茎。碱蓬按照株距 10cm、行距 20cm 的间距分株种植。

（2）互花米草清除

对集中分布的互花米草进行机械挖除、掩埋和生物替代相结合的综合防治，清除互花米草 20hm²，并采用生物替代法进行治理，通过柽柳种植彻底清除互花米草，采用行距 2m、株距 1.0m 的密度栽植柽柳，成活率不低于 80%。清除项目区周边集中分布的互花米草 100hm²。

在互花米草零星分布区，采用无人除草机按互花米草生长规律定期进行清除和记录，清除互花米草 60hm²，需要挖根清除，定期巡视，并采用生物替代法进行治理，通过种植当地的芦苇和碱蓬彻底清除互花米草，成活率不低于 80%。

互花米草清除范围如图 7-53 所示。

（3）海堤生态化改造

海堤生态化改造主要包括两大部分：一是将现有海堤护面、护底等更换成自然生态大块石，以利于水生、湿生植物生长和藻类、贝类附着，块石缝隙也可为浮游生物提供居住场所，促进生物多样性恢复，恢复海岸生态系统的结构与功能；二是在海堤顶部及后方开展生态绿化种植，选用当地适宜的柽柳、盐松、

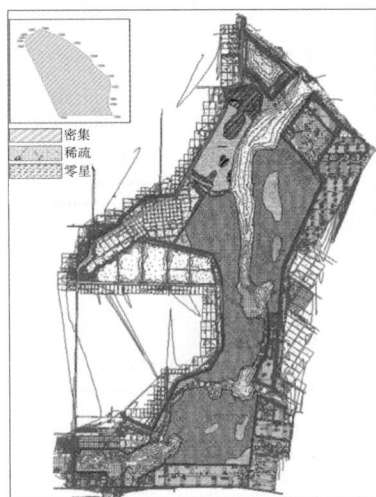

图 7-53　互花米草清除范围

碱蓬、结缕草等兼具耐盐碱和防风固沙功能的植物，形成生态防护林带。通过上述两项生态改造修复措施，实现海堤的生态化，提高海堤的生态防护功能，形成有效的生态防护带。

海堤生态化改造建设断面图如图 7-54 所示。

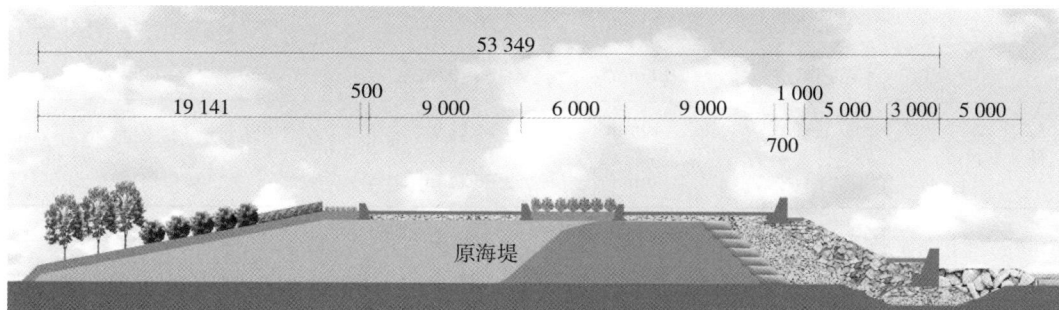

图 7-54　海堤生态化改造建设断面效果图（单位：mm）

（4）底栖生物恢复

通过贝类的人工增殖底播恢复底栖生物资源，为底栖生物和鸟类等栖息、繁殖提供更为适宜的场所。老河东岸的滩面自然恢复，修复海域面积 474hm²（图 7-55），放流毛蚶和单环刺螠各 1 500 万粒，成活率不低于 50%，投放的毛蚶的壳长约 10mm、单环刺螠体长约 8mm。

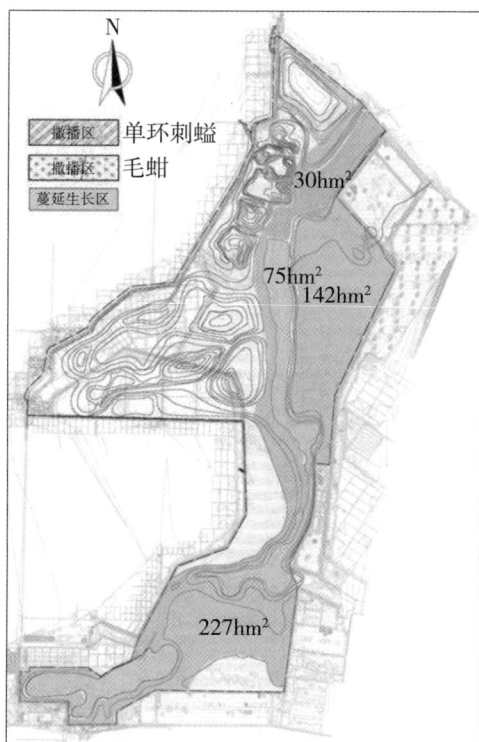

图 7-55　底栖生物恢复区示意图

底栖生物恢复工程量统计情况如表 7-2 所示。

表 7-2　底栖生物恢复工程量

区域	品种	长度	密度	面积	数量
撒播区	毛蚶	10mm	20 粒/m²	30hm²	1 500 万粒
	单环刺螠	8mm	50 粒/m²	75hm²	1 500 万粒
蔓延生长区	毛蚶	10mm	20 粒/m²	369hm²	—
	单环刺螠	8mm	50 粒/m²	—	—

（5）牡蛎礁恢复

拟在牡蛎礁恢复区布设约 50 万个牡蛎城堡礁体，牡蛎礁礁体恢复海域面积 107hm²，投放约 1 000 万片苗种。牡蛎礁恢复区域最北侧采用较为稳固的块石礁体，宽 10m，长 1 750m，高 2m，对外海入射波浪进行首次破碎，削减波能。

修复区域布设由牡蛎城堡拼装而成的双层礁体结构，形成牡蛎礁斑块（单个礁体群）。每个斑块大约由 561 个牡蛎城堡块体组成，斑块长 18m、宽 6m、高 1m，以礁体斑块为中心在其四周采用块石礁体围护，以保证牡蛎城堡的稳定性，块石礁体顶宽 3m、高 1m。采用平行海堤的斑块式礁体修复布设方式，既保证了牡蛎礁区域的消浪功能，又促进了礁群的生态修复功能，还便于牡蛎种苗的投放和成体牡蛎的收集，是一种符合该区域特色的修复布设方式。

单个牡蛎礁群平面布置和牡蛎礁群剖面如图 7-56 和图 7-57 所示。

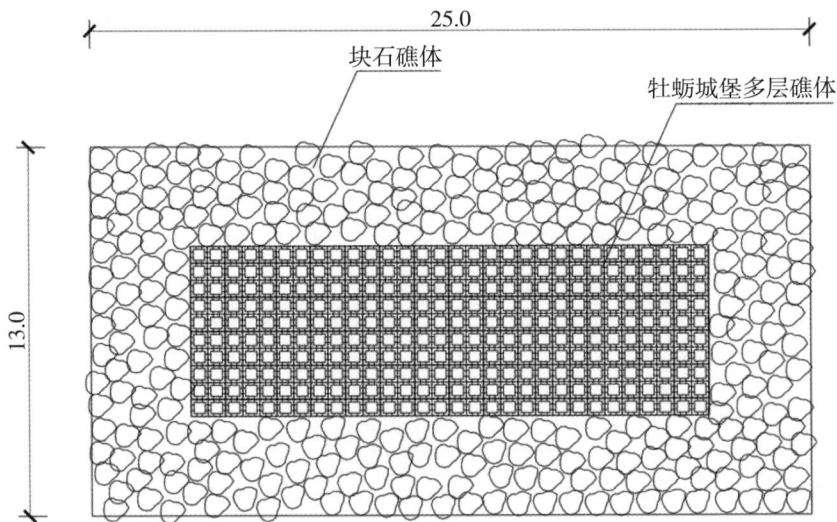

图 7-56　单个牡蛎礁群平面布置图（单位：m）

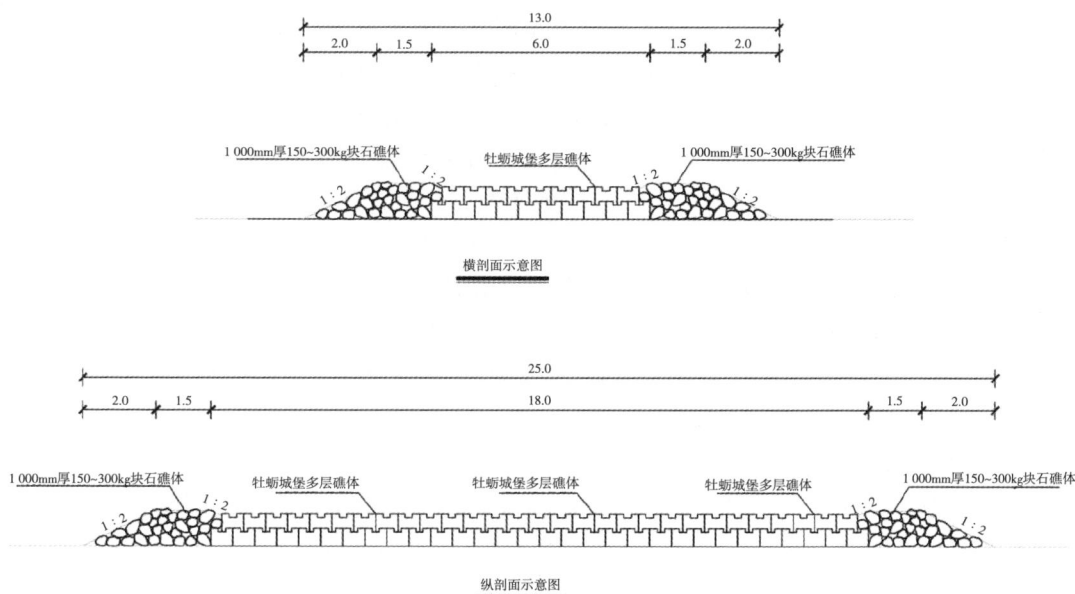

图 7-57　牡蛎礁群剖面（单位：m）

7.6.4　修复成效

7.6.4.1　生态效益

通过对河口海湾潮汐通道的疏通，极大改善了莱州湾底部的水动力环境，恢复重建的盐沼湿地和牡蛎礁生态系统具有净化水质、吸收营养盐的作用，使莱州湾的污染问题得到极大的缓解和改善。湿地植被吸收氮、磷等生源物质，再通过食物网转移给各营养级生物，其中海洋渔业将其转化为生物蛋白质，使其重新返回到陆地，满足人类的需求，洄游生物将部分氮、磷转移至外海，鸟类也将部分氮、磷转移至陆地，通过这一生物地球化学过程，周而复始地净化来自陆源的含氮、磷污水。资料显示：渤海芦苇湿地植被面积 2 147.5km^2，每年对氮、磷的吸收通量分别为 50 322.6t 和 5 057.4t，可见芦苇湿地对氮、磷的吸收率分别为 23.43t/km^2 和 2.36t/km^2。通过类比分析可知：该项目实施后，将通过种植芦苇、碱蓬等植被，修复滨海盐沼湿地 188hm^2，估计每年对莱州湾氮、磷的吸收通量为 44t 和 4.43t，将极大地缓解和改善莱州湾营养盐污染和富营养化问题。

此外，牡蛎礁拥有改善水体、提供栖息地、稳定海岸线等功能，对维持生态系统发挥着重要的作用。牡蛎礁又称北方珊瑚礁，通过对牡蛎礁的修复可提高生物多样性、有效恢复渔业资源。因此，牡蛎礁恢复对生态系统服务价值、碳汇潜力、水质净化和生物多样性提高等具有重要的环境与生态效益。2021 年潍坊市海洋生态保护修复项目通过恢复牡蛎礁礁体 33hm^2 恢复海域面积 107hm^2。由此估算该项目实施后，新增的生态系统服务价值为 2 978.52 万元/年，新增碳汇潜力为 942 795g，增殖的牡蛎可净化海水 3.837×10^{13} t/年。

7.6.4.2 社会效益

2021 年潍坊市海洋生态保护修复项目区是潍坊亟待整治的重点区域。近年来，随着当地的开发建设，对大部分岸线进行了整治修复及堤防效果的提升。2019 年老河口海岸带综合整治修复项目和老河入海口海岸带生态修复工程项目得到批复，该项目作为 2019 年批复项目的延伸，同前期项目相衔接，发挥河口海湾整体生态岸线功能，项目建成后将拓宽海湾空间，体现该区域"蓝色海湾"的整体性，是改善该区域整体海洋环境、实现海洋生态保护修复的需要，对改善河口海湾整体海洋环境、打造"蓝色海湾"具有重要意义。通过该项目的建设，拆除沿岸及近海养殖及盐业生产围海堤坝，清理沿岸废弃建筑物，退围还滩，恢复牡蛎礁生态系统，改善河口海湾生态环境，恢复河口湿地生态服务功能，恢复沿岸生态环境，开展全海域、全过程的海洋生态修复，对提高莱州湾海洋生态产品的综合价值和供给能力、提高当地居民生活水平具有重要意义。

7.6.4.3 经济效益

2021 年潍坊市海洋生态保护修复项目的经济效益包括直接经济效益和间接经济效益，主要体现在以下几个方面：提升河口周边景观效果；带动海岸带经济发展；提升周边地块开发价值。项目实施后，促进了海洋及河口周边生态环境的建设和完善。为整个潍坊市总体生态环境的可持续发展奠定了更加坚实的基础。牡蛎礁生态系统服务功能可以为人们带来许多经济效益，例如沿岸社区得益于水质改善和抵御海岸线侵蚀，而海钓者则得益于鱼类种群增殖和礁体本身对鱼群的聚集作用。同时，还可以通过提高海钓消费、促进休闲渔业和商业性捕捞增长、降低海水中硝酸盐含量产生经济收益。

7.7 2022 年烟台市海洋生态保护修复项目

7.7.1 地理位置

长岛地处我国胶东半岛和辽东半岛之间、黄渤海交汇处，位于 $120°35'38''—120°56'56''E$，$37°53'30''—38°23'58''N$，长岛县曾是山东省唯一的海岛县。长岛海域辽阔，资源丰富，被称为中国的"鲍鱼之乡""扇贝之乡"和"海带之乡"，所在地是我国东部候鸟迁徙的必经之地。长岛曾被称为"长山列岛""庙岛群岛"，北与辽宁老铁山对峙，相距 42km，南与蓬莱高角相望，相距 7km；位于天津、大连和烟台 3 个开放城市的交叉点上；东隔黄海与韩国和日本相望，西靠北京、天津，处于环渤海经济圈的连接带，是进出渤海必经的"黄金水道"，战略位置十分突出。2018 年 6 月，山东省人民政府批复设立长岛海洋生态文明综合试验区。2020 年 6 月，国务院批复撤销蓬莱市、长岛县，设立蓬莱区，以原蓬莱市和长岛县的行政区域为蓬莱区行政区域。2020 年 9 月 1 日，蓬莱区正式挂牌，长岛按照省级海洋生态文明建设功能区体制独立运转。长岛试验区的海岛共 151 个，其中有居民海岛 10 个、无居民海岛 141 个，岛陆面积大于 $500m^2$ 的海岛 32 个，岛陆总面积 $56.8km^2$，海域总面积 $3\,541km^2$，海岸线总长度 187.8km。该项目涉及长岛海洋生态文明综合试验区的 8 个有居民海岛，分别为北长山岛、南长山岛、大黑山岛、小黑山岛、砣矶岛、大钦岛、南隍城岛和北隍城岛。

7.7.2　主要生态问题

7.7.2.1　部分岛坡和岸段崩塌滑坡，岛体处于不稳定状态

　　岛体稳定性是长岛海洋生态文明综合试验区生态系统健康的基础，是发挥长岛"渤海咽喉"功能的基本保障。近年来，通过不断的整治修复工作，部分受损的岛体得以恢复，生态环境质量明显改善，海岛总体稳定性程度较高。但是，仍零星分布着一些裸露或受损的岛体，存在滑坡、崩塌等危及岛体稳定性的情况。

　　北长山岛东侧山体岩石崩塌滑坡处为地质断裂带，地质作用力不稳定。岩层走向与节理面不一致，极易发生风化破碎并发生崩塌，形成了大量裸露的山体（图 7-58）。崩塌破坏了土地和植被，使受损区植被难以生长，易引起水土流失，影响岛体稳定性，且对该区生态功能产生极大的负面效应。在大黑山岛、小黑山岛、北长山岛、北隍城岛、大钦岛和砣矶岛等海岛，存在类似的岩石崩塌问题，图 7-59 所示为小黑山岛西侧的崩塌灾害。

图 7-58　北长山岛东侧的滑坡灾害（修复前）　　图 7-59　小黑山岛西侧的崩塌灾害（修复前）

　　北长山岛西侧晾晒场后方黄土层坍塌同样造成土地裸露，导致植被缺失，并丧失防护能力，引起水土流失，影响岛体稳定性。降雨、大风作用对土层进行进一步冲刷，加剧土层失稳并使其发生坍塌，对周边生态环境存在极大风险。部分海岛存在类似的黄土层坍塌生态问题，主要包含大黑山岛、北长山岛、砣矶岛、大钦岛、南隍城岛和北隍城岛。

　　部分岛坡和岸段崩塌滑坡，造成岩石、土地裸露，植被缺失，引起水土流失，影响海岛稳定性，不利于生态系统健康稳定，亟须开展整治修复。

7.7.2.2　个别海岛植被受损，威胁候鸟迁徙及栖息地安全

　　长岛的独特地理位置使其成为猛禽和各种候鸟迁徙的落脚之地。据统计，在长岛栖息的鸟类有 19 目 54 科 284 种，占全国鸟类（1 244 种）的 23%。其中，属国家一级、二级重点保护动物的有 52 种，仅猛禽就达 36 种。中国、日本候鸟保护协定所列保护鸟类共227 种，长岛就有 158 种，约占 70%，中国、澳大利亚两国政府签订的《保护候鸟及其栖息环境的协定》中约定双方共同保护的鸟类长岛有 46 种，占 56.8%。另外，属于《世界濒危动植物红皮书》国际重点保护的珍稀鸟类的有 52 种。

　　然而，近年来随着长岛经济的发展，岛上人口流量增加，加之水产养殖业占用海堤周边土地，近岸植被生存环境恶化，植被生物多样性降低，生态系统受损。植被缺失加剧了海岛水土流失，使海岛部分区域生态环境发生退化，进一步加重了海岛生态系统的脆弱性。以北长山岛西侧晾晒场地为例，北侧坡面为土质边坡，现为养殖器具晾晒场。养殖器

具堆积造成土壤盐渍化、土壤腥味较重、土地裸露、堤后植被系统破碎（图7-60），使生态系统严重受损，亟须进行植被修复建设。岛陆植被受损的海岛包含大黑山岛、小黑山岛和北长山岛。植被被破坏或缺失，缩小了鸟类等动植物的栖息环境范围，使海岛生态系统更加脆弱，影响候鸟迁徙及其栖息地安全。

图7-60　北长山岛西侧晾晒场植被遭受破坏（修复前）

7.7.2.3　不少岸滩遭受侵蚀、海堤破损，降低了防灾减灾能力

长岛具有特殊的地理位置、地势条件和气候环境，受海上风浪的影响较大，海岸构筑物难以抵御台风、巨浪、风暴潮等极端自然灾害。个别海岛岸滩或海堤现有直立岸壁建设标准低，建设时间长，生态效果差，防护等级低，防灾减灾能力不足。在风、浪、流、潮等海水动力的冲击作用下，岸滩泥沙输出大于输入，沉积物净损失，造成了长岛部分海岛海岸发生侵蚀、海滩蚀底变窄、滩坡变陡、沙粒粗化、岸线后退（图7-61）。例如，大黑山岛龙爪湾海浪造成防波堤损毁，后方海岸黄土层遭受严重侵蚀。

图7-61　砣矶岛吕山口村西南侧岸段遭受严重侵蚀（修复前）

7.7.2.4　有的海岛生态系统退化，减弱了海洋碳汇能力

长岛经过多年的退围还海和退养还滩整治，绝大多数围海养殖池已被妥善清理，但在大黑山岛南庄村东侧和西侧仍存在废弃的养殖池。养殖开发利用活动的影响导致近岸海域海水透明度下降，降低了海草和海藻的光合作用能力，严重阻碍了海草和海藻的生长。

根据踏勘和调查结果，发现养殖池占用海岛自然岸线和近岸海域。养殖池对周边海草床和海藻场生态系统构成威胁，使生态系统退化明显，现存的海草床和海藻场面临较大的生存压力，群落结构和生态功能逐渐发生改变。长岛海草床和海藻场严重受损（图7-62），已难以维持生态系统基本结构，自我恢复能力明显下降，亟待实施海草床和海藻场修复工程。

图7-62　海藻（海草）场受损（修复前）

7.7.2.5　海岛垃圾收储与处理能力不足，影响周边海洋生态环境

长岛的主要产业为海洋养殖业。养殖产业在捕捞、育苗等养殖过程中产生海洋生物垃

圾，包括死亡的海参、鱼等养殖生物，以及捕捞收获产品处理后产生的贝壳垃圾、海底污泥等。养殖产业和旅游业的发展均会带来各种垃圾，这些垃圾长期漂浮在海面上，海漂垃圾随潮流、波浪作用在港湾和岸滩堆积，影响海岛海岸带的生态环境（图7-63）。

图7-63　长岛海岛海洋垃圾（修复前）

目前，长岛仅有少量海岛建设有垃圾处理站，但规模都较小。庙岛垃圾处理站处理规模仅3t/d，南长山岛垃圾处理站处理规模只有10t/d。现在运行的垃圾处理站仅处理处置海岛生活垃圾，缺乏对海漂垃圾、养殖垃圾的收集、储存和处理处置能力。部分垃圾站老化，设施不完善，仅有转运功能，无垃圾处理能力。长岛是我国北方的重要群岛，其地位及价值很高，但海岛垃圾的收储与处理能力仍然严重不足，导致海岛垃圾、海漂垃圾、养殖垃圾等长期在海岛上堆存，导致海岛岛体土地、大气环境、海水水质和生态环境受到污染。

7.7.3　修复方案

7.7.3.1　修复规模和目标

为解决长岛部分海岛岛坡和岸段崩塌滑坡，个别海岛植被受损，不少岸滩遭受侵蚀、海堤破损，有的海岛生态系统退化，海岛垃圾收储与处理能力不足等问题，将长岛诸岛、渤海海峡作为统一的生态系统与整体生态空间，开展系统性保护修复工程。

通过实施岛陆生态系统修复工程，在大黑山岛和小黑山岛等海岛，修复受损岛体56 650m，修复植被92 930m，以长期维护长岛岛体的稳定性，保护好国际重要生态廊道，保障"渤海咽喉"功能的发挥；通过海堤生态化工程，在砣矶岛和北隍城岛，生态化修复海堤2 200m，以提升防灾减灾能力，筑牢渤海乃至"京津海上门户"的海洋生态安全屏障；通过海草床和海藻场生态系统修复工程，在大黑山岛近岸拆除养殖围堰2 400m，退围还海7.6hm²，在附近海域修复海藻场6.61hm²、海草床3.57hm²，以提高海洋生物多样性和碳汇能力，为落实国家"双碳"目标作出贡献；通过入海污染物治理工程，形成

75t/d的海洋垃圾处理能力，以避免对海洋生态环境的影响，并推进首个海洋类国家公园的建设；通过监测评估和生态保护长效管控系统建设，整体构建"海草床（海藻场）-生态海堤-植被防护带-生态海岛"的海岛生态空间体系，为全方位、全海域、全过程、长周期的持续性监测评估与后期管护提供保障。

7.7.3.2 平面布置

项目修复分别在南长山岛、北长山岛、大黑山岛、小黑山岛、砣矶岛、大钦岛、北隍城岛和南隍城岛8个岛屿（图7-64）进行，修复内容包括海草床和海藻场生态系统修复工程、海堤生态化改造工程、岛陆生态系统修复工程、入海污染物治理工程、监测评估和生态保护长效管控系统建设。

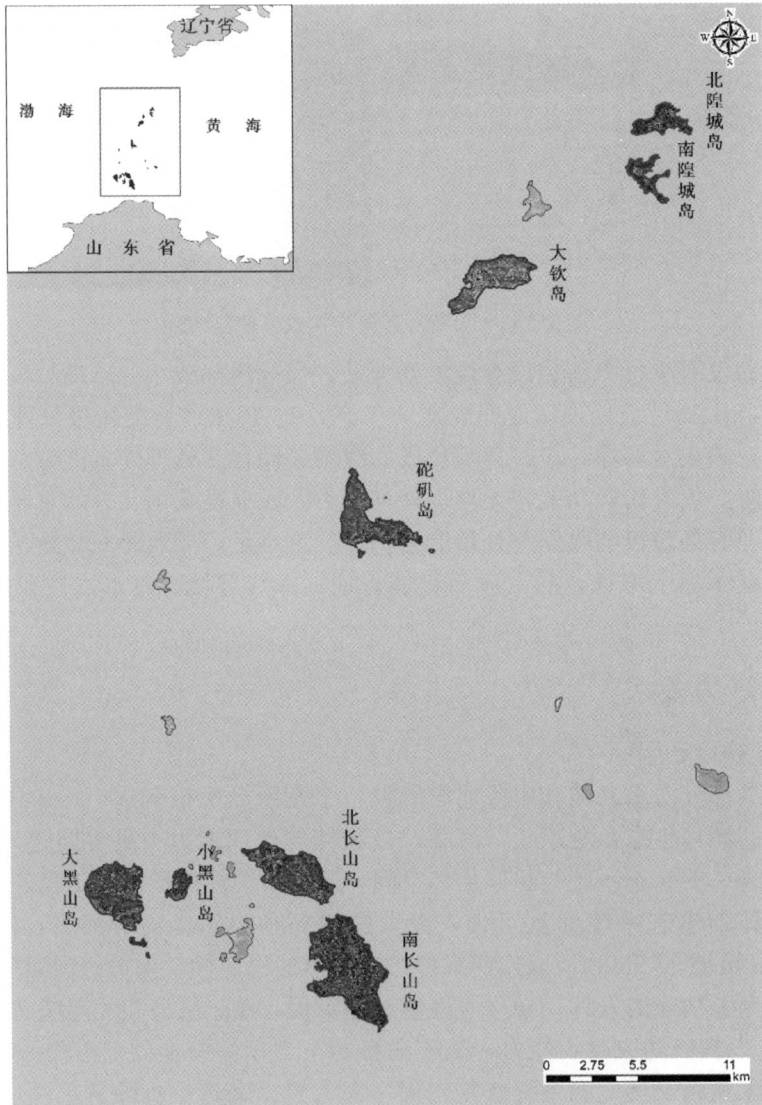

图7-64 修复范围平面分布图

7.7.3.3 修复内容及技术手段

（1）海草床、海藻场生态修复工程

海草床生态系统修复工程布置在大黑山岛南庄村东南侧海域，恢复鳗草海草床面积约 4hm²；海藻场生态系统修复工程布置在大黑山岛南庄村东侧和西侧海域，恢复以马尾藻属为优势的海藻场面积约 7hm²，其中东侧海域面积约 4.5hm²、西侧海域面积约 2.5hm²。

选用本地海草种类鳗草构建与营造海草床（图 7-65）。采用自然恢复和人工干预的方式，采用成体栽培法和种子撒播法 2 种技术方法进行。采用中植法或直插植株种植法栽培。种植单元采用 10 株/单元，种植单元的密度采用 4 单元/m²，植株种植密度为 40 株/m²。种植时沿工程区长轴方向布设宽 1m、长为工程区长度的长条种植区域，每个长条种植区域直接间隔 1m。种子法选择泥块包裹种子播种法和小型网袋装种播种法。播种单元采用 10 粒/单元，单位面积播种单元的播种密度采用 6 单元/m²，因此播种密度为 60 粒/m²。播种时沿工程区长轴方向布设宽 1m、长为工程区长度的长条播种区域，每个长条播种区域直接间隔 3m。

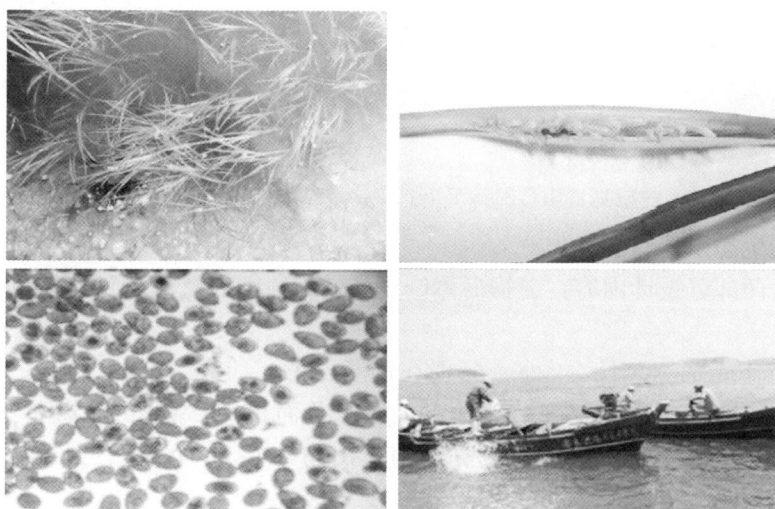

图 7-65 鳗草种子生长和采集

以长岛海域常见的大型海藻马尾藻属海藻鼠尾藻、海黍子和海蒿子为种源，采取"种藻蓄养—获取幼殖体—幼殖体播种—幼苗养护"的技术路线修复藻场。

（2）海堤生态化工程

砣矶岛海堤生态化工程实施岸线长度约 1 107.7m，其中后口村东侧岸线 705.4m、吕山口村北侧岸线 180.8m、吕山口村西南侧岸线 221.5m。北隍城岛海堤生态化工程实施岸线长度约 1 092.3m，其中北隍城岛山前村西南侧岸线 522.3m、城东村南侧岸线 286.9m、城东村东侧岸线 143.0m、山后村东侧岸线 140.1m。

优先选用适宜生物附着的天然大块石作为海堤护面材料，护岸主要采用斜坡式护岸。改造护岸结构临海侧坡度选用 1：2，选用当地大块石，厚度为 700mm，采用干砌和埋砌工艺进行施工，其下铺设 1 000mm 厚的 50～100kg 块石垫层，坡脚采用 C30 预制混凝土蹱脚块和 100～200kg 块石进行护底。护岸前方回填原卵石、块石，恢复原本美丽的自然卵石、块石岸滩，同时能有效阻隔海浪入侵，恢复后方陆生植物生存环境，保护海岸带生态安全（图7-66）。

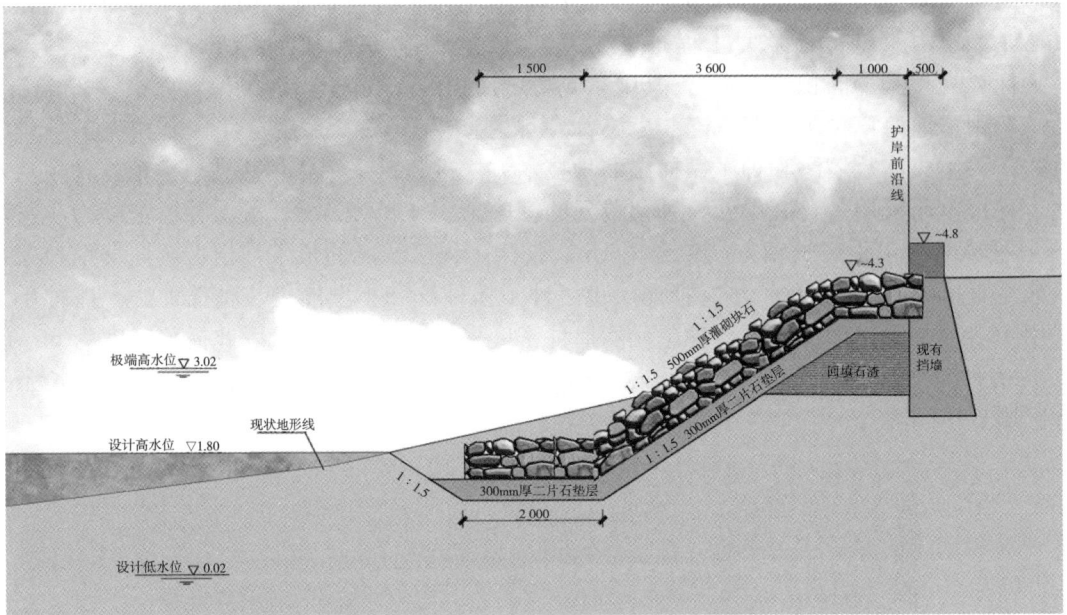

图7-66 砣矶岛吕山口村海堤生态化修复海堤剖面示意图（单位：mm）

（3）岛陆生态系统修复工程

主要包含两部分设计内容：受损岛体修复及其周边山体植被修复工程和海岛植被修复工程。

海岛岛体修复工程总计34处，分别在南长山岛、北长山岛、大钦岛、南隍城岛、北隍城岛、砣矶岛、小黑山岛、大黑山岛，修复总面积112 518m²。海岛植被修复位置分布在大黑山岛、小黑山岛、北长山岛和南长山岛，共16个修复点位，修复面积共计184 925m²。

海岛岛体岩石崩塌区修复工程主要是开展坡面排险、挡土墙、钢筋框架梁等工程措施保障岛体岩石稳定性；采用客土回填等措施恢复植被生境；采用植被种植、高次团粒喷播技术恢复海岛植被生态系统（图7-67）。并对修复区域进行跟踪监测、养护，保证修复成果。海岛岛体岩石崩塌区修复工程主要技术手段和方法包含坡面排险、削坡卸载、危岩体清理、修挡土墙、基底平整压实、回填渣土、修排水沟、修锚杆、修钢筋框架梁、客土回填、植被种植、植被养护。

图7-67 高次团粒喷播生态修复效果

黄土坡塌方区域修复工程开展削坡卸载、挡土墙等工程措施保障坡面稳定性

（图 7-68）；采用客土回填等措施恢复植被生境；采用植被种植恢复海岛植被生态系统。并对修复区域进行跟踪监测、养护，保证修复成果。黄土坡塌方区域修复工程主要技术手段和方法包含削坡卸载、修挡土墙、回填渣土、修排水沟、客土回填、植被种植、养护。垃圾填埋场修复工程还包含防渗工程等。

图 7-68　挡土墙

海岛植被修复主要是通过改善岛屿土壤、水分等生态环境因素，为海岛植物提供优良生境，促进植被恢复。并采用人工直接种植的方法，改善海岛植被多样性，修复海岛植被生态系统。海岛植被修复技术措施：场地清理、隔盐碱处理、地形塑造、植物选择、植物配置、养护管理。

（4）入海污染物治理工程

搭建 1 套入海污染物处置系统进行整个长岛的垃圾收集和转运，包括易腐垃圾、可回收垃圾、有害垃圾和其他垃圾的处理工艺设备，处置能力为 75t/d，2 年建设期和 5 年养护期。

入海污染物收运流程如图 7-69 所示。

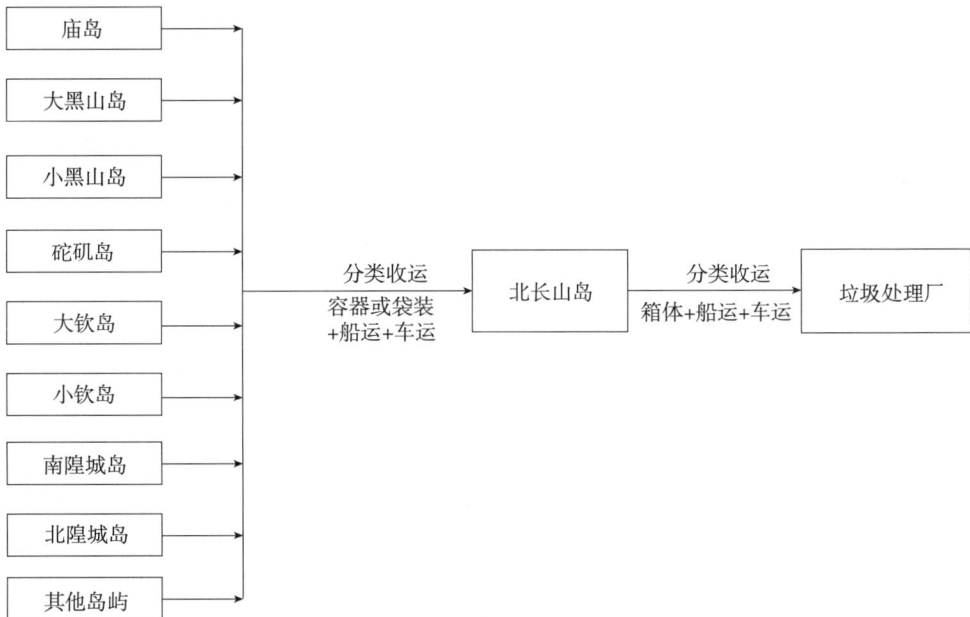

图 7-69　入海污染物收运流程

（5）监测评估和生态保护长效管控系统

该系统包含海岛生态智慧监测网建设和海岛生态保护三维 GIS（地理信息系统）管理平台建设。在长岛部分海岛及附近海域布设 9 个海草床和海藻场监测站，6 个受损岛体监测站，1个陆地数据中心。其中，在大黑山岛布置9个站点，在南长山岛、北长山岛、大钦岛、北隍城岛、南隍城岛各布置1个站点，在砣矶岛布置2个站点。

①海岛生态智慧监测网。海岛生态智慧监测网主要为2022年烟台市海洋生态保护修复项目提供生态监测服务。海草床和海藻场监测站点主要用于监测海洋环境和观测海洋生物，在海草床和海藻场修复区域共部署7个固定站点和1套移动观测装备。固定站点以浮标和海床基作为载体，具备较强的长期海面与海底生存能力，为实现长期连续观测创造必要的条件；浮标上搭载的传感器可实现对气象要素、表层水质要素的长期连续观测；海床基搭载的传感器可实现对海底生态环境各要素的长期连续观测，包括水质、底栖生物、海草、海藻等；浮标与海床基之间还能够由传感器或设备组成观测链，实现对水质要素的立体剖面观测。移动观测装备由无人机、水下机器人与船载传感器组成，借助无人机搭载的摄像机、水下机器人搭载的水质传感器、声呐、采样器、机械臂及船载的摄像机、传感器等设备，可对项目所在海域的任何位置和深度进行全面的生态环境监测。固定站点与移动装备均配备远程无线数据传输设备，能够将海上的视频和数据实时传回陆地数据中心。

受损岛体监测站点：受损岛体监测站点配备位移传感器、自动测斜仪、裂缝宽度仪、雨量测量仪、报警装置、GNSS（全球导航卫星系统）监测装置与GNSS基站等自动监测装置（图7-70），通过4G（第四代移动通信及其技术）或5G（第五代移动通信及其技术）实时传输各类传感器的信号，可实现岛体稳定性的实时报警与数据回传。利用智能传感技术、GNSS技术、物联网技术、数据技术结合专业岛体稳定性监测设备，受损岛体监测站点可为预警预报、信息管理、辅助决策等提供原始数据。

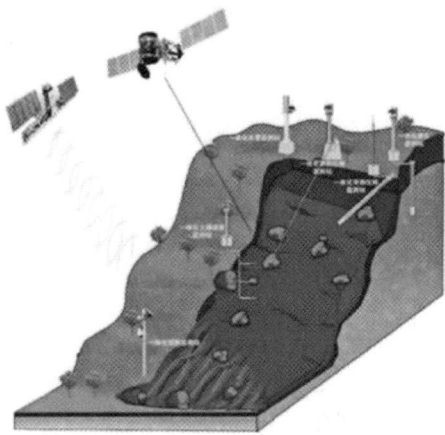

图7-70 受损岛体监测系统示意图

陆地数据中心：陆地数据中心主要接收来自网络通信的实时数据和信息，完成远程数据和信息接收、解析和数据库存储；配备服务器实现观测数据的导入，数据库管理以及数据的查询、导出、显示等功能。陆地数据中心建设包括数据接收、数据存储、数据质控、数据显示和数据服务几部分。主要建设内容：监测网络数据的接收软、硬件建设；服务器和服务器运行环境建设；构造数据库以及数据输入、数据质控、数据显示、数据推送、数据库管理、数据导出等软件或系统；构建数据质控规则、方法、实施技术路线等，将数据质控规则落到实处；构建数据服务（观测场的数据产出）运作方式，比如提供用户所需的数据集，提供数据的相关图件及统计信息，通过网络推送实时数据等。规划并落实具体服务的规则、内容和方式方法等相关事宜，为系统数据服务建设打好基础。图7-71为海草床和海藻场观测系统示意图。

②海岛生态保护修复三维GIS管理平台。该平台以海洋生态保护修复项目信息管理、海洋生态环境在线监测、海洋生态系统本底调查及跟踪监测为基础，以三维GIS为技术

支撑，结合海岛生态智慧监测网，全面构建数据信息采集—传输—监控—质控—管理—服务—三维分析—预警—管理决策的工作链条，初步实现以业务数据处理分析为基础、以管理决策分析系统抽取加工为表现的物联网平台运行模式，并充分结合项目生态修复效果、减灾功能调查评估工作，集成该区域已有的海域管理、海洋保护地、海洋生态红线、海洋区划及社会经济成果，融入海洋生态预警成熟的模型方法，实现项目申报、现场核查、项目批复、项目过程管理、项目验收等资料规范化、信息化及全生命周期管理，对修复项目进展及修复成效数据进行综合评估和直观展示，为该保护地区修复项目管理提供综合性、协同性、智能化决策支撑。系统主要功能包括项目信息管理、项目施工过程监管、海洋生态监测评价、修复成效评估、手机移动端监管等 5 个子系统，同时开展软硬件配置、数据库建设及系统部署运行。

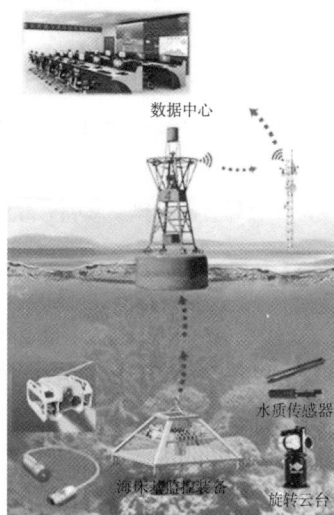

图 7 - 71　海草床和海藻场观测系统示意图

7.7.4　修复成效

7.7.4.1　生态效益

通过拆除养殖围堰、恢复潮汐通道改善了水动力条件，废弃养殖池所在海域重新有水流通过，对其水动力环境非常有利，然后通过人工恢复海藻场和海草床的方式提高岸滩的生态化水平。同时，养殖围堰的拆除减少了围海的行为，恢复了生态化岸线，提高了自然岸线保有率。通过在大黑山岛南庄村附近沿岸海域实施海藻场修复，能减缓海水流动，形成相对静稳的水体环境，为各种大型底栖动物（如鲍、刺参、蟹、虾等）和游泳鱼类提供了优良的索饵、产卵、育幼和躲避敌害的场所，可显著增加海域的生物多样性和资源量、提升经济生物资源补充能力。

7.7.4.2　社会效益

2022 年烟台市海洋生态保护修复项目的实施可改善长岛海洋生态环境质量，提升海域海岛生态系统服务功能，高标准建设长岛海洋生态文明综合试验区。有利于鱼类等海洋生物以及海岛动植物保育，改善鸟类、斑海豹等栖息场所的生态环境，有效保护长岛生态系统，维护生物多样性及其生境，维护长岛海岛及周边海域生态系统的健康和完整性，保护和改善长岛重要生态廊道的生态功能。

通过开展长岛生态保护与修复，加强海岛岛体稳定性治理，修复受损岛体、维护海岛岛体的稳定性和安全性，对于保障长岛"渤海咽喉""京津海上门户"功能及战略价值的发挥具有重要意义，项目的实施有利于提高长岛生物多样性水平、碳汇能力，是积极落实国家"碳中和"目标的具体体现。

7.7.4.3　经济效益

2022 年烟台市海洋生态保护修复项目的建设可提升海岸周边景观效果，带动海岸带经济发展，提升周边地块开发价值。工程实施后，有利于促进海洋及海岸周边生态环境的建设和完善，为整个烟台市总体生态环境的可持续发展奠定更加坚实的基础。通过开展海草床（海藻场）修复，沿岸社区得益于水质改善和抵御海岸线侵蚀，而海钓者则得益于鱼类种群增殖和海藻附着基本身对鱼群的聚集作用。同时还可以通过提高海钓消费、促进休闲渔业和商业性捕捞增长、降低海水中硝酸盐含量带来经济收益。

7.8　2022年滨州市海洋生态保护修复项目

7.8.1　地理位置

滨州市位于山东省北部，处于渤海湾西南岸、黄河三角洲腹地，是渤海湾与黄河三角洲两大重要生态系统功能区叠加处，市域总面积 $9\,660km^2$，拥有海岸线 126.44km。历史上黄河曾于此入海，河流携带泥沙沉积，形成宽阔的滩涂海域，是黄河三角洲的重要组成部分，域内入海河流众多，营养盐丰富，基础生产力较高，是多种鱼虾的产卵场、索饵场和洄游通道，是中国海珍品的重要产区和全国四大渔场之一，是全国重要的渔业基地。但是近年来，滨州近海海域受自然和人为两种因素影响，作为宝贵海洋自然遗产的滨海湿地生态系统受到了严重的侵袭和破坏，且有持续和加重之势。2022年滨州市海洋生态保护修复项目位于滨州市沾化区北部海域，西临滨州港，东侧与东营市交接。项目区地理坐标 $118°06'34''E$，$38°09'59''N$。

7.8.2　主要生态问题

7.8.2.1　滨海湿地生态系统受损

滨州北部沿海是典型的黄河口滨海湿地生态环境，沿海属泥沙质海岸，南高北低，地势平缓，海域坡度 $0.2‰\sim0.4‰$，潮间带宽广。毗邻海域面积约 $3\,000km^2$，其中0m等深线以上淤涨型高涂海域面积达 $1\,000km^2$，原生生态系统主要包括盐沼、牡蛎礁、滩涂、滨海湿地等。境内多条河流入海，淡水径流带入大量营养盐及泥沙，使得近海水质肥沃，宽阔的滩涂潮间带孕育了数量繁多的海洋生物资源，有各种贝类、沙蚕、线虫等丰富的底栖生物，是众多滩涂鸟类特别是鹬、鹤、雁、鹳、鹭等鸟类的主要栖息地和觅食区。

由于人类及自然因素影响，套尔河河口至潮河河口原始的滨海湿地生态环境被彻底改变，自20世纪80、90年代人工养殖和盐田生产活动大范围开展以来，滨海湿地、滩涂范围被逐渐侵占，原始生态环境被改变后，滨海湿地、滩涂底栖生态系统等逐渐向河口海湾方向发展，但规模及质量远远低于原始状态。尤其是互花米草被引入黄河三角洲后，在黄河口、套尔河口等沿海滩涂区快速扩张，严重挤压了本地滩涂植被盐地碱蓬、芦苇等的生存空间，造成当地滩涂生物文蛤、沙蚕等底栖生物大面积退化，珍稀鸟类觅食、栖息场所被破坏，给生存空间本就严重受限的滨海生态系统造成了新的威胁。

7.8.2.2　水体交换受阻

套尔河河口以东至潮河河口以西存在大范围的人工围堤，其中套尔河河口至顺江沟段围堤围绕海域面积共计 $3\,548hm^2$，顺江沟至潮河河口段围堤围绕海域面积为 $2\,070hm^2$。套尔河河口至顺江沟段围堤 $3\,548hm^2$ 海域海水与外侧海域完全封闭，仅通过两个闸站进行海水的调换调节，远远不能满足内部水体的交换与流通，造成部分海域水质富营养化、水体恶化。顺江沟至潮河河口段围堤海域面积为 2 070hm²，在风暴潮的作用下造成局部破损，外侧海水乘潮涌入，退潮时堤内海水受围堤阻隔难以完全退却，水体交换不畅，海水所携泥沙悬浮物在堤内沉积，造成围堤海域沉积严重（图 7-72、图 7-73）。

图 7-72　西侧围堤（修复前）

图 7-73　东侧围堤（修复前）

7.8.2.3　互花米草入侵

2020 年滨州市系统开展了互花米草调查，在山东省 2019 年互花米草卫星遥感工作的基础上，利用无人机监测和现场调查等技术手段获取互花米草分布状况（图 7-74）。资料显示滨州市互花米草主要分布在无棣县套尔河西岸、北海经济开发区潮河北岸和沾化区潮河西岸、套尔河东岸，面积约为 483hm²，部分区域密度较高。其中沾化区管辖海域互花米草区域几乎遍布沿海潮间带，面积约 273.284hm²，入海河口尤其严重，河口大部分区域密度高，近岸区域相对分散，处于入侵初期。其中沾化潮河西岸面积约 47.384 5hm²，沾化第二养殖区南岸约 136.7hm²，沾化区顺江沟约 43.293 9hm²，沾化套尔河东岸约 45.829 7hm²，沾化区洼拉沟入海口西岸约 0.075 9hm²。

图 7-74　互花米草入侵（修复前）

自 2020 年开始，滨州市开始治理滨海地区互花米草，目前套尔河西岸已基本治理完毕。但是由于在治理过程中各段治理时间不同及周边存在未治理区域，造成周边互花米草种子随潮流进入已治理区潮滩，局部治理区治理后复发，治理工作仍具有长期性、复杂性和系统性。从遥感历史影像可以看出，套尔河至潮河河口段海域互花米草于 2010 年之前仅零星存在于套尔河河口位置，分布面积及密度均较小。2014—2017 年逐渐在河口扩大规模，分布面积逐渐增大，并逐步向外海滩涂扩散，形成局部斑块。2017 年开始在外海滩涂由点逐渐连成片，形成向海纵深 400~700m 范围聚集区。

7.8.2.4　盐沼植被退化

套尔河河口历史上为埕口潟湖,属黄河三角洲湿地的一部分,目前基本被盐田和养殖池塘侵占。20世纪80、90年代大范围的人工养殖活动尚未兴起时,套尔河河口、洼拉沟口发育有大面积盐地碱蓬群落,1984年套尔河口周边尚没有围填海区,盐地碱蓬分布广泛,1994—2014年由于围填海及盐田开发活动,滩涂盐地碱蓬大面积退化,至2014年套尔河口周边盐地碱蓬基本消失,仅部分区域留存零星群落,密度和覆盖度均较低。

套尔河口地区盐地碱蓬消失的主要原因是人类活动的干预导致盐地碱蓬的生境发生了变化,尤其是大面积围填海、围海养殖、盐田生产等,造成滩涂高程变化、环境恶化,不再适宜盐地碱蓬生长,进而导致盐地碱蓬大面积退化,而且生境的变化导致盐地碱蓬无法自我恢复。目前,围填海外侧正在发育新的滩涂,由于滩涂发育时间较短,受外侧水深及浪流等自然条件影响,部分滩涂被互花米草侵占,当地盐沼植被无法与之抗衡,在套尔河河口与潮河河口之间仅小部分互花米草尚未侵占地区有少量盐地碱蓬存在。

7.8.3　修复方案

7.8.3.1　修复规模和目标

2022年滨州市海洋生态保护修复项目的目的是在优化区域生产结构的同时尽最大可能恢复原始海洋生态面貌,恢复原生典型海洋生态系统的健康、稳定和自我修复及可持续发展。以面带动全局,通过该项目的先行和示范带动作用,在提升修复区海洋生态服务能力的同时,利用生物多样性的恢复、自我繁衍和扩张,逐步带动周边海域生境的改善,对滨州地区乃至整个黄河三角洲海域的生态恢复起到重要的支点和协同作用。该项目退养还湿3 760hm²,包括围堤拆除约2.4km,内隔堤拆除24.2km,新打通水体交换通道3处;互花米草治理约366.17hm²;盐沼修复约271hm²;牡蛎礁修复约30hm²。

7.8.3.2　平面布置

2022年滨州市海洋生态保护修复项目位于滨州市沾化区北部,套尔河河口以东、潮河河口以西区域。综合考虑项目实施区域海洋生态类型、空间特征、生态环境及海洋灾害情况,将修复区划分为套尔河河口至顺江沟段海洋生态修复(图7-75)和顺江沟至潮河河口段海洋生态修复(图7-76)两部分。

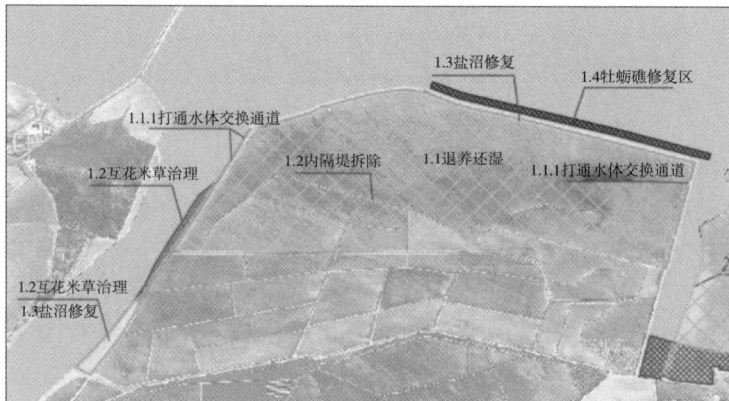

图7-75　套尔河河口至顺江沟段海洋生态修复平面图

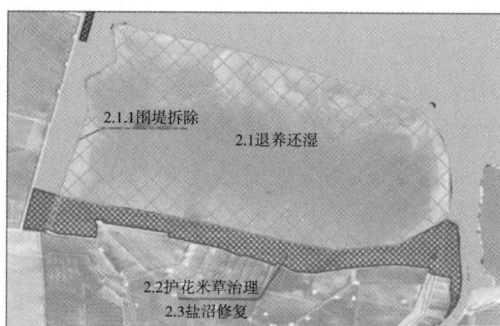

图 7 - 76　顺江沟至潮河河口段海洋生态修复平面图

7.8.3.3　修复内容及技术手段

套尔河河口至顺江沟段海洋生态修复主要包括退养还湿、互花米草治理、盐沼修复、牡蛎礁修复四部分内容。其中退养还湿包括对围堤内部的隔堤进行拆除，在西堤北侧位置间隔 500m 布置 2 处水体交换通道、东堤距北端 500m 处布置 1 处水体交换通道，打通围堤内外水域；互花米草治理主要针对套尔河河口东岸的互花米草入侵区进行治理；盐沼修复包括对套尔河河口东岸治理后潮间带、围堤内侧潮间带、西堤外侧高潮滩以上区域、围堤内侧高潮滩以上区域、部分坝埂就地改造高潮滩以上区域进行修复；牡蛎礁修复主要在北堤外侧水深适宜区。

顺江沟至潮河河口段海洋生态修复主要包括退养还湿、互花米草治理和盐沼修复三部分。其中退养还湿主要是拆除西侧围堤，促进围堤内部水体交换；互花米草治理主要是对顺江沟至潮河河口沿岸滩涂以及潮河河口西岸的外来入侵生物互花米草进行治理；盐沼修复区域主要位于顺江沟至潮河河口外侧滩涂区，结合互花米草治理改造地形及内部水系，营造抑制互花米草-利于盐沼植被的生存环境。

（1）退养还湿

项目区原本为天然的滨海湿地，套尔河河口至顺江沟外围堤形成后造成内部海域水体交换受阻、海水盐度升高、海水水质恶化、生态系统退化。目前东堤、北堤、西堤保障着广大后方区域的生活、生产及生态安全，因此在不降低其防灾减灾能力的前提下，在套尔河河口至顺江沟东西两侧围堤不直面外海波浪、风暴潮位置打通水体交换通道，通道采用管涵结构，单个通道宽 40m，共设置 3 处。在打通内外水体交换通道的同时，对围堤内北侧水域 24.2km 内隔堤进行拆除，恢复海域整体性，避免了内部水体的切割和交换不畅。顺江沟至潮河河口段对西围堤进行拆除，拆除围堤长度为 2.4km。通过以上措施，恢复 3 760hm² 水域水体自然交换，构建健康的滨海湿地自然环境，促进湿地生物的自然恢复。

（2）互花米草治理

套尔河河口互花米草主要分布于河口东岸，呈集中分布状态。该区域西侧受滨州港挡沙堤掩护，上游汛期有淡水注入，适宜采用全封闭围隔互花米草控制技术（具体为刈割＋淹水＋犁耕）对互花米草集中分布区进行人工防治。潮河口互花米草主要分布于河道内侧西岸、河口西岸，呈集中分布与零星分布交叉状态，治理互花米草约 366.17hm²。

集中分布区采用"机械挖除＋掩埋＋生物替代相结合"的综合防治方案进行治理。在秋季对修复区内的互花米草进行机械挖除，利用小型挖掘机对长草岸滩进行挖掘，挖深约为 2m，挖出其全部根系，采用分垄翻挖掩埋的方式边挖边埋，将上层 1m 带根表土填至开挖 2m 沟槽底部，上部用下垄底层土掩埋，逐步施工实现全区域翻挖掩埋。采用人工或工程机械方式对掩埋后遗留的零星互花米草丛进行定点清除，确保原生地方不再有互花米草生长。在修复后期加强管控，对零星漂移而来的互花米草苗进行及时清除，防止其生长。清除互花米草后，通过以种植本地优势盐沼植被芦苇和盐地碱蓬为主，补种二色补血草、地肤等现场调研存在的本土植物，进行生物替代，从而达到综合防治的目的。

零星分布区采取机械挖除控制互花米草技术。在秋季，互花米草枯萎后，利用小型挖掘机对长草的岸滩进行挖掘，挖出其全部根系，利用自卸式翻斗车把挖出的根土全部运走，通过后期管护对长出部分进行再次清理，反复两年，可有效清理互花米草。具体修复方案：4—6 月，互花米草萌发季节，采用小型反铲挖掘机对萌发的互花米草簇进行挖除，人工分拣抖落沙土，由拖拉机集中运至陆地暴晒。挖除一遍后，应进行第二次、第三次检查挖除，观察互花米草萌发情况，多次搜索清除。施工应于低潮期作业，恶劣天气禁止施工。避免风浪等危害，做好人身安全保护。在滩涂上作业的机械，可布置模板等依托物，避免机械陷入淤泥，在 8 月之后进行检查验收。

(3) 盐沼修复

套尔河河口至顺江沟段盐沼植被修复总面积 145hm²，分别为套尔河河口东岸盐沼修复 36.25hm²，围堤内侧盐沼修复 80hm²，内隔堤盐沼修复 20hm²，高潮滩以上植被修复 8.75hm²。顺江沟至潮河河口段目前存在少量盐地碱蓬聚集群落，但呈不连续性、退化性，该区域盐沼修复面积为 126hm²，其中盐沼植被修复 36hm²，水系治理面积约为 90hm²。盐沼修复区基本位于中、高潮滩位置，经微地形改造后适宜种植本土植被盐地碱蓬。

首先进行潮沟疏通和微地形改造，通过潮沟疏通促进海水交流，从而改善盐地碱蓬修复区域的水盐环境条件，通过微地形塑造改善种子截留状况。11 月，在拟恢复盐地碱蓬区域塑造各式微地形，包括地形高程整理、坑洞微地形、翻耕、扶垄塑沟。可以利用互花米草治理坝体将其一侧挖开，使其与潮汐连通。在潮汐的作用下，高潮带的盐地种子有部分可以被拦截于微地形内部。此时，将收获的盐地碱蓬种子或者种子产品撒施于微地形内部。当外界环境条件适宜时，即可有效恢复盐地碱蓬等本地物种。11—12 月，及时清理互花米草、芦苇等的残体，防止残体大量积累，避免由于残体压制而造成本土植被裸斑。将互花米草秸秆、芦苇秸秆收集打碎，平铺于恢复区地表，通过犁耕机或垄沟机将植物秸秆翻入土壤表层以下。春初盐地碱蓬种子萌发时，可辅以撒施缓释肥。

图 7-77 为盐沼植被修复示意图。

(4) 牡蛎礁修复

2022 年滨州市海洋生态保护修复项目临近区天然存在巨型的牡蛎礁体，牡蛎礁生境适宜，项目区现为滩涂，底质表层为粉土，需添加固着基构建人工牡蛎礁体和补充牡蛎。采用块石礁体和混凝土块体结构的牡蛎城堡建造方式，修复牡蛎礁约 30hm²。

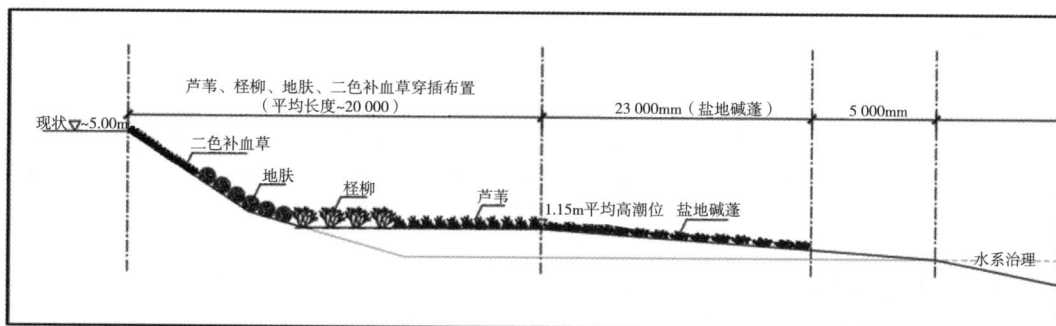

图 7-77　盐沼植被修复示意图

　　2022 年滨州市海洋生态保护修复项目牡蛎礁采用双层平行堤斑块式礁体修复布设方式，沿海堤外侧布置，总长约 5 000m。外层采用碳酸岩块石进行破浪消能，减少波浪、水流对内侧的冲刷，外侧礁斑尺寸为 80m×20m×1.8m，礁斑间距为 40m，采用大块石松散堆砌布置。内侧礁体距外侧礁体 20m，采用两种方案交叉布设，于外侧礁斑断开处设置大块石礁体，尺寸为 40m×20m×1.3m，外侧礁斑后方掩护区设置双层牡蛎城堡，单个牡蛎城堡构建尺寸为 80cm×80cm×0.6m，礁斑尺寸为 40m×20m×1m。牡蛎礁采用平行堤斑块式礁体修复布设方式，既保证了牡蛎礁区域的消浪功能，又促进了牡蛎礁群的生态修复功能，而且能够保障礁群内水体交换的通畅，带来丰富的食物，是一种符合该区域特色的修复布设方式。

　　牡蛎礁平面、牡蛎城堡礁体剖面如图 7-78、图 7-79 所示。

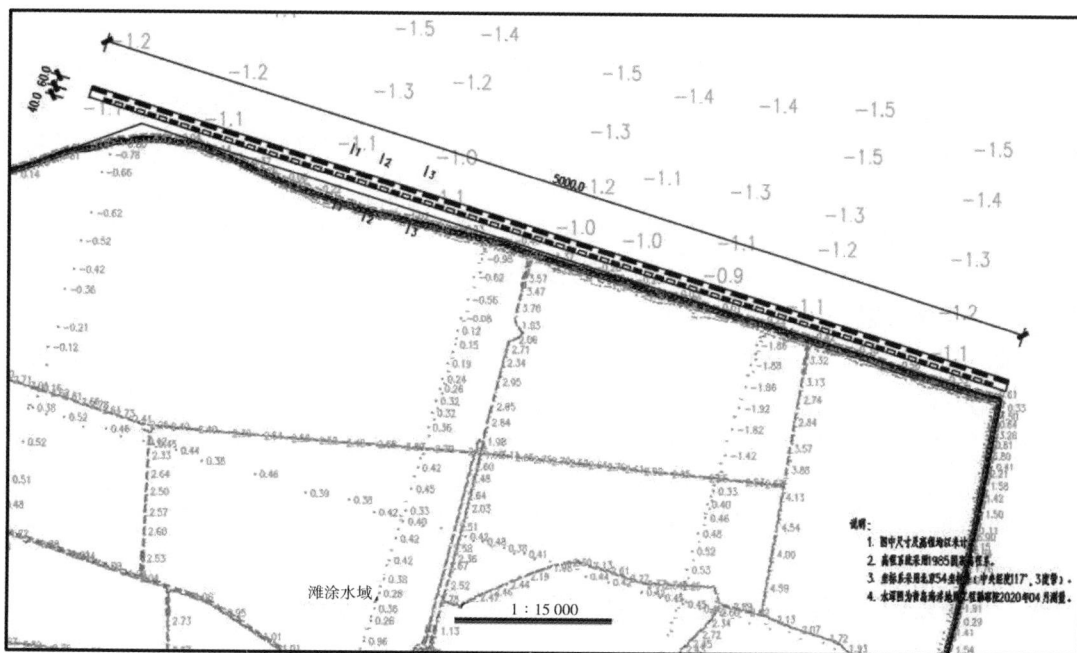

图 7-78　牡蛎礁平面布置图（单位：m）

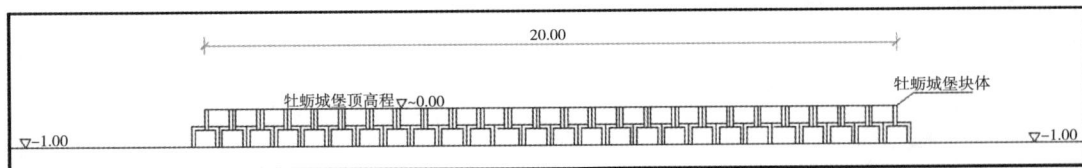

图 7-79 牡蛎城堡礁体剖面布置图

7.8.4 修复成效

7.8.4.1 生态效益

2022 年滨州市海洋生态保护修复项目的实施将有效修复当地生态系统，提升区域生态防灾减灾功能，从宏观上调控自然与人为因素对资源和环境的影响，逐步改善滨海地区的生态服务功能。通过对套尔河河口至顺江沟段及顺江沟至潮河河口段进行生态修复，治理外来入侵物种，恢复本地植被系统，改善生物底栖环境。环境的改善不仅能够为水禽提供丰富的食物来源，繁茂的植物群丛也可以为水禽提供栖息繁殖所必需的安全空间，对于增加生物多样性和生态系统的稳定性、调节当地气候、涵养水源、固碳造氧具有重要的意义。通过盐沼植被修复、牡蛎礁修复等措施，完善区域生态架构，提高生态系统的稳定性，构成了一个能够自我更新的海域系统，逐步实现"水清、岸绿、滩净、湾美、岛丽"的海洋生态文明建设目标。

7.8.4.2 社会效益

项目的实施对推进滨州市重要生态功能区建设、有效控制环境污染和生态破坏、大力发展循环经济、提高环境支撑能力、努力建设环境友好型社会的生态建设与环境保护目标具有示范意义。2022 年滨州市海洋生态保护修复项目通过对河口进行生态保护修复，塑造了具有特色的滨水城市空间生态循环形象，提高了海岸带生态系统的服务功能，有效改善了滨州地区海洋生态环境，满足了人们生产、生活、生物观察研究的需要，完善了海洋生态结构和功能，促进了人与滨海环境的融合统一，突出了当地集生态养殖、绿色能源、滨海观光于一体的特色滩涂生态价值，提升了周边群众及外来游客对政府公共服务的满意度，提高了公众的生态文明意识，营造了良好的社会氛围和公共秩序。

7.8.4.3 经济效益

2022 年滨州市海洋生态保护修复项目有助于恢复当地生态系统，打造清洁、有序的滨海环境，直接拉动区域内各产业的发展，吸引高品位投资的科学、高效用海，创造绿色经济、环保经济的良好发展氛围。同时，在保护海洋生态环境的前提下，发展生态旅游等特色产业，将对居民生活水平的提高以及地方经济的发展起到促进作用。有利于实现人与海洋环境的协调发展，可以提供良好的生态环境与生产环境，促进当地经济走上可持续发展的轨道。

7.9 2023 年威海市海洋生态保护修复项目

7.9.1 地理位置

威海市地处山东半岛东端，地理位置优越、海洋资源禀赋好，是山东省重要的海洋产业基地和滨海旅游城市。城市北、东、南三面为黄海环绕，沿岸海域辽阔，岸线长 978km，约占山东省岸线长度的 1/3、占全国岸线长度的 1/18，目前自然岸线保有率约为 47%，超过全国 40% 左右的平均水平，海岸类型多属于港湾海岸，共计分布 35 个海湾，近岸潮间带包含岩石滩、淤泥滩和沙滩等类型，面积在 500m² 以上的海岛有 76 个，海岸湿地面积为 54 947.2hm²，河口海湾湿地 9 593.7hm²。威海海岸线蜿蜒曲折，岬湾交错，岛屿、港湾众多，浅海、滩涂广阔，物种繁多，包含多种典型滨海生态系统，具有重要的保护价值。

2023 年威海市海洋生态保护修复项目生态修复区位于威海市乳山市乳山湾和白沙口潟湖。修复范围内的乳山湾是乳山市的"母亲湾"，在过去有"北有旅顺口，南有乳山口"之说，也是山东半岛重要的海湾资源，有乳山河、六村屯河、锯河等多条河流汇入，其宽阔的滩涂为泥蚶等底栖生物提供了生存空间。白沙口潟湖位于乳山市"万米银滩"之间，连通了黄海与白沙滩河、锯河等河流，涨潮时纳水，落潮时形成潮沟，宛如嵌入陆地的一颗明珠，是乳山市重要的近海潮汐湖，实现了近海环境和生物资源的良性成长与生态循环。

7.9.2　主要生态问题

7.9.2.1　乳山湾主要生态问题

（1）人工养殖池塘占用湿地空间，改变自然地形地貌

在乳山湾历史时期"海上乳山"的发展战略下，围海养殖业快速发展，曾经为乳山市经济发展和人民生活质量的提升作出了重要的贡献，但人工养殖池塘的扩张占用了大量自然滩涂湿地生境，构筑的堤坝和修建的道路使自然岸线人工化，造成自然湿地面积急剧下降，影响了区域水动力条件，最终使得乳山湾滩涂地形、地貌发生改变。通过 2022 年乳山湾卫星遥感影像解译分析，可知乳山湾天然湿地面积 4 806.41hm²，围海养殖面积 2 179.04hm²，大量天然湿地被人工养殖池塘占据。东流区养殖池塘面积为 921.12hm²，养殖池塘从锯河口至乳山湾口沿浅海滩涂呈条带状分布，主要分布于北岸。西流区养殖池塘面积为 1 257.91hm²，占据了西流区 2/3 的海域面积，遍布乳山河口至乳山湾口。

（2）互花米草快速蔓延，海洋生态安全受到威胁

乳山湾滩涂面积较大，高程较高，为互花米草生长创造了良好条件，自 2018 年以来，项目区互花米草快速蔓延，占领了整片滩涂（图 7-80），并不断向海域推进，导致开阔海域的面积减小、海水上溯能力和水交换能力减弱。互花米草快速蔓延使得本地物种生物多样性丧失，破坏了鸟类的觅食和栖息环境。乳山湾互花米草面积由 2019 年的 237hm² 增长至 2020 年的 629hm²，到 2021 年底已达到 702hm²，2022 年乳山湾互花米草面积达到了 841hm²。

（3）渔业资源开发过度，栖息空间被侵占，生物多样性下降

近年来，乳山湾及其临近水域由于渔业资源开发过度以及周围互花米草蔓延而呈生物多样性下降趋势，渔业资源面临越来越严峻的形势，总体上表现为种群结构趋于简单、幼鱼及补充群体比例增加、平均个体变小、性成熟提前和生长速度加快等。

泥蚶是我国重要的经济水生动物之一，被农业农村部列入国家重点保护经济水生动物

图 7-80　乳山湾西流区南部区域互花米草分布（修复前）

资源名录。全国仅有山东、浙江、福建等少数几个省份出产，乳山自古是北方泥蚶的主要产区，而乳山湾又是泥蚶最适宜生长的地方。从 20 世纪 60 年代起，浙江、福建、广东沿海泥蚶养殖户年年到北方购苗。但随着人们大规模的滥采滥捕及环境因素的变化，泥蚶产量越来越低，至 20 世纪 80 年代泥蚶几乎绝迹，仅山东南部沿海有少量小块产苗区，但也是每况愈下。近些年来，受乳山湾内外来物种入侵及渔业资源开发过度等多种因素影响，泥蚶适宜的底栖和水质环境已基本丧失，现已基本无泥蚶和其他经济底栖生物生长，因此，恢复湾内泥蚶生长环境已迫在眉睫。

（4）潮沟淤积叠加互花米草入侵，原生盐沼植被退化

淤积是河口普遍存在的问题，上游河水夹带的泥沙在河口区域由于水面开阔、水流流速变缓和受重力作用容易沉积下来；另外，河水在混合海水后，水体中电解质的变化使得泥沙容易结团而沉淀。受这两个因素影响，河口区域往往是泥沙淤积严重区域，近年来，由于互花米草快速蔓延，潮沟通道被互花米草侵占，逐渐缩窄，使区域内海水流动变缓、水交换能力减弱，进一步加剧了锯河河口淤积。潮沟淤积和互花米草入侵导致原生盐沼湿地不断衰退，导致该区域的生物多样性丧失。乳山湾水深受潮汐和季节影响明显，8 月、9 月水深较深，12 月水深较浅，通过对东流区历史清淤工程的调查可知，历史上乳山湾东流区从未进行过清淤，从现状来看，锯河入海口淤积严重（图 7-81）。

图 7-81　锯河入海口淤积严重（修复前）

（5）岸线冲刷严重，海岸线防护能力差

项目区养殖池塘和护岸多为素填土结构，抵御冲刷的能力较弱，在潮流的影响下，泥土进入周边海域，逐渐淤积。养殖废水的大量排放也加剧了局部泥沙淤积。锯河口东北侧堤前岸段大部分护坡裸露、水土流失、侵蚀严重（图 7-82），不仅抗冲刷能力弱，而且有岸坡倒塌、淤积河道等风险，存在一定的安全隐患，也威胁到后方居民的生命财产安全，因此需对护岸结构进行生态化改造，满足护岸的防护能力。

图 7-82 素填土护岸和冲刷严重的护岸（修复前）

7.9.2.2 白沙口潟湖主要生态问题

（1）潟湖水面萎缩，湿地面积减小

白沙口潟湖口门向东南方开口，潟湖内水深 1～2m，95％为潮滩，有白沙滩河流入。1970 年 11 月白沙口建设潮汐电站，1971 年在白沙口潟湖口门处建立拦海大堤，改变了潟湖内外的海水交流，同时，为了维持潮汐电站口门进出水的畅通，在潟湖口门东北处建立了一条南北向的拦沙坝。潟湖发育的地区，泥沙运动一般较为活跃，沙嘴稳定性差，随意改变地貌将导致泥沙淤积；潟湖内有河流注入，泥沙源源不断地在潟湖内沉积且河流促使潟湖的盐度降低，盐生植被容易大量繁殖淤积使潟湖提早干涸。

1979—2000 年潟湖的岸线长度和面积基本未发生变化，而 2000—2011 年，白沙口潟湖岸线长度和面积分别减少了 30％和 34％（表 7-3）。自 2014 年以来该区域没有大规模围填海工程导致的岸线和面积的改变，自 2019 年开始，潟湖东北部出现大规模露滩现象，原生盐沼植被退化，土壤出现板结现象。

表 7-3 1979—2022 年白沙口潟湖岸线长度和面积

年份	长度（km）	面积（km²）
1979	17.19	5.662 9
1990	17.02	5.739 8
2000	17.17	5.878 1
2011	11.97	3.863 6
2022	10.68	3.148 3

（2）潮汐通道淤积严重，阻碍了现存湿地内部的水文连通性

白沙口潟湖潮汐通道淤积严重，与外海的连通性被破坏（图 7-83）。目前白沙口潟湖东侧只能依靠白沙滩河道海水上涌获得海水补充，白沙口潟湖口门的地貌形态被严重改

变导致几乎堵塞，潟湖纳潮量减小，一定程度上导致了淤积加速，也加速了生态环境的进一步恶化，潜堤水体出现明显藻华现象，潟湖东北大部原生盐沼植被退化、土壤板结，滩涂自然生态系统遭到破坏。

图 7 - 83　白沙滩河河口区域淤积（修复前）

（3）潟湖内湿地生态系统退化，土壤板结问题严重

调查发现，潟湖内部湿地土壤呈淤泥状，湿地内现有生长植被主要为芦苇，混生着少量的盐地碱蓬。湿地北侧土壤盐渍化加重，部分板结严重，形成大量裸露的高盐滩涂斑块，南侧土壤质地为均匀的黄黑泥，有臭味，由大量芦苇枯落物分解所致。白沙口潟湖湿地北侧裸露潮滩和南侧湿地底质的全盐含量明显较高，含量在 $0.715\%\sim1.52\%$。潟湖内湿地生态系统发生退化（图 7 - 84），土壤板结问题严重，这是由于白沙滩河上游橡胶坝的阻挡，导致潟湖内长期缺少淡水的补充垂向蒸发作用显著增强，盐分在土壤中滞留进而发生盐渍化，加之受海潮的影响，形成高矿化度咸水，导致潟湖内土壤板结问题严重。

图 7 - 84　潟湖湿地生态系统退化（修复前）

（4）水体交换能力差，导致水体富营养化及海草床退化

白沙口潟湖口门处的拦截坝以及淤塞导致潟湖中部水体流通性差，水交换能力弱，水体长时间呈静止状态，引发多种生态问题，尤其是对潟湖内海草床造成较大威胁。适宜的营养盐是海草生长的重要因素，但高浓度的营养盐会直接抑制海草叶绿体的磷酸化过程，从而对海草产生毒害作用，影响海草的密度和形态学等特征。白沙滩河及周边养殖活动输入

的营养物质和悬浮颗粒物在此富集，严重影响了潟湖内海水的自净化能力，导致水体富营养化，水体透明度大幅度降低，加剧了藻华风险，争夺海草生长必需的光资源，使分布于海底的海草无法利用光资源，进一步导致海草床退化（图 7 - 85）。

图 7 - 85　白沙口潟湖夏季藻华现象

7.9.3　修复方案

7.9.3.1　修复规模和目标

　　2023 年威海市海洋生态保护修复项目选择生态问题突出的乳山湾及白沙口潟湖进行生态修复，通过互花米草治理、退养还湿、盐沼湿地修复、海草床修复等措施，提高了修复区海洋生物多样性，改善了鸟类栖息环境，恢复了海洋生态系统服务功能，提升了生态系统碳汇能力。

　　乳山湾采用刈割＋翻耕、梯田式围淹及生物替代等多种方式综合治理了 932hm² 互花米草，建立了长效管护机制，确保了互花米草治理成效；乳山湾东流区 1.48km 岸线的养殖塘拆除、1.64km 受侵蚀海岸的生态化改造将 3.12km 人工岸线恢复为自然岸线；乳山湾东流区通过退养还湿、微地形改造和潮沟疏通、淡水补充等措施恢复了盐沼湿地 194hm²，提高了湿地植被覆盖度；在乳山湾恢复 200hm² 的底栖生物资源，保护和维持了底栖生物资源量，改善了鸟类栖息地，恢复了生物多样性，提升了盐沼生态系统碳汇能力。

　　白沙口潟湖区通过疏通潮沟，提升了潟湖水文连通性，解决了潟湖北区土壤干结、湿地退化问题，恢复了盐沼湿地 53.35hm²；修复了海草床 20hm²，为白天鹅等鸟类提供了优良的栖息场地，提高了白沙口潟湖鸟类种类、数量和海洋生物多样性，提升了盐沼、海草床生态系统碳汇能力。

7.9.3.2　平面布置

　　2023 年威海市海洋生态保护修复项目位于威海市乳山南部区域，项目内容主要包括乳山湾海洋生态保护修复工程项目和白沙口潟湖海洋生态保护修复工程项目。

　　在平面布局上互花米草治理要求对乳山湾内全部互花米草进行清除；盐沼湿地修复包含互花米草治理区盐沼植被修复以及退养还湿，乳山湾有乳山河、锯河和六村屯河 3 条河流注入，是典型的河口区域，适合盐地碱蓬生长，互花米草治理区盐沼植被修复布置呈斑块状，保留现状水道；退养还湿需拆除养殖塘埠后进行微地貌改造，种植区平面布置尽量沿现状塘埂布置以减少微地貌改造围堰布置；潮沟疏通布置于锯河和六村屯河入海口处以及互花米草治理区盐地碱蓬种植区；岸线修复则布置在岸线冲刷严重的六村屯河河岸处。

白沙口潟湖南岸生长有大面积芦苇，且长势良好，潟湖北岸盐沼湿地退化严重，因此将盐沼湿地修复布置于潟湖北岸；潟湖北岸以及外侧入海潮沟淤积严重，使潟湖失去潮汐特征，因此潮沟疏通布置在白沙滩河河道以及潟湖北岸区域；潟湖内大部分区域水深较浅，仅潟湖中部区域水深较深适合海草生长，因此将海草床修复布置在潟湖中部。潮沟疏通后潟湖内部海草床生长区域水交换能力不足，对潟湖南侧口门进行改造。

项目平面布置如图 7-86 所示。

图 7-86　项目平面布置图

7.9.3.3　修复内容和技术手段

2023 年威海市海洋生态保护修复项目包括乳山湾生态修复项目和白沙口潟湖海洋生态修复项目两个子项目。主要包括项目区域互花米草治理、盐沼湿地修复、潮沟疏通、底栖生物恢复、岸线修复以及海草床修复等内容。

（1）互花米草治理

对乳山湾内互花米草进行全域治理，共治理 932hm²，采用刈割＋翻耕、刈割＋梯田式围淹和深埋治理方法。

刈割＋翻耕法治理互花米草项目区主要位于乳山湾互花米草面积较大、滩面平缓区域，总面积约 652.33hm²。刈割在 4—5 月进行，刈割后留茬高度应低于 10cm。采用人工配合机械进行刈割，刈割的互花米草需及时运走集中处理。优先刈割互花米草水淹区域，保证后续水淹工序正常进行。刈割后，采用犁耕机或旋耕机等对整个治理区域进行翻耕，翻耕深度以 30cm 为宜。翻耕最佳时间在冬季（10—12 月）。冬季为互花米草根系休眠期，翻耕可损坏休眠的宿根，使宿根丧失繁殖能力甚至死亡。为彻底清除互花米草，须在翌年春季（2—3 月）再次翻耕，阻止新苗生长。

刈割＋梯田式围淹位置选择在乳山湾东流区下游，此处滩涂高程较低，围淹后，可保证涨潮自然淹水，治理总面积约 8.51hm²。刈割后留茬高度应低于 10cm，刈割完成后，就地取土修建临时梯埝，包括平行于海岸线的横向梯埝和垂直于海岸线的纵向梯埝，依据等深线在海滩不同高程处修建多条横向梯埝，在横向梯埝两端修建纵向梯埝，梯埝纵横相连，形成梯田式围淹。梯埝顶宽 1m，边坡比为 1∶3，梯埝顶高程不高过平均大潮高潮线1.6m。采取网格化方式增强梯埝的稳定性；单个围隔区不宜过大，一般以小于 30hm² 为宜。在梯埝上铺设土工布，土工布两侧用回填土压紧，防止泥土流失。围隔断面为梯形，按照等深线分布，沿互花米草治理区域潮滩高程等高线就地取土修建一级梯埝，对互花米草根茬进行梯田式围淹。梯埝筑成后，通过涨潮向围隔内引入自然海水，保持淹水深度不低于 40cm，淹水时间应保证 6 个月以上。互花米草完全清除后，将临时梯埝拆除，清理海滩土工布，复原海滩地形条件。

采用深埋法治理西流区上游河道及湾内其他零星分布的互花米草，后续需进行碱蓬种植，为避免工序上相互影响，也采用深埋处理工艺，总面积约 279.46hm²。深埋作业是先在后方挖宽 2m、深 1.5m 的坑，用挖掘机将表层含有互花米草根茎的土挖至坑底层，将底层土挖至坑表层，逐步推进。

（2）盐沼湿地修复

盐沼湿地修复项目分为乳山湾互花米草治理区盐地碱蓬种植、乳山湾退养还湿区以及白沙口潟湖盐沼湿地修复。该项目通过拆除堤坝、平整湿地滩面以及潮沟疏通和分级修复盐沼植被种植面积总计 309.54hm²，其中乳山湾盐沼湿地修复 256.19hm²，白沙口潟湖盐沼湿地修复 53.35hm²，湿地植物主要选择芦苇和盐地碱蓬。根据区域特点、水质环境、原始湿地退化原因，因地制宜采取相应措施，对功能减弱、生境退化的湿地采取以生物措施为主的途径进行生态恢复和修复，湿地建设主要为地形整理和植被恢复。

互花米草治理区盐沼植被的修复采用挖填方式改造滩面高程。挖填采用水陆挖掘机从种植区附近取土，1.2m 以下的区域适当填高作业面，满足种植盐地碱蓬的要求。为适合盐地碱蓬生长，应控制挖填泥质，要求表层 10~20cm 的淤泥层厚度，且不危害盐地碱蓬生长。从就近海域挖填的板状块结淤泥可以放置在挖填后软质淤泥的上层。滩面高程平均垫高至 1.3m。种植区外侧采用缓坡设计，外侧边坡坡比为 1∶5。盐地碱蓬要求每块种植的滩涂相对平整，每块修复地块相对高差在 30cm 内。

乳山湾退养还湿区养殖塘塘埝普遍高于盐沼植被种植设计高程，需将塘埝高程拆除至设计高程。用后退法采用反铲挖掘机拆除，由反铲挖掘机在养殖池塘围堰上从项目区内侧向外侧挖除施工。拆除土方用于项目区微地貌改造。微地貌改造土方来自养殖塘埝拆除和潮沟疏通土，土方通过自卸汽车被运至养殖塘内，通过水陆两用挖掘机平整至设计高程，水道标高高于 0.2m 区域用挖掘机清理至 0.2m 设计标高。

白沙口潟湖滩面高程普遍高于设计种植面高程，采用挖掘机或水陆两用挖掘机将滩面高程降至设计高程，将开挖土通过封闭运输车运至乳山湾退养还湿区。

盐地碱蓬种植采用开沟播种方式。选取粒度 φ 值为 1.0~4.0mm 的种子，将所述种子置于质量浓度为 500mg/L 的高锰酸钾溶液浸泡 25~30min，再用水浸泡 3~4h。利用水陆两用挖掘机对滩涂进行开沟，沟深 0.3cm，沟宽 0.3m，沟间距 0.5m。处理好的种子可以用手或者气旋播种机均匀地撒播。播后用钉齿耙轻覆，保持土壤潮润，一周后出苗。芦苇种植采用根状茎移植法，选取深黄色至褐色、茎壁较厚、茎粗壮坚实的苗种，开挖种植穴，将根状茎移植至种植穴内，种植穴规格为 $0.2m×0.2m×0.2m$，种植穴间距为 $0.7m×0.7m$，每穴种植芦苇 4 株，每平方米种植芦苇 8 株。

（3）潮沟疏通

乳山湾海洋生态保护修复项目潮沟疏通主要是改善区域上水和排水条件，改善退养还湿区水文条件，潮沟疏通主要布置在锯河和六村屯河入海口处及盐沼湿地修复区，潮沟疏通量 $65.85m^3$；白沙口潟湖海洋生态保护修复项目潮沟疏通主要是针对潟湖与外海连通性差问题，采取河道疏通的方式将白沙滩河入海河道疏通，使涨潮时海水从河道进入潟湖，恢复潟湖内潮汐特性。对于潟湖内潮汐通道分级，沿用河网分级办法设置两级潮沟，将最大的主流定义为一级潮沟，将汇入主流的支流定义为二级潮沟。一级潮沟长 2 600m，二级潮沟长 2 800m。其他级别的小潮沟可后期通过滨海盐沼湿地的自我恢复能力进行恢复。同时对潟湖南侧口门进行潮沟疏通，改善口门进水条件。

锯河河口疏通一级潮沟 1 000m，潮沟疏通后底高程自河道上游向下降低，锯河上游河道维持现状，河道底标高在 $0.7～1.2m$，盐沼湿地修复区水道底标高为 $0.2m$，可保证河水优先进入水道；潮沟疏通从盐沼湿地水道入口开始，由现状标高放坡疏通至底标高为 $0.5m$，锯河下游区域底标高疏通至 $-1.0m$，保持潮沟内低潮存在 $0.5m$ 以上水深。盐沼湿地修复区潮沟疏通主要是改善盐地碱蓬种植区进水和退水条件，疏通后潮沟底高程为 $-1.7m$。设置潮沟疏通边坡比为 $1:4$，潮沟疏通量 65.85 万 m^3，将潮沟疏通土方用于退养还湿微地貌改造。

白沙滩河河道内现状高程（$-1.4～2.1m$），宽度为 $50～90m$，设计白沙滩河河道靠海侧疏通后底标高为 $-1m$，河道上游疏通底标高为 $1m$，与潟湖连接处设计标高为 $0.5m$；白沙口潟湖内一级潮沟和二级潮沟现状标高 $1.3～1.8m$，一级、二级潮沟疏通后底标高为 $0.0m$。其他级别的小潮沟可后期通过滨海盐沼湿地的自我恢复能力进行恢复。通过上述改造，能够保持潟湖内水体的潮汐特性，又满足碱蓬、芦苇等适生条件。

（4）底栖生物恢复

乳山湾滩涂平缓，底质的粒径较细，主要为细沙和粉沙，其中乳山湾东流区底质含泥量高，西流区底质含沙量高，滩面基本稳定，滩泥深厚，由于淡水径流渗入，泥质肥沃。选择乳山湾潮滩的低潮线以上 600m 以内的区域，在中低潮带和中高潮滩投放适量的种苗，恢复总面积 $200hm^2$。其中菲律宾蛤仔恢复区 $200hm^2$，同时选择在菲律宾蛤仔恢复区范围内投放双齿围沙蚕，恢复面积 $22hm^2$。

泥蚶（图 7-87）和菲律宾蛤仔（图 7-88）投苗时间为 5—8 月，放苗选择在小潮汛或大潮汛的平潮流速较缓慢时进行。选择在阴天或者晴天的傍晚和早晨放苗，避开强烈阳光直射、暴雨或 7 级以上大风天气。双齿围沙蚕（图 7-89）放养时间为 9—10 月，在大潮退潮后进行，采用干滩播苗，均匀播撒于滩面，有较长的干露时间，涨潮前 1h 停止播苗。菲律宾蛤仔投放密度为 $50kg/$亩，$30～150$ 粒$/m^2$，壳长不小于 3mm，$1 000～2 000$ 粒$/kg$；沙蚕选择本地物种双齿围沙蚕，投放密度为 $25kg/$亩，$15～45$ 条$/m^2$，10 刚节以上的幼体 $400～1 200$ 条$/kg$。

（5）岸线修复

岸线修复工程总长度为 3 120m，拆除锯河入海口两侧占用自然岸线的养殖池塘，恢

图7-87 泥蚶

图7-88 菲律宾蛤仔

图7-89 双齿围沙蚕

复1 480m岸线生态功能；对于六村屯河入海段1 640m的受侵蚀岸线，通过坡面整理、种植芦苇等植物恢复岸线的生态性，提高护岸的侵蚀防护能力。岸线修复区有1 070m岸线位于修复岸线前方，距离修测岸线40～75m。

针对现状岸线，采取因地制宜的修复方案，锯河两岸岸线现状冲刷不明显，大部分坡面现有植被生长，此段岸线通过岸线清理恢复为生态岸线，对其中380m岸线坡面植被进行补种。六村屯河部分岸线坡面有芦苇等植被生长，坡面水体流失不明显，此段岸线仅在岸坡坡脚栽植1m宽芦苇植被带；其余岸线坡度多为直立护岸，护面采用斜坡形式，坡度为1∶1.5，临海侧护面采用芦苇-狗牙根植物护面。针对坡度相对较缓的边坡，采用在坡底栽植1m宽芦苇防护带的方式进行修复，减少土石方工程，通过芦苇防护带种植修复岸线1 039.7m，其余1 480m岸线通过拆除养殖池塘使其恢复为生态岸线。

（6）海草床修复

根据威海市海草床的分布、物种特征和生态修复技术成熟度，结合该项目区域情况，选择以鳗草为海草修复种。在白沙口潟湖中部修复海草床总面积20hm²，其中总面积的40%开展种子播种，总面积的60%开展植株移植。

植株移植选择植株绑扎直插移植方法。首先使用棉麻等生态环保材料将 5 株植株绑扎在一起构成一个移植束；然后在拟建海草床海底表层挖取 3～5cm 移植空穴，将植株束的根状茎放入空穴后，用底泥将根状茎掩埋、压实。种植束采用 5 株/单元、4 单元/m²，因此植株移植密度为 20 株/m²。移植区面积 12hm²，合计移植 240 万株。

种子播种选择保护网＋小型网袋装种播种法。播种密度为 50 粒/m²。使用麻制网袋，装种植土和 50 粒种子，播种时，将海草种子与泥沙混合，装入网袋，网袋平铺时厚度为 3～5cm，在网袋上面加一层保护网，并用环保材料将保护网和网袋连结在一起，然后将网袋平铺在播种海区，并用环保材料制成的 U 形或 V 形枚订将网袋的四个角固定，防止被海水冲走。保护网的材料选择环保材料，其长度和宽度应大于播种袋 10cm 左右，格栅规格宜在 2～4cm。泥沙以陆地优质土壤为主，泥沙质量比宜不低于 3∶1，沙粒径宜控制在 0.5～0.25mm。

植株种植区布局如图 7-90 所示。

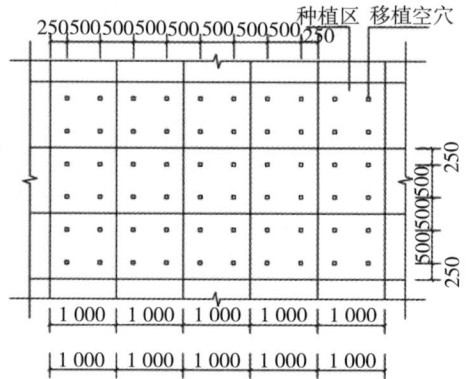

图 7-90　植株种植区布局（单位：mm）

7.9.4　修复成效

7.9.4.1　生态效益

2023 年威海市海洋生态保护修复项目对乳山湾及白沙口潟湖岸线进行保护修复，伴随养殖围堰及养殖大棚的拆除清理，自然岸线恢复，滨海湿地面积增加，海水自净能力提升，通过海滨湿地修复整治，湿地生态环境得到改善，滨海湿地的恢复，不仅可以为水禽提供丰富的食物来源，繁茂的植物群丛还可以为水禽提供栖息繁殖所必需的安全空间，这对于增加生物多样性和生态系统的稳定性、调节当地气候、涵养水源具有重要的意义。

2023 年威海市海洋生态保护修复项目通过拆除养殖池塘、坡面整理等措施，将 3 120m 人工岸线修复为生态岸线，提高岸线生态化比率，保护滨海岸线。项目通过退养还湿、盐沼湿地修复种植碱蓬 220hm²、芦苇 81hm²，修复区植被盖度提高 30% 以上，盐沼湿地面积增加至 300hm²。同时修复 20hm² 海草床，项目实施后滨海湿地蓝色碳汇能力大幅提升。项目恢复岸滩栖息环境，通过底栖生物恢复，提高乳山湾贝类栖息密度 20% 以上。通过对项目区海岸带的保护修复，使缺少防护的岸线得到修复，滨海湿地面积不断增加，使自然生态与人文景观相结合，提高了生态系统的稳定性，构成了一个能够自我更新的海域系统，治污与环境和谐发展，逐步实现"水清、岸绿、滩净、湾美、岛丽"的海洋生态文明建设目标。

7.9.4.2　经济效益

2023 年威海市海洋生态保护修复项目位于威海市乳山湾和白沙口潟湖岸线，项目周边海域开发利用活动主要为海水养殖。项目实施海岸带保护和生态修复，有利于促进后方的建设及周边旅游产业的发展，从而带动了区域经济的发展，推动了城市发展战略的实施，产生了巨大的经济效益。

　　2023 年威海市海洋生态保护修复项目的开展和实施全面整合项目区海岸带的生态保护以及近海生态修复，进而提高了生态环境质量，恢复了生态系统的服务功能，从而提高了当地滨海休闲旅游的经济效益，增加了旅游收入。滨海休闲旅游业的发展是建立在海域的自然环境优美、休闲设施完备和生态景观完整的基础上的。项目在岸线整治与生态修复的基础上，通过利用海岸生态景观资源为载体，对景观进行规划设计，形成威海市乳山市独特的滨海休闲旅游特色，充分发展了休闲资源潜力，为当地休闲旅游业发展注入新的元素，丰富了旅游内容，从而有力地推动了威海市乳山滨海休闲旅游业的发展。滨海休闲旅游业的发展不仅给区域发展带来了经济收入，满足了人们休闲度假、观光旅游、养生保健、生物观察研究的需要，还对区域产业结构调整和产业层次的提升具有重要意义。通过威海市乳山湾及白沙口潟湖海岸带保护修复，提升岸段特有的自然环境和生态环境，完善该区域的旅游、休闲功能，拓展城镇区域的空间，实现威海市乳山市生态旅游可持续发展。威海市乳山湾及白沙口潟湖海岸带保护与生态修复不仅是加强当地滨海环境保护工作、建设生态城市的需要，还是建设当地海洋文化名城、海上花园城市的客观要求，更是提高威海市乳山市对外知名度、发展海洋旅游经济的现实要求，项目的实施将增强区域竞争力，有利于实现打造世界一流生态城市的目标，为其蓝色经济发展增添活力。

7.9.4.3　社会效益

　　2023 年威海市海洋生态保护修复项目通过盐沼修复、岸线修复，塑造有特色的滨水城市空间生态循环形象、提高入海河口湿地生态系统的服务功能、有效改善乳山湾湿地的生态环境，打造乳山湾温婉流畅的动感海岸线、满足人们休闲度假、观光旅游、养生保健、生物观察研究的需要、完善滨海岸线的完整性和功能、促进人与滨海环境的融合统一，成为人们生态旅游、娱乐休憩、享受自然景观的重要场所之一，项目的实施改善了项目附近乳山口镇、海阳所镇、滨海新区、乳山寨镇及周边几个村镇 15 万人口的人居环境，具有显著的社会效益。

7.10　2023 年东营市海洋生态保护修复项目

7.10.1　地理位置

　　2023 年东营市海洋生态保护修复项目实施区域横跨山东省黄河三角洲北部海岸带以及永丰河口以南海岸带。其中山东省黄河三角洲北部海岸带区域涵盖河口区、利津县、东营港经济开发区和山东黄河三角洲国家级自然保护区 4 个区域。

7.10.2　主要生态问题

7.10.2.1　海草床生态系统受损严重

　　2016 年，日本鳗草在黄河口南北两侧的潮间带均有分布，上下绵延 25～30km，由岸向海分布宽度 200～500m，海草床面积超过 1 000hm²，为国内目前发现的最大日本鳗草海草床。2019 年 8 月，黄河口口门西北海域大片互花米草侵占了海草床生态位，调查发现日本鳗草面积约 1hm²，分布在东营孤东大堤附近海域；2020 年 7 月，日本鳗草面积进一步减小，仅 $0.47hm^2$，盖度为 20%，平均茎枝密度为 24 株$/m^2$，株高 $2.15\sim4.02cm$，平均生物量 $10.15g/m^2$；2022 年 5 月，在红光渔港以南区域可见日本鳗草，呈斑块状分布（图 7-91），株高 9cm，局部密度可达 720 株$/m^2$；在神仙沟以南区域、油田区域、10 号闸附近发现中国川蔓草分布。大部分海草床呈斑块状分布，植被覆盖度低，退化严重。

图 7-91　红光渔港以南区域海草斑块状分布（修复前）

黄河三角洲区域互花米草面积持续扩张，主要分布于黄河现行入海口两侧。互花米草侵占了海草床的生态位，严重影响了海草床生态系统，加之人为采捕活动和台风影响，海草床面积迅速减小。

7.10.2.2　滨海湿地生态系统退化严重

2020 年黄河三角洲海岸线以下滨海湿地面积约 $337\ 615hm^2$，其中，自然滨海湿地面积 $263\ 829hm^2$，人工滨海湿地面积 $73\ 787hm^2$。近 5 年来，黄河三角洲滨海湿地总面积基本保持稳定，2020 年自然滨海湿地互花米草和芦苇面积增加，互花米草面积约增加 $2\ 228hm^2$，年变化率为 $446hm^2/$年；芦苇面积约增加 $17hm^2$，年变化率为 $3.4hm^2/$年。碱蓬和柽柳类型面积减少，碱蓬面积约减少 $1\ 524hm^2$，年变化率为 $-304.7hm^2/$年；柽柳面积约减少 $240hm^2$，年变化率为 $-48hm^2/$年。人工滨海湿地类型面积增加的有盐田及其他类型，减少的有库塘、水产养殖场等。

1976 年改道以后，刁口河流路区域内无其他可靠的客水资源可以利用，只能依靠自然降水和黄河故道内的灌溉尾水来维持湿地生态平衡，致使该区域湿地不能有效地补充淡水资源，湿地退化严重。同时由于互花米草的大面积扩散，侵占了盐地碱蓬等本地物种的生境，开放式养殖对海域的占用等开发利用活动也造成了湿地面积的减少。

项目区域盐沼湿地修复前如图 7-92、图 7-93 所示。

图 7-92　利津县挑河支流西侧盐沼湿地（修复前）

图 7-93　永丰河南（金泥湾）盐沼湿地（修复前）

2015—2020年黄河三角洲滨海湿地面积变化情况见表7-4。

表7-4 2015—2020年黄河三角洲滨海湿地面积变化（单位：hm²）

类型	2015年	2020年	面积增减变化
浅海水域	192 642	192 701	59
淤泥质岸滩	50 981	52 396	1 415
河口水域	5 334	4 846	−488
沙洲（沙岛）	352	0	−352
芦苇	2 886	2 903	17
碱蓬	2 705	1 181	−1 524
柽柳	2 064	1 824	−240
互花米草	3 802	6 030	2 228
潮间盐水沼泽	2 901	1 946	−954
库塘	26 467	26 268	−199
水产养殖场	32 379	31 805	−575
盐田	13 041	13 488	448
其他	2 035	2 226	191
合计	337 591	337 615	25

7.10.2.3 岸线侵蚀严重，天然牡蛎资源严重破坏

以东营市垦利区宁海为顶点，北起套尔河口，南至支脉河口的扇形地带为近代黄河三角洲，面积约5 400km²，其两翼地区覆盖潍坊和滨州。该地区牡蛎种群以长牡蛎和近江牡蛎为主，长牡蛎主要分布在岸线潮间带石坝、防浪堤高潮线以下至潮下带浅水区，而近江牡蛎则主要分布在河口潮下带碎石及部分砂质底质区域。地理位置上，该区域的近江牡蛎主要分布在东营垦利区位于山东黄河三角洲国家级自然保护区南侧的河口附近，保护区北岸东营河口区的黄河老河口、刁口河口等海区和其他小河口也有零星分布。然而，受人工滥捕影响，该地区天然牡蛎资源已遭受到严重破坏。

对沿岸区域进行遥感水边界解译提取，结果（图7-94、图7-95）表明，刁口流路总蚀退距离约5.6km，其中，1984—2021年，岸滩由北向南逐年蚀退，1984—1995年，最大蚀退距离约3.8km；1995—2015年，最大蚀退距离约1.9km；2015—2021年，最大蚀退距离约0.6km。2020—2021年，现行黄河口岸滩有两处淤积，面积分别为5km²和2.1km²，淤积最大距离分别为1.5km和0.9km；南岸大汶流区域有一处蚀退，面积约9.6km²，蚀退最大距离约为1km。

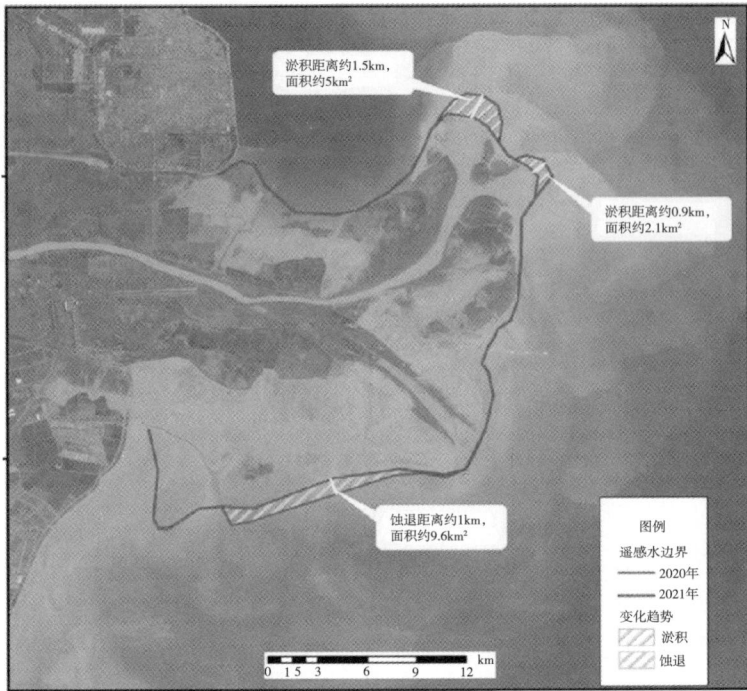

图 7-94 现行黄河口 2020—2021 年水边界变化对比

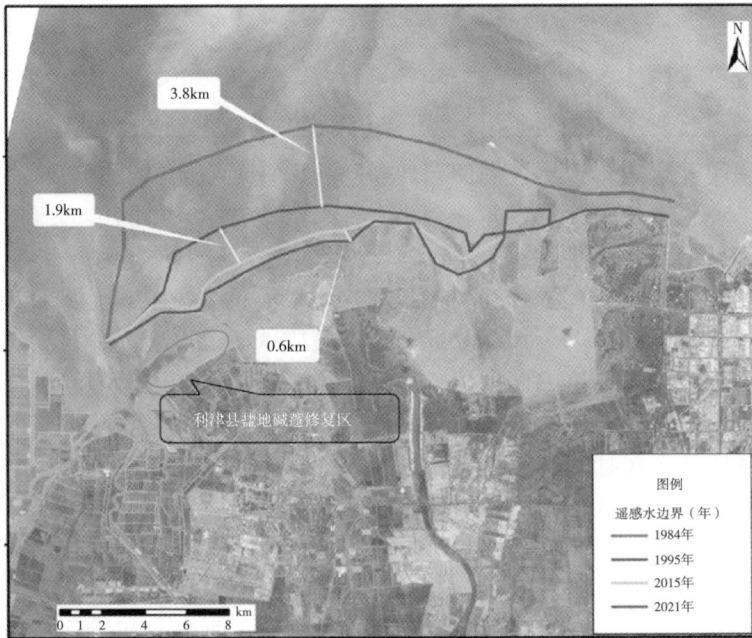

图 7-95 刁口流路 1984—2021 年水边界变化对比

7.10.3 修复方案

7.10.3.1 修复规模和目标

项目修复区域位于河口区、利津县、垦利区以及东营经济技术开发区海岸带区域，拟完成生态修复总面积 36.07km²，其中海域面积 36.07km²，海岸带整治修复面积 36.07km²。通过修复盐地碱蓬 1 193hm²、修复海草床 50hm²、构建桩式活体牡蛎礁 1 853hm²、构建块石活体牡蛎礁 11hm²、构建贝藻礁 500hm²，有效缓解了黄河三角洲面临的主要生态问题，修复了受损的海草床、盐沼和牡蛎礁生态系统，改善了修复区域的水质环境，提高了海洋生物多样性，提升了湿地植被覆盖率和区域海洋生态系统固碳能力，增强了海岸带生态系统抵御海洋灾害的能力。

7.10.3.2 平面布置

项目实施区域横跨河口区、利津县、垦利区以及东营经济技术开发区海岸带区域（图7-96）。

图7-96 项目平面布置图

7.10.3.3 修复内容和技术手段

主要开展盐沼、海草床、牡蛎礁、贝藻礁等海岸带生态系统修复。

（1）盐沼湿地生态系统修复

在东营经济技术开发区永丰河南部区域和利津县区域开展盐地碱蓬修复，修复面积分别为575hm²和618hm²，提高盐沼湿地植被覆盖度，提高生物多样性，为迁徙候鸟提供更多的觅食地和栖息地。

此处盐地碱蓬的退化原因主要是土壤种子库结构不均匀，种子截留量少，水盐胁迫大，不利于种子萌发和后期定植。采用种子撒播，用轻质木辊辘碾压方式轻微压实，改善土壤水盐条件，增加种子截留效率，达到修复的效果。播种量按照 225kg/hm² 撒播，修复后盐地碱蓬植株密度为 20 棵/m²。碱蓬种子净度不低于 95％、品种纯度不低于 95％、含水量 8％～10％、包裹果皮黑色比例不低于 85％、发芽率不低于 75％，现场质量检验合格后进行过磅，数量无误后进行封存。11—12 月，完成第一次播种，根据出苗情况 2—3 月进行多次补种。11—12 月至翌年 2 月，完成第一次播种，采用 150～180kg/hm² 进行种子撒播，根据高程变化确定播种密度，0.4～0.8m 区间播种 180kg/hm²、0.8～1.2m 区间播种 165kg/hm²、1.2～1.5m 区间播种 150kg/hm²。2—3 月根据出苗情况进行多次补种，补种时平均播种量达到 225kg/hm²，修复后盐地碱蓬植株密度为 20 颗/m²。

（2）海草床生态系统修复

在东营经济技术开发区永丰河南部区域开展海草床修复，总面积达 50hm²，增加生物多样性的同时，提高蓝碳储量。永丰河南海草床修复部分采用生境恢复＋种子种植＋自然恢复的方法。

选择春季 2—3 月播种。7—10 月，采集日本鳗草种子，进行人工保存，翌年 2—3 月进行人工播种。每公顷种子种植数量应不低于 30 万粒。采用泥盒播种法，将细沙与黏土按一定比例混合均匀，加水制成长方体的泥坯，内中空，制成泥盒。泥盒晒干后，将适量种子与泥沙混合后装入盒内，用湿的黏土封口，徒步或走船将泥盒抛掷在底质上即完成播种。

修复区域海草种子种植"块式"布局如图 7-97 所示。

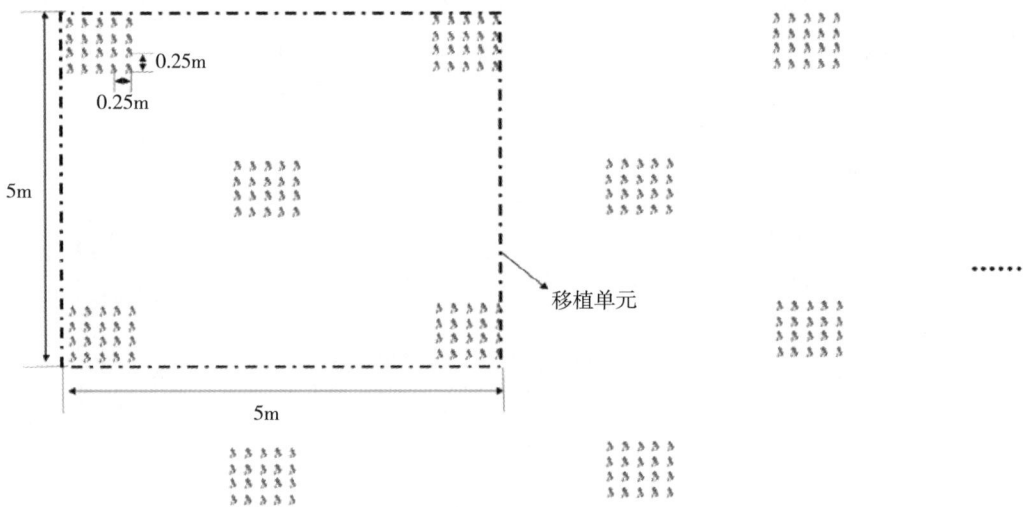

图 7-97　海草修复区域海草种子种植"块式"布局

（3）牡蛎礁生态系统修复

牡蛎礁生态系统修复分为块石牡蛎礁修复（图 7-98）和活体牡蛎礁修复（图 7-99）两种类型。在河口区潮河至马新河海岸带区域、东营港观海路海堤外侧区域、黄河三角洲国家级自然保护区南部垦利区海岸带区域近养殖围堰堤脚部分开展宽度为 10m 的块石牡蛎礁修复，采用天然块石、牡蛎壳、贝壳等材料，构建长度约 11 000m，宽 10m，高 1～1.5m。采苗季节，以牡蛎壳为附着基，每个牡蛎壳附苗间距 5cm，每串 100 个贝壳，每个贝壳附苗 6～10 个，每串共附着 600 个苗，沿块石底部固定，分别构建 326hm²、304hm² 和 1 234hm² 的牡蛎礁生态系统，提高北部海岸带区域抵御风暴潮灾害能力，有效遏制岸线侵蚀。在自然保护区南区修复贝藻礁 500hm²，通过牡蛎的滤食和藻类的吸收作用，缓解黄河口、莱州湾附近水域无机氮营养盐超标严重的情况，改善水质环境，提高海洋生物多样性，提升区域海岸带生态系统固碳能力。

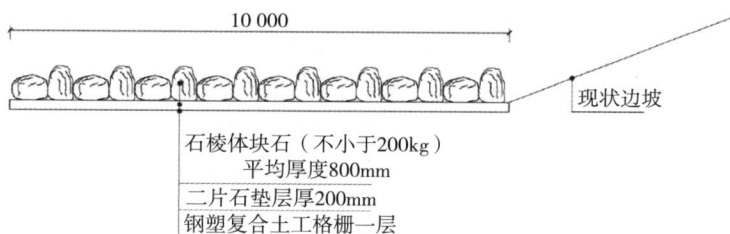

图 7 - 98　块石礁体断面

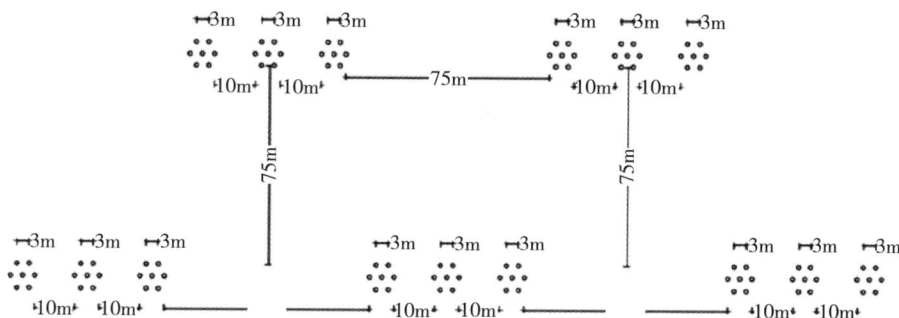

图 7 - 99　活体牡蛎生态礁群示意图

在马新河、黄河三角洲国家级自然保护区南部和东营港潮间带区域以牡蛎壳为牡蛎礁构建材料，采用"礁核"的模式进行构建。牡蛎壳长、宽均不低于 5cm，单个活体牡蛎生态礁包括若干个礁体单体、固定绳及固定杆，其中，各个礁体单体分别通过固定绳固定于固定杆上。礁体单体包括网袋和用于牡蛎附着的牡蛎壳，将牡蛎壳填充于网袋内部，采用可降解的棉绳网兜作为装牡蛎的袋子。单个活体牡蛎生态礁共设置 3 个礁体单体、6 个内容物，每个内容物为扁球形，径向直径为 50cm，轴向高度为 40cm，每个牡蛎礁礁体由 6 袋组成，分 2 层堆砌，每层 3 袋。固定杆为松木杆，长度为 3m，插入海底底质 2m，顶径为 8cm。采苗季节，以牡蛎壳为附着基，每个牡蛎壳附苗间距 5cm，每组共附着 5 040 个苗。牡蛎礁在低潮时进行构建，每组礁体间距约 50m，每组 21 根桩，沿海流垂直方向错位布置。通过礁体单体的形式组装成大的牡蛎礁礁体，可以为牡蛎苗的附着提供充足的面积，而且采用的是礁体单体单元模式，固定成礁时，底座大，不易下沉，可满足泥沙质海区规模化牡蛎礁构建需求，当将牡蛎礁投放至潮间带时，可以以更加环保的方式实现牡蛎附着繁殖，避免使用建筑材料，同时为牡蛎提供更加稳定的生长环境，使其得以高效扩繁。

（4）贝藻礁生态系统修复

贝藻礁生态系统修复区域位于山东黄河三角洲国家级自然保护区南区，总修复面积 500hm²。贝藻礁生态礁群布局如图 7-100 所示。本次贝藻礁构建选取龙须菜和铜藻为藻种进行修复，采用玄武岩纤维组合礁，包括由玄武岩纤维复合筋加工组装成的矩形礁体，尺寸为 3m×1m×0.8m，底部为玄武岩纤维复合筋承重网片，布筋间距 25cm，在底部同时布置 30cm 高牡蛎网袋内插钉及单元组合固定器，架立筋中部设置拦网筋，顶部满布玄武岩格栅，将利用废弃贝壳制作的贝壳网袋放在礁体内以内插钉固定（图 7-101）。采用幼苗附着与成藻移植相结合的形式，利用幼苗礁附着幼苗和门形架固定夹苗移植成藻，保证了海藻的附着效果，缩短了海藻场的修复周期，提高了海藻场修复与重建的成功率；将利用废弃贝壳制作的网袋放入门形架内，通过藻体的孢子放散与附着可构成亲生物性礁体。废弃贝壳的资源化利用具有经济、简便的特点，且牡蛎和贻贝的贝壳来自天然环境，是良好的生物附着基。每个贝壳附苗间距 5cm，每个贝壳附苗 6~10 个，在牡蛎网袋外侧均匀分布；采用人工培育的海藻苗帘，经海上暂养，待幼苗长到 2cm 以上时，人工将苗帘棕绳剪成 5cm 长度，利用麻绳绑在门形架上，使其在海底自然生长、固着，经过自然生长、繁殖形成种群优势，更好地为生物提供栖息环境。

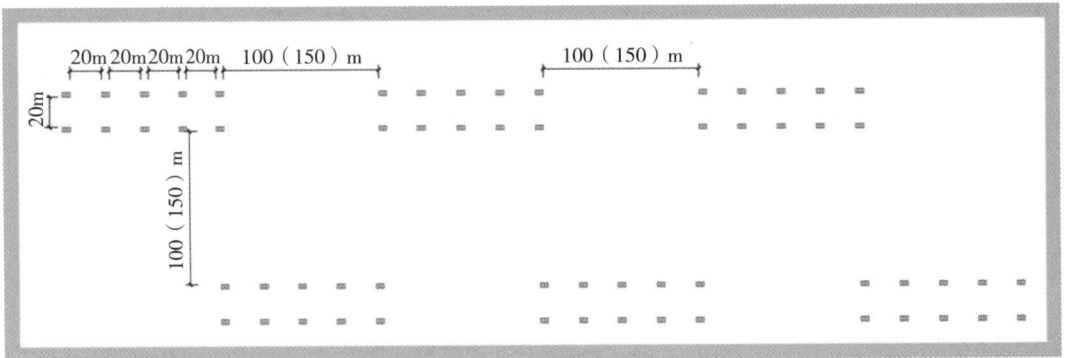

图 7-100 贝藻礁生态礁群布局示意图

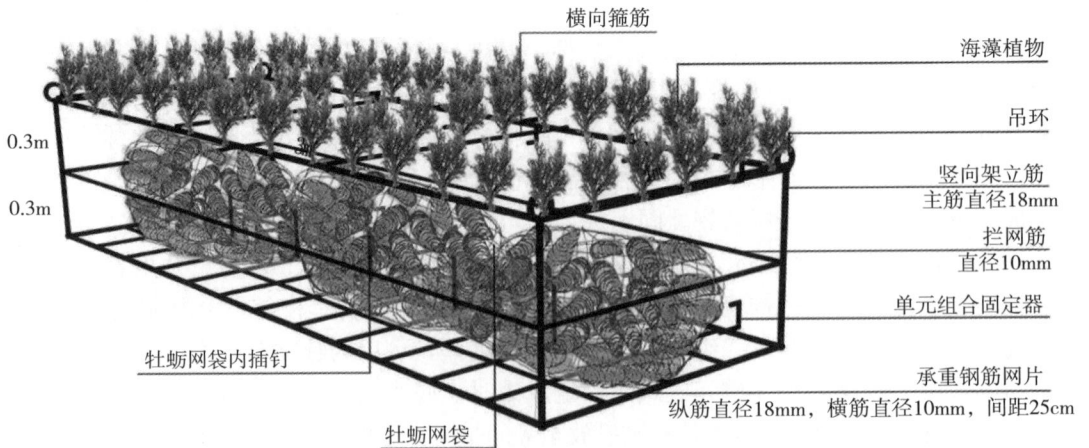

图 7-101 武岩纤维组合礁单体构建示意图

7.10.4 修复成效

7.10.4.1 生态效益

2023 年东营市海洋生态保护修复项目修复区域部分处于水陆生态系统的过渡地带，动植物性质、结构兼有两种系统的部分特征，具有高度的生物多样性特点，为众多野生动植物提供了丰富的食物，为许多濒危物种、迁徙候鸟以及其他野生动物提供了栖息繁殖地。项目的实施对物种保存和保护物种多样性发挥着重要作用，同时，项目修复区域是许多物种原生基因特性的保护所，许多野生生物在这里能在不受干扰的情况下生存和繁衍，对维持野生物种种群的存续、筛选和改良具有商品意义的物种均具有重要意义。

7.10.4.2 社会效益

2023 年东营市海洋生态保护修复项目的各项建设内容以改善区域生态系统质量、提升生态系统服务功能、促进生态减灾协同增效为目标，从系统工程和全局角度，提出以全方位、全海域、全过程开展海洋生态保护和修复项目实施为总体目标。均按照有利于促进资源合理利用和生态环境保护与建设的准则进行设计和筛选，贯彻了渔业综合技术开发与环境整治保护相结合的基本方针，坚持高效优质低污染的发展方向，可保持水产养殖业生态环境系统向良性方向转化，实现水产养殖业可持续发展及良好的生态环境效益。

7.10.4.3 经济效益

2023 年东营市海洋生态保护修复项目针对项目区域的海洋灾害状况、生态环境现状精准施策，通过实施恢复盐地碱蓬、修复海草床、活体牡蛎礁构建和贝藻礁构建，可有效改善区域生态环境。大型海藻是海洋中的初级生产者，能够通过吸收海水中的氮、磷等营养物质改善水体透明度、净化水质。大型经济海藻如羊栖菜、紫菜、马尾藻、海带、龙须菜、鼠尾藻等都是海洋生态系统中的重要的参与者，而且作为初级生产者，它们不仅能维持大气的平衡，还可在吸收氮、磷等营养盐的同时释放氧气，有效地改善海洋环境的质量和修复富营养化的水体。这些大型海藻自身具有易栽培、生长快、成本低、适应性强、营养价值高等特性，适合大面积粗放种植，从而能带来一定的经济效益。

7.11 2024 年威海市海洋生态保护修复项目

7.11.1 地理位置

荣成市位于威海市的最东端，荣成市海岸带北起与威海市环翠区泊于镇交界的茅子草口，南至与文登交界的蔡官河口，全长约 500km，其长度占威海岸线长度的 1/2，全市海岸线蜿蜒曲折，岬湾交错，岛屿、港湾众多，浅海、滩涂广阔，物种繁多，包含多种典型滨海生态系统，具有重要的保护意义。该修复区域位于荣成市桑沟湾西侧岸线的斜口流潟湖至八亩地潟湖。

7.11.2 主要生态问题

7.11.2.1 潟湖湿地退化

（1）潟湖面积减小，功能下降

基于时间序列的卫星遥感影像监测发现，潟湖出现明显的退化，主要表现为面积缩小。斜口流潟湖面积持续减小，由 1976 年的 716hm² 缩减为 2013 年的 413hm²，面积减小比例为 42%（图 7-102）。八亩地潟湖面积减小更甚，1976 年到 2013 年减小了 77%（图 7-103）。对统计数据进行分析发现，地物类型变化最明显的是养殖池塘和潟湖区范围，通过对比图发现，潟湖区在人类围堰的情况下，面积持续缩减，在 1995 年略有增加，主要原因是潟湖口沙滩向南淤积，潟湖区范围略有增加。其他年份都是人类围填造成的面积缩减，至 2010 年缩减至最低，为 51.42hm²；养殖池塘在 2010 年增加至面积最大，为 214.88hm²，后期因围填海，即人工对养殖池塘进行填充，形成陆地，面积减小。受经济利益的驱使，盲目开发利用潟湖湿地资源导致潟湖面积不断缩小、湿地面积急剧下降，原来的盐沼植被区变成了旱塘，部分滩涂变成光滩。湿地率的下降和植被的减少导致湿地疏

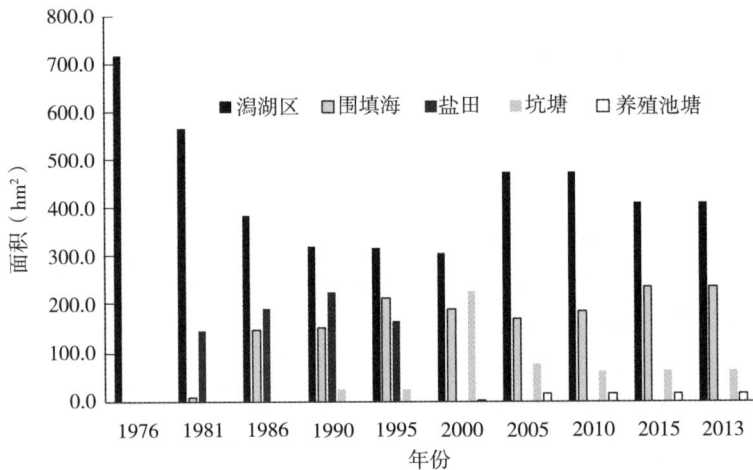

图 7-102 斜口流潟湖各地类面积变化趋势

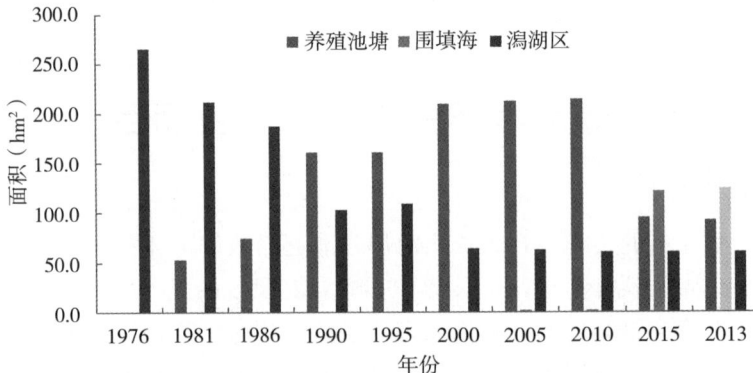

图 7-103 八亩地潟湖各地类面积变化趋势

干、草根层被破坏，植被演替降低了湿地对洪水的拦蓄功能。同时，湿地被破坏后向地下水补给水分的功能丧失，降低了地下水储量。湿地疏干后，湿生植被演变为中生或旱生植被，覆盖度降低，加剧了地表蒸腾蒸发，加剧了盐碱化的程度，导致区域生态环境的恶化。

（2）水体交换受阻，纳潮量下降

斜口流潟湖内有 3 条入海河流，分别是十里河、崖头河和沽河，这 3 条河流均为季节性河流，源短流浅，丰、枯期流量相差悬殊，河床纵坡度大，雨季流水湍急，旱季除崖头河外皆断流干涸。沽河和崖头河在入海口处设有防潮闸，平时为了挡潮和蓄水，两处闸门都是关闭状态，这两条河流平时无入海流量，只有汛期需要泄洪的时候才打开。十里河在入海口上游约 400m 处有一个挡潮堤坝，平时为了挡潮和蓄水，无入海流量，只该河流上游有汛期泄洪时才有水漫过挡潮堤坝入海。斜口流潟湖内基本无径流输入，仅靠湾口与外海进行水体交换，潮汐水体交换能力受限。

因 20 世纪人工养殖需要及通行需求，绿岛南湖中间区域形成了一条土石坝，将绿岛南湖分为北区和南区两个区域（图 7 - 104），南区与外海相连，北区水体交换仅通过土石坝东侧的一座约 60m 的水闸进行。土石坝以北区域相对封闭，和外海几乎没有水体交换。养殖堤坝封闭海域水体造成水体交换受阻，海水纳潮量下降，潟湖水动力减弱，随着时间的推移，南北两个区域均出现了不同程度的淤积，水动力条件越来越弱。

图 7 - 104　斜口流潟湖中部坝体阻隔水体交换（修复前）

（3）水质下降、富营养化严重

斜口流潟湖内水体交换不畅通，另外绿岛南湖内近些年来增加了围海养殖，养殖尾水的排放也加剧了潟湖内水质下降和水体富营养化（图 7 - 105）。根据项目本底调查报告，调查海域中所有站位的无机氮、磷酸盐超一类水质标准，部分站位的 pH、COD、铅超一类水质标准，尤其是潟湖内 pH、无机氮、磷酸盐等大部分超四类水质标准，潟湖内水质要明显差于潟湖外水质。

（4）盐沼植被面积减小，生物多样性降低

斜口流潟湖、八亩地潟湖位于威海市荣成市东侧区域，近年来随着农渔业经济的发

图 7 - 105 斜口流潟湖中部东北角藻华现象（修复前）

展，围海养殖活动增多，导致湿地面积变小、水动力变弱、淤积严重。水域环境的变化对潟湖盐沼湿地产生巨大影响，原本芦苇、盐地碱蓬遍布的湿地植被退化，形成干滩、裸滩。此外，互花米草被引入后，严重挤压了本地滩涂植被天然芦苇、各种藻类、水草等的生存空间，部分滩涂被互花米草侵占，当地盐沼植被无法与之抗衡，生物多样性受损，破坏了湿地生态系统。近年来互花米草得到有效治理，但盐沼植被尚无法快速恢复。根据历史遥感影像分析，1976—2023 年，斜口流潟湖盐沼植被分布面积由 308hm^2 减少至 15hm^2，面积缩减 95%（图 7 - 106）。八亩地盐沼植被分布面积由 34hm^2 缩减至 9hm^2，面积缩减 74%（图 7 - 107）。

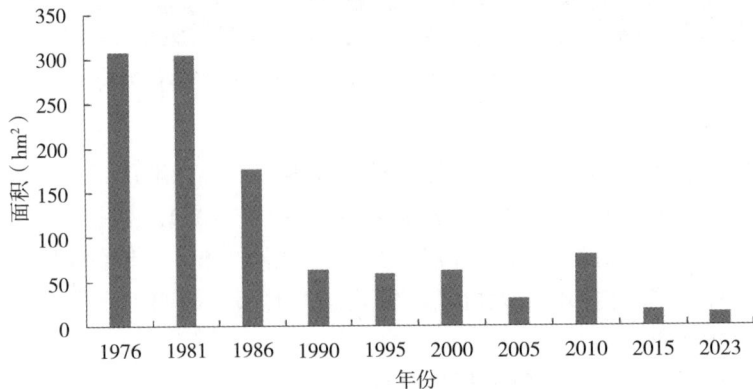

图 7 - 106 斜口流潟湖植被面积变化

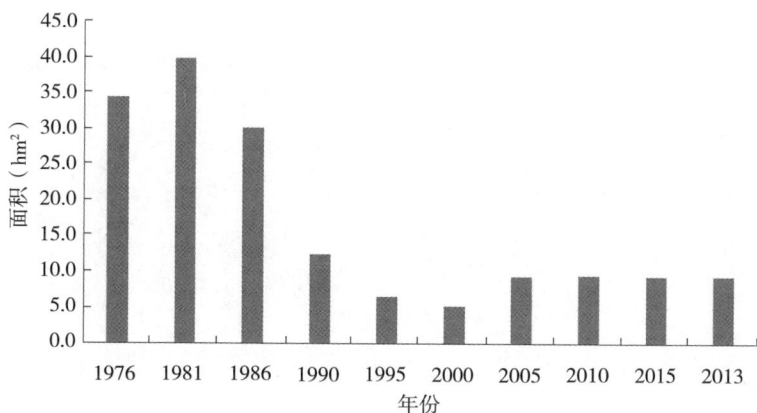

图 7 - 107 八亩地潟湖滩涂植被面积变化

桑沟湾沿岸环境优良、营养物质丰富，是荣成市重要的贝类自然繁衍区和养殖区，湾内存在两个国家级水产种质资源保护区，分别是桑沟湾魁蚶国家级水产种质资源保护区和荣成褚岛藻类国家级水产种质资源保护区，湾内底栖生物多样。历史上斜口流潟湖作为多条河流入海口，底质资源丰富，由于潟湖内多为泥沙底，历史上潟湖潮沟水流湍急，水深较深，因此适宜毛蚶、竹蛏等贝类生长，但是受人类活动影响，斜口流潟湖淤堵、水质下降、海水淡化，海洋环境因子超出底栖生物阈值，造成大量生物退化乃至消失，围海养殖造成原本底栖生物环境改变而灭绝，互花米草入侵造成岸滩土壤板结，治理后，互花米草基本被清除，但生物多样性及生物群落丰富程度大大下降。

（5）岸线受养殖活动影响，生态功能受损

斜口流潟湖西侧以人工岸线为主（图 7 - 108），多为以围填海为主形成的岸线，其中还有一部分是在沽河口处的河口岸线；东侧以淤泥质岸线为主，但是淤泥质岸线大部分被养殖池塘所占，破坏了原有的自然岸线；八亩地范围基本全部被养殖池塘占据，基本都是人工岸线，且岸线向陆一侧基本都是杂草地，海岸线生态系统脆弱（图 7 - 109）。项目修复区潟湖内岸线多被养殖池塘侵占，该部分岸线因有外侧堤坝的防护，坝体相对稳定，但生态性不足。其他岸线因外侧盐沼湿地退化消失，缺乏有效防护，边坡受到不同程度的侵

图 7 - 108 斜口流潟湖东侧自然岸线（修复前）

图 7-109　八亩地潟湖内侧人工岸线位置（修复前）

害，受损、坍塌严重，养殖活动为保证边坡稳定采取人工措施堆砌块石防护，造成岸坡砾化，边坡植被难以固着，生态功能低下。

7.11.2.2　砂质海岸生态受损

（1）人工构筑物侵占岸滩

受 20 世纪 70 年代近海养殖飞速发展的影响，桑沟湾海域滩涂养殖快速发展，自斜口流潟湖口门南 2km 处开始，向南人工构筑物和围海养殖侵占沙滩严重，人工构筑物约占砂质岸线长度的 1/3，砂质岸线在部分岸段基本消失，其余岸段砂质岸线宽度也不足 30m，就调查的断面长度而言，修复区沙滩长度较斜口流潟湖北侧岸线缩短 26.8%，退化严重。养殖池塘、养殖大棚侵占了大量的砂质海岸滩涂空间（图 7-110、图 7-111），造成了砂质海岸岸滩受损、物质运移通道被切断、海岸线被切割破坏、生态功能降低等一系列后果，同时养殖生产等活动产生的废弃物随意堆放、海洋垃圾受海洋动力作用在局部岸滩堆积、人工工程造成局部沙滩砾化都对砂质海岸环境造成了破坏。近年来，荣成市高度重视砂质海岸这一宝贵资源，在桑沟湾西岸进行了海岸线退缩实现退养还滩、退陆还滩等，开展了养殖清理，但是目前仍有部分养殖厂房及养殖池塘侵占砂质岸滩。

图 7-110　养殖厂房侵占岸滩（修复前）

图 7-111　养殖池塘侵占岸滩（修复前）

（2）岸滩环境受损

八亩地外侧砂质岸线位于斜口流潟湖南侧，距离城市中心较远，因此其养殖开发活动较多，养殖设施及垃圾随处堆放，造成了岸滩环境破坏（图 7-112、图 7-113）。同时由于八亩地外侧养殖活动造成了海草等海洋生物死亡，随潮流于海岸堆积，在高温作用下发酵、腐烂，对环境产生较大影响。

图 7-112　建筑垃圾堆弃侵占砂质海岸空间（修复前）

图 7-113　海洋垃圾堆积（修复前）

（3）岸线生态性不足、沙丘植被受损

项目区岸线以砂质海岸为主，目前部分岸线被养殖构筑物占据，部分岸滩光滩化严重。岸滩前后滨生态受损，难以形成由海向陆连续过渡的生态系统，海陆地生态系统不健全。海岸及后方植被匮乏，岸线生境不稳固，导致植物附着基及动物栖息地频繁受自然灾害侵袭，岸滩缺少植被固着，在水流冲刷下发生较大变动，生态减灾协同能力不足（图 7-114、图 7-115）。

图 7-114　人工防护生态性不足（修复前）

图 7-115　生态减灾协同能力不足（修复前）

7.11.2.3　海草床退化

（1）海草床面积减小，斑块化严重

2023 年调查发现，桑沟湾西部（八亩地附近海域）海草床分布面积约 67hm²，与 2016 年调查结果相比，2023 年桑沟湾西部海草床分布面积减少超 140hm²，退化了 67.63%。通过对实查和航拍资料进行分析，发现仅剩的 67hm² 海草床受到破坏，在桑沟湾西部整个海草床呈现明显的海草退化趋势，海草非连续性分布，逐渐退化形成海草斑块分布区，部分海域海草甚至已完全消失。桑沟湾西部八亩地海域海草床退化最为严重，海草床中部呈斑块状（图 7-116），边缘区零星分布（图 7-117）。由于海草床自我修复的能力较弱、恢复速度极慢，如果不采取适当的保护和修复措施，斑块化的海草床极易完全消失，进而对海草床所在海域的生态环境造成恶劣的影响。这不仅导致海草床对风暴潮等海洋灾害的消减能力减弱、海岸带防灾减灾能力下降，还导致区域生态系统破坏、区域碳汇能力降低。

图 7-116 海草床呈现斑块化趋势（修复前）

图 7-117 海草零星分布（修复前）

（2）碳储量偏低

海草床生态系统碳储量主要包括海草（包括地上部分和地下部分）碳储量、附生生物碳储量和沉积物碳储量，其中沉积物碳储量和海草碳储量为海草床碳储量的主要组成部分。通过现场调查、文献查询及历史资料分析等手段，以该区域海草地上部分有机碳含量为 33.90%±0.70%、地下部分有机碳含量为 33.04%±0.40% 为参考，桑沟湾西侧海草床植物储碳密度为 0.49±0.06Mg/hm² （以 C 计，下同）[海草地上部分储碳密度为（0.23±0.04）Mg/hm²，海草地下部分储碳密度为（0.26±0.02）Mg/hm²]，海草植物碳储量为（32.66±3.79）Mg（以 C 计，下同）[海草地上部分碳储量为（15.40±2.42）Mg/hm²，海草地下部分碳储量为（17.26±1.38）Mg]。根据已有的文献资料，该区域沉积物有机碳含量较低，为（0.11±0.05)%，0~30cm 沉积物储碳密度为（3.73.75±0.21）Mg/hm²，沉积物碳储量为（577.7±33.00）Mg，低于同纬度海草床碳储量水平。

7.11.3 修复方案

7.11.3.1 修复规模和目标

2024 年威海市海洋生态保护修复项目的目的是在优化区域生产结构的同时尽最大可能恢复海域生态原貌，确保原生典型海洋生态系统的健康、稳定和自我修复及可持续发展。以面带动全局，通过项目的先行和示范带动作用，在提升修复区海洋生态服务能力的同时，利用生物多样性的恢复、自我繁衍和扩张，逐步带动周边海域生境的改善，对桑沟湾周边区域环境改善以及周边项目的实施起到重要协同作用，完成生态修复总面积258.38hm²，岸线整治修复长度 13 897m，滨海湿地整治修复面积 208.66hm²，通过退养还湿 107.07hm²、水系治理 39.5hm²、盐沼修复 36.54hm²、岸线生态恢复 9 564m 等措施，解决了潟湖内水体交换受阻、水质恶化、盐沼退化、岸线生态性差等生态问题，使潟湖水体质量得到明显改善、生物群落生存空间得到增加、岸线生态功能得到恢复和提升；通过退养还滩 17.37hm²、岸线生态修复 4 333m、沙丘植被修复 7.18hm² 等措施，解决了砂质岸线被切割、岸线生态性差等生态问题，使砂质岸线得到恢复、岸线自然属性得到提升、动植物生存空间得到改造；通过海草床修复 32.96hm²，解决了海草床退化的生态问题，使海草床得到恢复，为系统内的生物提供了繁衍栖息地以及食物来源，增加了系统生物多样性，提高了海洋生态系统的碳汇能力。

7.11.3.2　平面布置

2024年威海市海洋生态保护修复项目修复区域包括荣成市桑沟湾内侧的斜口流潟湖、八亩地潟湖及八亩地外侧砂质海岸区域（图7-118）。

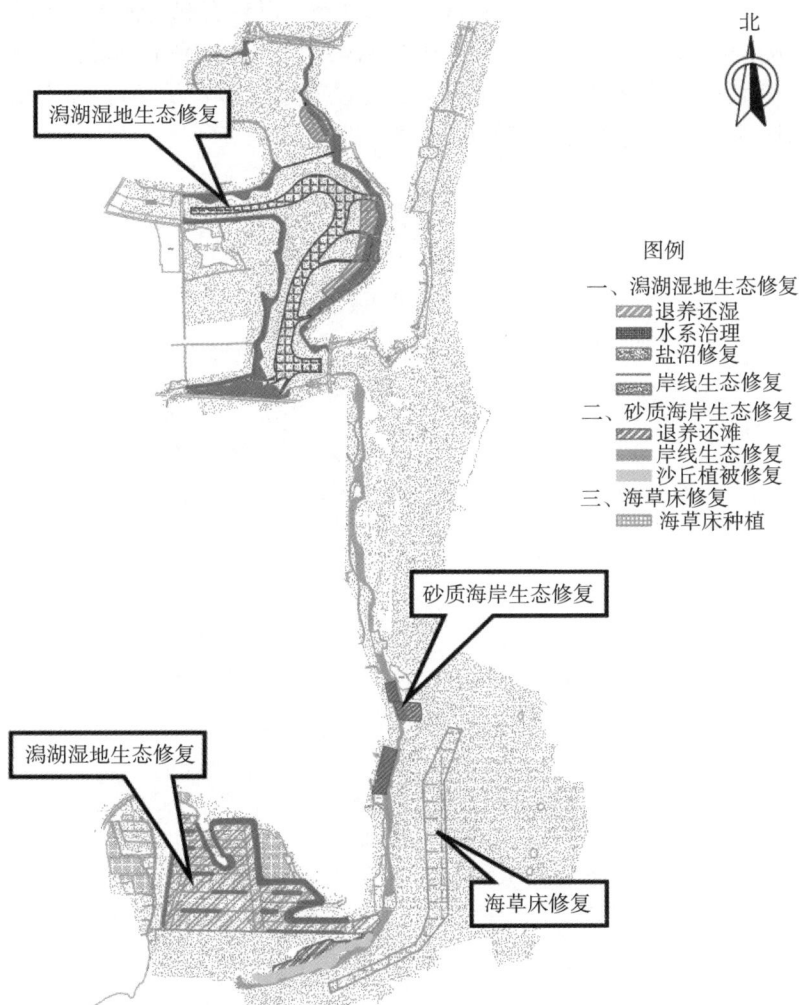

图7-118　项目总平面布置图

7.11.3.3　修复内容和技术手段

（1）潟湖湿地生态修复

①退养还湿。绿岛南湖东侧和八亩地潟湖内分布有大量的养殖池、养殖厂房，侵占了潟湖湿地空间。2024年威海市海洋生态保护修复项目通过拆除养殖池、养殖厂房，实现退养还湿107.07hm²。其中，通过养殖池拆除实现退养还湿106.16hm²，通过养殖厂房拆除实现退养还湿约0.91hm²。将被用来进行盐沼修复的堤坝拆除至1.2m，将其他区域的堤坝拆除至0.0m。养殖厂房拆至现状地面标高以下0.5m。项目拆除土石坝总方量约21.75万m³，其中，拆除土坝11.68万m³、拆除石坝10.07万m³。

②水系治理。水系治理包括土石坝拆除和潮沟疏通两部分内容（图 7 - 119）。通过对斜口流潟湖水系进行治理，改善了斜口流潟湖水动力条件、提高了水体交换速率，从而提高了区域内水体质量。将绿岛南湖中存在的土石坝全部拆除。绿岛南湖主潮沟疏通底标高为 -1.5m，绿岛南湖东部区域潮沟疏通底标高为 0.0m，与主潮沟连通的支潮沟疏通底标高为 -1.0m。二瞳河口区域潮沟疏通底标高为 0.0m。以现有绿岛南湖主潮沟为基础，结合盐沼修复，潮沟疏通仅对设计开挖边线内的不满足设计底标高的区域进行开挖，开挖边坡采用 1∶5。潮沟疏通面积约为 39.5hm²，疏通方量约 18.7 万 m³。潮沟疏通弃土堆放至绿岛南湖南区西侧、沽河入海口南侧的陆域。

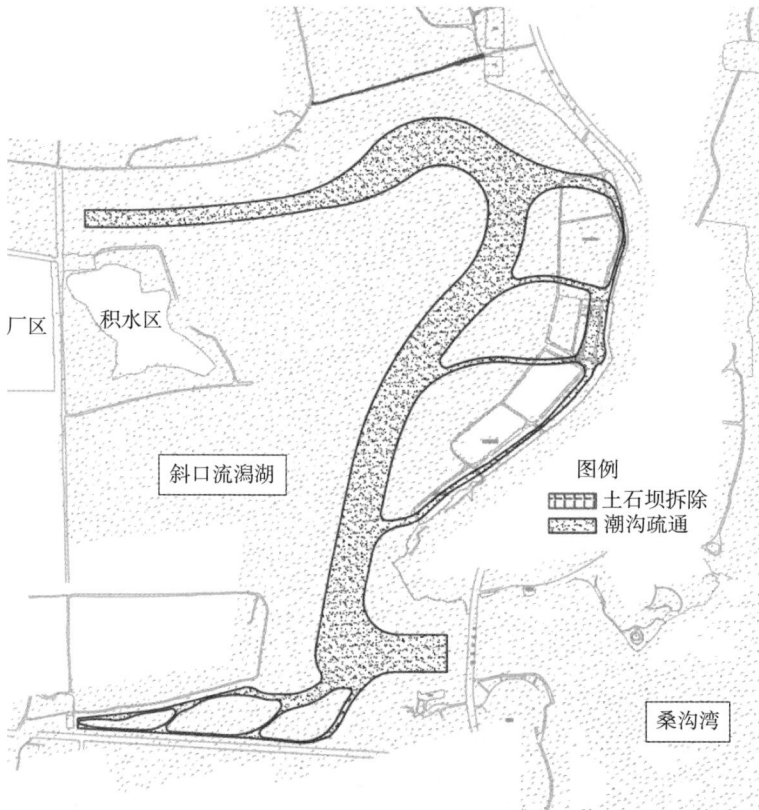

图 7 - 119　水系治理平面布置图

③盐沼修复。2024 年威海市海洋生态保护修复项目盐沼修复区域位于斜口流潟湖和八亩地潟湖，盐沼修复总面积约 36.54hm²，其中斜口流潟湖盐沼修复面积约 25.14hm²，八亩地潟湖盐沼修复面积约 11.40hm²。

盐沼修复以盐地碱蓬、芦苇为主，大面积种植，局部现状标高适合的位置适量种植紫穗槐、狗牙根等，以提升湿地植被多样性。根据盐地碱蓬、芦苇适生条件要求对盐沼植被种植区进行地形改造，改造基本原则为因地制宜，根据现状地形及海岸线位置进行改造。地形改造分为潟湖沿岸滩涂区和潟湖内养殖堤坝拆除区两种类型，两种地形改造均不改变潮间带属性，改善现有坡面坡度，将其改造为适宜盐沼植被生长环境状态。

潟湖沿岸滩涂区域，根据潮汐统计资料及现场测量多年海陆分界痕迹线位置处高程约为1.2m，以此为标准进行地形改造，现状高程低于1.1m处，结合岸线后方情况改造至1.1m，自岸线向海域放坡至高程0.50m处，形成盐沼植被适生区域（图7-120）；海岸线现状高程高于1.1m位置，自岸线现状高程1.1m处向海域放坡至高程0.50m处，形成盐沼植被适生区域（图7-121）。

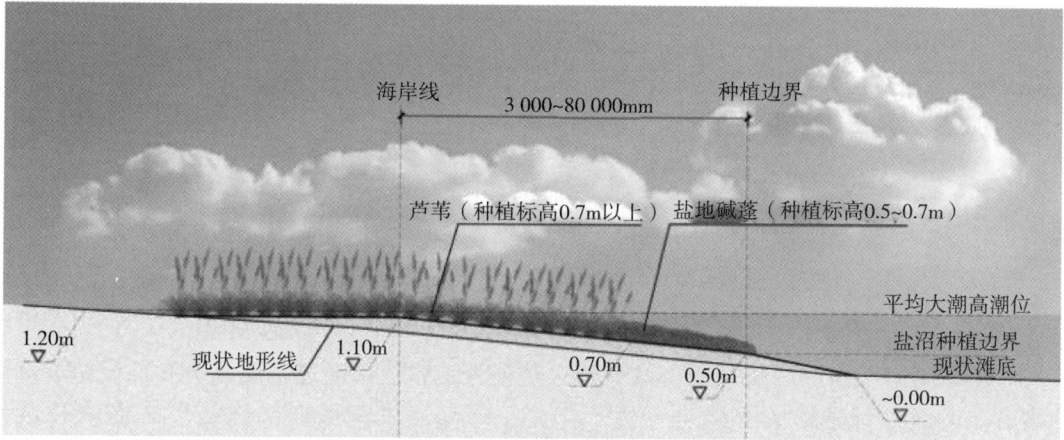

图7-120　潟湖沿岸海岸线处现状高程低于1.1m处断面示意图

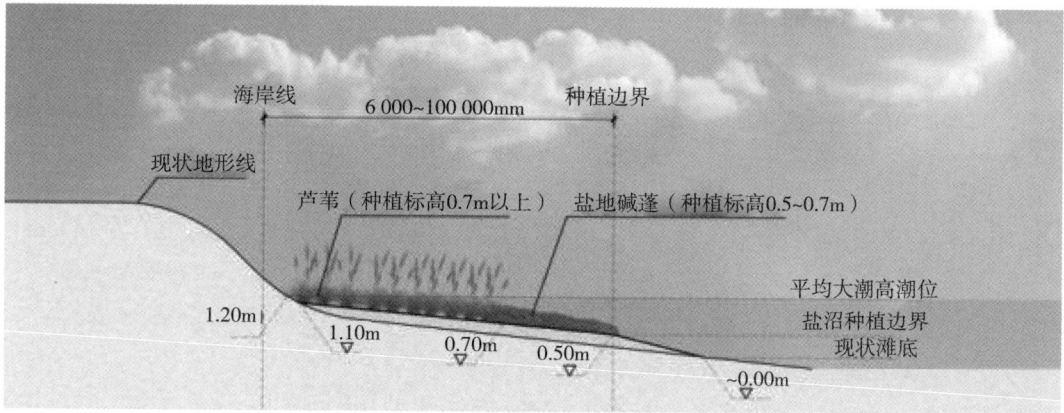

图7-121　潟湖沿岸海岸线处现状高程高于1.1m处断面示意图

潟湖养殖堤坝改造区，坝埂拆除至1.2m，自堤坝现状高程1.2m处开始放坡至泥面，靠近潮沟侧放坡坡比为1∶10，靠近潟湖海域侧，放坡坡度与现状滩面基本一致，为1∶（20~40）。地形改造均不涉及改变潮间带属性，地形改造高程均低于平均大潮高潮位。

④岸线生态修复。斜口流潟湖中的绿岛南湖及八亩地潟湖区域岸线生态受损较为严重，根据岸线属性的不同，将岸线生态修复分为人工岸线生态恢复和自然岸线生态提升两部分。

A. 人工岸线生态恢复。对于绿岛南湖北区西北侧受损人工岸线，通过适当的微地形改造，将边坡放缓后以在坡面种植植被的方式恢复该区域生态环境，改造长度约574.1m。植被修复区域以新修测岸线为界，新修测岸线向海侧为盐沼区，向陆侧为坡面植被修复区。根据区域内植被修复适宜性调查分析，微地形改造后在坡面区域种植芦苇，在突入潟湖区域采用黑松、紫穗槐和狗牙根混种的方式恢复植被（图 7-122）。

图 7-122　绿岛南湖北区西北侧人工岸线生态恢复断面示意图

对于绿岛南湖南区西侧及八亩地潟湖区受损人工岸线，通过基质改造和铺设防冲刷防护垫后在坡面进行种植的方式进行生态恢复。绿岛南湖南区西侧岸线生态恢复长度约2 481.9m，八亩地潟湖区域岸线生态恢复长度约 3 155.3m。绿岛南湖南区西侧及八亩地潟湖区域岸线坡面采用 300mm 厚植生型雷诺护垫，坡肩后方设置 4m 宽的碎石土路，路后方为 6m 宽植被防护带。该区域在坡面种植芦苇，在坡顶碎石土路区域种植狗牙根，碎石土路后方采用黑松、紫穗槐和狗牙根混种的方式恢复植被（图 7-123）。

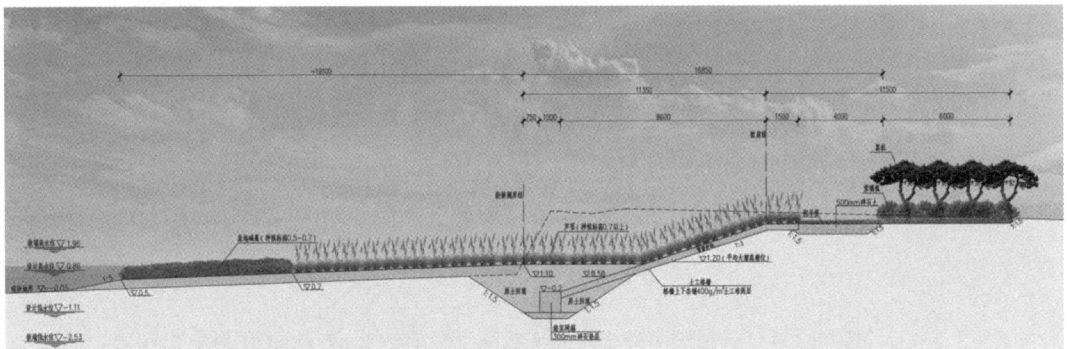

图 7-123　绿岛南湖南区西侧及八亩地潟湖区人工岸线生态恢复断面结构图

B. 自然岸线生态提升。自然岸线生态提升区域位于绿岛南湖东岸，长度约 3 353m，该部分岸线属性为自然岸线，但其中约 2 256m 的岸线被养殖池塘或养殖构筑物占据；其余约 1 097m 岸线为土石护坡，岸线生态环境差，亟须生态提升。该部分岸线在不改变岸坡自然属性的情况下通过对坡面进行整理后种植芦苇，提升岸线自然生态功能，后方陆域种植黑松、紫穗槐和狗牙根等植被，增加岸坡植被覆盖度。该区域在坡面种植芦苇，在坡顶碎石土路区域种植狗牙根，碎石土路后方采用黑松、紫穗槐和狗牙根混种的方式恢复植被（图 7-124）。

（2）砂质海岸生态修复

①退养还滩。通过拆除八亩地东侧的养殖池和养殖厂房及构筑物，实现退养还滩

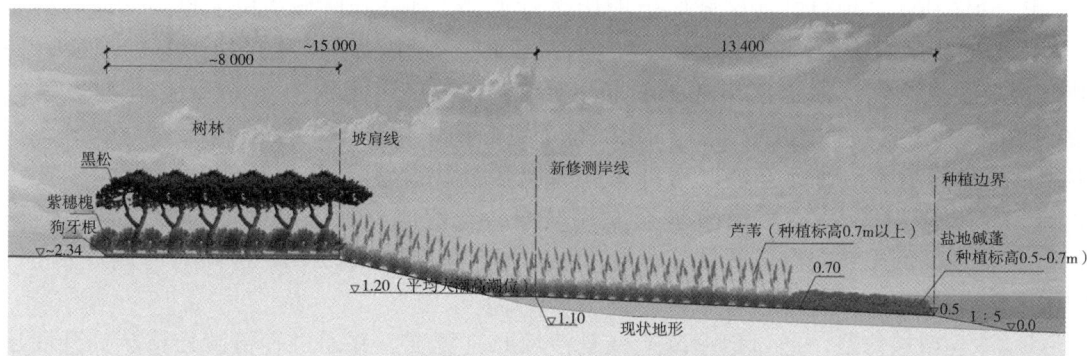

图 7 - 124 岸线生态提升断面示意图

17.37hm²。其中：通过养殖厂房拆除实现退养还滩 5.53hm²；通过拆除养殖池实现退养还滩 11.84hm²。结合养殖池池底标高，确定养殖池堤坝拆除后标高；八亩地东侧养殖池为混凝土堤坝，池底标高－1.5～－1.0m，该区域堤坝拆除至－1.0m；八亩地南养殖池为沙土坝，池底标高 0.0m，该区域堤坝拆除至 0.0m。养殖厂房拆至现状地面标高以下 1.0m。项目拆除混凝土堤坝总方量约 1 650m³，拆除沙土坝 4.23 万 m³。

②岸线生态修复。砂质海岸岸线生态修复区位于八亩地区域，修复岸线总长度约 4 333m，主要修复内容包括岸滩清理和自然岸线生态提升两部分。其中，岸滩清理面积约 23hm²，清理方量约 1.3 万 m³，自然岸线生态提升长度约 1 259m。自然岸线生态提升主要包括植被修复和沙滩补沙两部分内容。

A. 植被修复。砂质海岸岸线生态修复区植被修复长度约 1 259m，修复面积约 2.45hm²。其中：现有人工防护构筑物区域植被修复长度约 158m，修复面积约 0.45hm²，对该区域现有道路东侧坡面更换种植土，并种植紫穗槐等植被；在现有通道后方区域补种黑松、紫穗槐和狗牙根，后滨植被与周边现有植被相衔接，以增加砂质海岸植被覆盖度，改善高潮滩及以上生态环境，提高沿岸防风固沙能力，建成由海向陆、具有一定规模的生态减灾空间体系。岸滩补沙区域后方植被修复长度约 1 101m，修复面积约 2hm²。植被选用黑松，底部种植紫穗槐和狗牙根（图 7 - 125）。

图 7 - 125 岸滩补沙区域植被修复断面示意图

B. 沙滩补沙。项目补沙区域周边现状均为沙滩，且补沙区域历史上也为沙滩。将养殖池及养殖厂房拆除后，通过补沙的人工辅助手段，加快砂质岸线自然形态的演变，提升自然岸线生态性。项目区岸滩补沙长度约 916m，补沙面积约 4.77m²，补沙方量约 12 万 m³。补沙材料宜选用有利于淤积的分选良好的中粗沙（粒径在 0.2～0.5mm）。根据项目位置的不同，确定养殖厂房拆除区域沙滩补沙设计顶标高为 3.0m，沙滩顶宽约 30m，自滩肩按 1：10 的坡度放坡至原海底面。养殖池拆除区域沙滩补沙设计顶标高 3.0m，自新修侧岸线向海侧补沙宽度约 30m，补沙高程约 1.30m，沙滩向海侧放 1：10 的坡度至海底面。

C. 沙丘植被修复。通过地形改造恢复沙坝原有宽度，并通过种植沙丘植被提升沙丘的生态性、稳定性。沙丘植被修复面积 7.18hm²（图 7-126）。2024 年威海市海洋生态保护修复项目对北侧养殖池堤坝进行拆除，将拆除后的拆除料回填至南侧沙坝，恢复沙坝原有宽度。恢复区域回填顶标高 1.2m（小于平均大潮高潮位 1.4m），恢复宽度约 45m。在地形改造的基础上，对沙丘植被进行修复。沙丘植被修复区植被配置选用现有植物品种，在高程 1.4m 以上的现状滩面植被以灌草组合为主，灌木选用耐盐碱沙生植物柽柳，柽柳底部种植狗牙根，在柽柳恢复期能有效覆盖地面、保持水分，在地形改造后高程 1.2m 区域种植宿根耐盐碱植物芦苇。

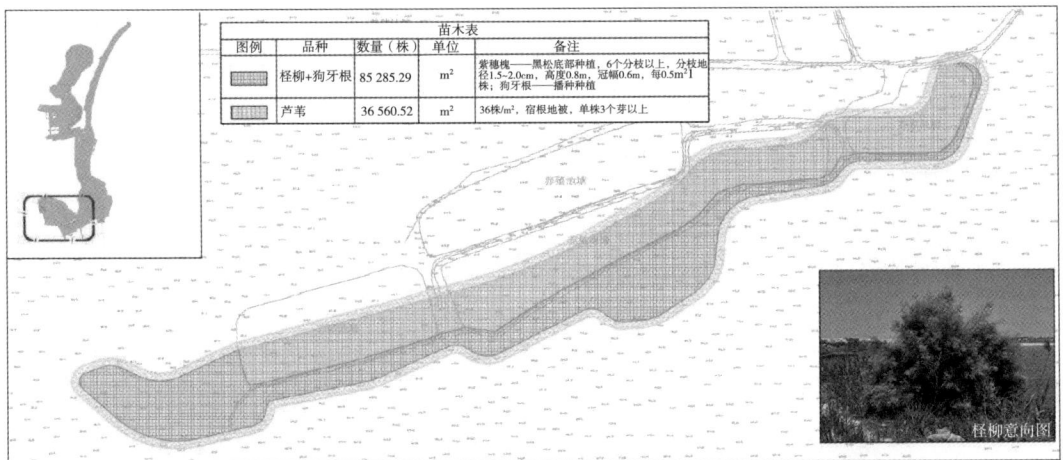

图 7-126　沙丘植被修复平面图

（3）海草床修复

2024 年威海市海洋生态保护修复项目海草床修复采用鳗草人工育苗移植法与鳗草种子种植法结合的方式进行修复，以植株移植法为主、种子恢复法为辅，在移植区域间隔播撒种子。植株移植法主要是通过根茎麻绳绑石移植法并结合直插法，种子恢复法主要是通过泥盒法并结合直接埋种法。海草床修复面积 32.96hm²（图 7-127），人工移植鳗草育苗移植 1 713.92 万株（52 株/m²），成活率≥25%，成活移植种苗密度≥13 株/m²，种植鳗草种子 1 799.62 万粒（54.6 粒/m²），种子萌发成活率≥5%，种子萌发成苗密度≥2.73 株/m²。人工育苗移植与种子法相结合修复海草密度≥15.73 株/m²。修复完成后，海草生态修复区海草平均盖度增加≥20%，海草平均密度增加≥15.73 株/m²。

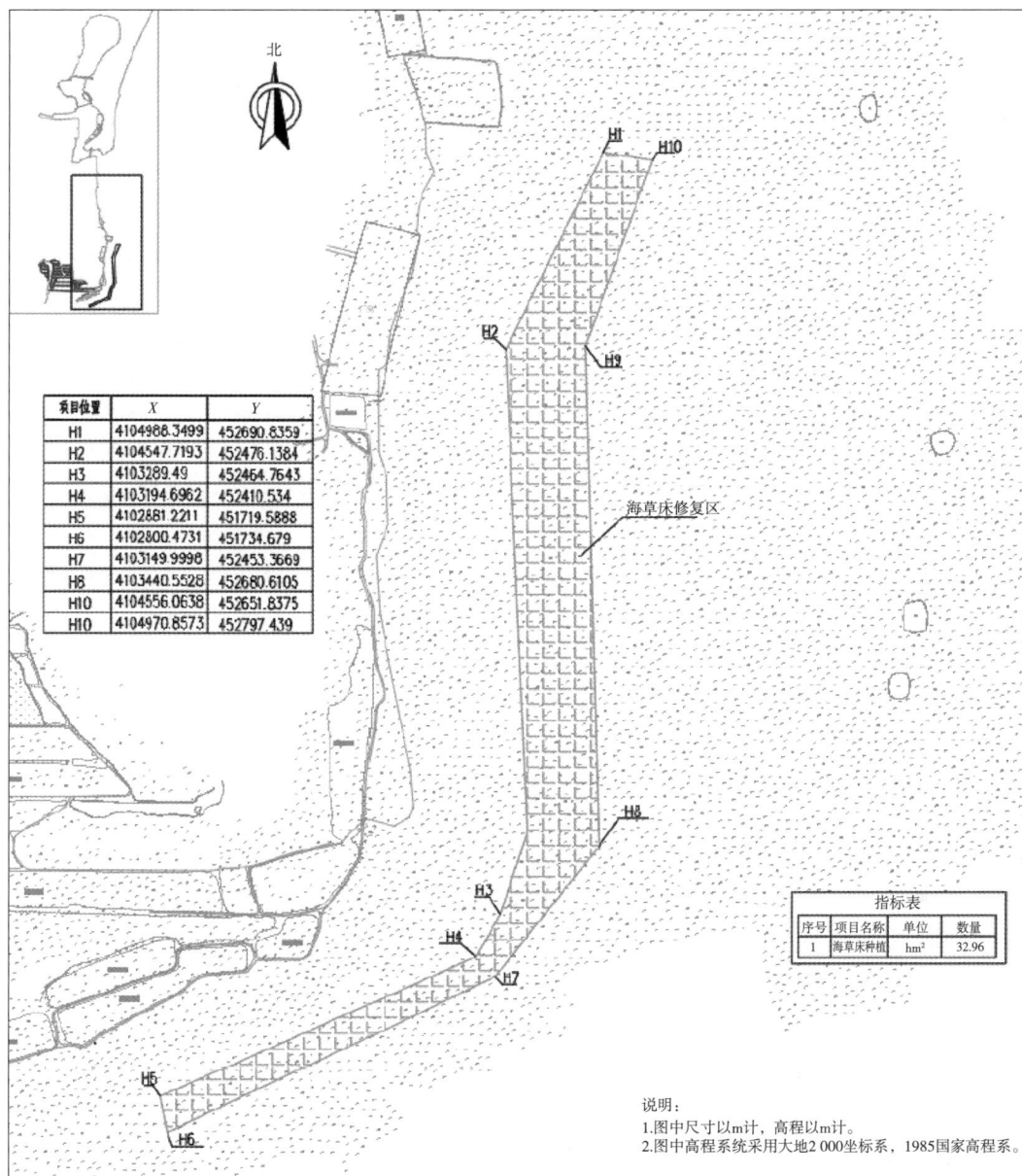

项目位置	X	Y
H1	4104988.3499	452690.8359
H2	4104547.7193	452476.1384
H3	4103289.49	452464.7643
H4	4103194.6962	452410.534
H5	4102881.2211	451719.5888
H6	4102800.4731	451734.679
H7	4103149.9998	452453.3669
H8	4103440.5528	452680.6105
H10	4104556.0638	452651.8375
H10	4104970.8573	452797.439

海草床修复区

指标表

序号	项目名称	单位	数量
1	海草床种植	hm²	32.96

说明:
1. 图中尺寸以m计,高程以m计。
2. 图中高程系统采用大地2 000坐标系,1985国家高程系。

图 7 - 127　海草床修复平面图

7.11.4　修复成效

7.11.4.1　生态效益

2024 年威海市海洋生态保护修复项目通过植被修复、盐沼修复可实现固碳总量574.58t,对该区域提升生态服务能力具有重要意义。同时,通过植被修复提升了岸线抵抗自然灾害的能力,同时兼顾区域整体生态架构的完善,海洋自然生态得以修复,提高了生态系统的稳定性,构成了一个能够自我更新的海域系统。湿地生物多样性主要指生物与其所在的环境形成的生态综合体的多样化和变异性，包括遗传多样性、物种多样性和生态系统多样性。桑沟湾潟湖湿地处于水陆系统的过渡地带，适宜的地理、水文和气候条件为大量的野生动植物提供了栖息繁衍的理想生境，湿地生态结构、湿地动植物兼有水陆两种系统的部分特征，造就了高度的生物多样性，因此湿地被称为"生物超市"，修复后的桑沟湾潟湖湿地对生物多样性提升有重要作用，成为候鸟重要的栖息地和中转站。

7.11.4.2　社会效益

湿地的社会服务功能主要指湿地生态系统满足人们的精神需求、认知发展、消遣及美学享受等非物质效益的体现，湿地特殊水文及地质条件、丰富的野生动植物资源，为科研、教育提供了研究对象、活体实验材料和实验基地等。桑沟湾潟湖湿地北部的樱花湖已经被评为国家城市湿地公园，修复的湿地紧靠斜口流沙滩，对游客有较大的吸引力。此外，河口滨海湿地还能够起到缓冲潮汐和风暴潮的作用，保护河口地区免受洪水侵袭。桑沟湾潟湖湿地中高潮滩土壤质地以含砾中细沙为主，低潮滩为黏土质粉沙和粉细沙，为蓄水提供了良好的环境。修复后有植被覆盖的盐沼湿地面积按 36.54hm^2 计算，按每公顷沼泽湿地能饱和蓄水约 8 100m^3，总蓄水量约 29 万 m^3。项目的建设将形成景观生态价值突出、生态效益显著的滨海资源特色，满足公众的亲海休闲需求，提升公众对政府公共服务的满意度，提高了公众的生态文明意识，营造了良好的社会氛围和公共秩序，为建设美丽威海奠定生态基础。

7.11.4.3　经济效益

通过海洋生态保护修复项目的实施，改善了区域资源环境，打造清洁、有序的滨海生态系统，直接拉动滨海旅游业发展，吸引高品位投资的科学、高效用海，创造绿色经济、环保经济的良好发展氛围。同时，在保护海洋生态环境的前提下，发展生态旅游等特色产业，对当地群众的脱贫致富、提高居民的生活水平，以及地方经济的发展起到促进作用。有利于实现人与海洋环境的协调发展，可以提供良好的生态环境与生产环境，促使当地经济走上可持续发展的轨道。荣成市 2019 年旅游人数 1 700 万人次，总旅游收入值为 180 亿元。考虑到修复区紧靠度假海滩，游客较大概率一同游览，保守估算每年有 10% 的游客花半天时间游览，带来旅游收入 4 000 多万元。

7.12　2024 年烟台市海洋生态保护修复项目

7.12.1　地理位置

海阳市地处山东半岛东南部，烟台市境南部，位于青岛、烟台、威海三市的中心地带，距以上三市均 1h 车程，与日本、韩国隔海相望，是环渤海经济圈重要城市、山东半岛节点城市。因地处黄海之北，故名"海阳"。地跨 120°50′—121°29′E，36°16′—37°10′N，东邻乳山市、牟平区，西接莱阳市，北连栖霞市，南濒黄海，西南隔丁字湾与即墨相望，面积 1 909km^2。海阳市海岸线西起丁字湾西北岸的莱阳市与海阳市交界处，向东至乳山湾西南侧官厅嘴附近，总长度约 216km。

2024 年烟台市海洋生态保护修复项目位于凤城东部岸线，与丁字湾、海阳核电厂和连理岛等重要区域相邻，工程范围西至庄上村东、东至烟墩石栏段的寨前湾，整治修复总长度约为 20.6km，完成生态修复总面积为 133.2hm²，整治范围内邻近羊角畔、小海口和寨子港 3 个重要海湾，具体包括万米沙滩、海景路东沙滩及寨前湾潟湖 3 个岸段。

7.12.2　主要生态问题

7.12.2.1　潟湖湿地生态问题

（1）自然湿地生态功能丧失，生物多样性降低

2024 年烟台市海洋生态保护修复项目实施范围内的寨前湾潟湖湿地是山东半岛潟湖群的重要组成部分，历史上曾经分布有滩涂、盐沼、盐生草甸等自然湿地，是鸟类重要的栖息地和小黄鱼、青鳞鱼、梭鱼、蓝点马鲛等海洋游泳动物的产卵场，生态价值极高。根据遥感影像反演结果，1986 年寨前湾潟湖自然状态良好，总面积为 93.68hm²，2023 年寨前湾潟湖仅存宽约 58m 的河道水域，且退潮后仅在河道底部存在部分水体，湖盆几乎消失殆尽，不具备蓄水能力，盐沼和自然草甸湿地基本消失，被人工养殖池塘占据，坝埂围堰的建设加剧了生境破碎化。加之入湖河流水量减少，水体盐度升高，生物的生存空间被大大压缩，造成湿地植物群落退化甚至直接消亡、种类数量密度大大减小；鸟类数量密度也大为减小，鱼、蟹、虾洄游通道被阻隔，种类和数量大幅下降。生境破碎化极大降低了生物多样性，生态结构趋于简单低级，由此改变了食物链的构成，对于濒危物种、珍稀物种可能有严重后果。

（2）水体交换能力差，形成较大的环境压力

寨前湾潟湖上游入湖河流为季节性河流，平常接纳的各种陆源污染物储存在河道及其附近，而在汛期洪水携带大量污染物通过湖区并进入黄海。另外，随着海水养殖面积和产量的增加，投放的饵料造成水体营养盐增加，渔船停泊时排放的含油污水及生活污水也随潮流进入潟湖，加剧了潟湖水质污染，潟湖污染程度日趋严重，水质已不满足渔业和海水养殖业的用水要求，亟须治理。湿地污染导致湿地生态环境失调、地环境调节功能降低、生态环境恶化趋势日益严重。

7.12.2.2　砂质岸线生态问题

（1）万米沙滩段岸滩生态问题

山东滨海沙滩普遍存在滩面变窄、变陡，滩面物质被侵蚀，侵蚀陡坎频现，老地层出露和人工建筑掏蚀破坏的现象。万米沙滩是海阳市唯一的国家级海洋特别保护区，拥有最为珍贵的天然海滩资源，曲折绵延约 15km，是天然的海水浴场。但近年来受波浪、风暴潮等自然因素和采沙、养殖等人为因素影响，海阳海滩资源受损严重，侵蚀方式正从岸线蚀退型向岸滩蚀退型转变。

①岸滩侵蚀后退，海滩资源流失。提取 2019—2022 年典型海滩遥感影像岸线进行对比分析可知：2019—2022 年，羊角畔西侧河口区 800m 范围河口沙嘴滩面展宽，岸线向海淤进最大距离约 30m，岸滩呈淤积状态（图 7-128），淤积段向西 1 500m 岸段局部区域岸线后退、滩面略侵蚀，岸线后退 10m。2019—2022 年，羊角畔东侧岸段中间蚀退，两侧向海淤进的变化规律如图 7-129 所示。其中，中间岸段岸线略后退，岸滩侵蚀、蚀退距离 5~20m，连理岛大桥根部以东岸滩侵蚀较弱，变化不大。由岸线变化规律可以看出，近年来，岸线后退及淤进的速率有所减小，但岸滩并未稳定，仍处于冲淤变化中。

图 7-128 羊角畔西侧岸滩蚀淤（修复前）

图 7-129 羊角畔东侧岸滩蚀淤（修复前）

②沿岸植被稀疏，固沙能力缺失。沙滩修复区域水深较浅，滩涂宽广平缓，多为砂质岸线，细腻绵长的沙滩是该区域重要的生态系统之一。但是沿岸生态系统除沙滩外，其他生态系统较差，项目区沿岸植被匮乏（图 7-130、图 7-131），分布较零散，现状植被盖度约为 35%，不能形成自然防护林，防风固沙能力严重不足，沙滩得不到有力保护。在风、浪、流、潮等动力的冲击作用下，羊角畔东、西两侧沙滩侵蚀严重，沿岸风沙飞扬，整体生态环境效果较差。

图 7-130 羊角畔西段后滨植被（修复前）

图 7-131 羊角畔东段后滨植被（修复前）

③岸滩质量下降，沙滩完整性受损。羊角畔以西海滩后方主要为养殖区域，随着人类活动的不断加剧，万米沙滩后方养殖池面积不断增加，尤其是羊角畔西侧养殖设施直接建设在海滩滩肩和后滨，导致自然岸滩宽度减小，干滩地形变化明显，且受占滩建（构）筑物及排水口影响，沙滩完整性遭到破坏（图 7-132）。万米沙滩西侧养殖区后方存在人为采沙形成的沙坑，滩面建筑垃圾较多，养殖管线及取排水井较多，海岸开发利用方式极其粗放，优质砂质岸线成为养殖坑塘或养殖区外侧的抛荒地（图 7-133），自然沙滩面积减小。

（2）海景路东段沙滩生态问题

①部分岸滩蚀退严重。海景路东段位于东方航天港已建堤坝之间形成的人工岬湾海岸内，整个岸段后方已建海景东路滨海公路和慢行道，道路向海侧已建设旅游绿化等基础设施，由于沙滩中西部区域处于波浪直接作用的凸角区域，沙滩后退明显、滩面缩窄甚至干滩消失（图 7-134）。该岸段西侧及中间岸段侵蚀，西侧老龙头堤根处岸线蚀退约 30m，中间段岸线蚀退最大距离约 47m（图 7-135）。后方海景路及其道路周边绿化带受波浪作

图 7-132　废弃建（构）筑物占用滩面（修复前）

图 7-133　养殖池塘占用滩面（修复前）

用明显，存在明显的侵蚀陡坎，沙滩东侧堤坝根处岸滩滩面明显展宽，岸线向海淤进约125m，岸滩淤积明显，全段沙滩沿岸分配极不均衡，干滩地形变化明显，整体表现为西蚀东淤状态。

图 7-134　海景路东延段东侧沙滩淤积（修复前）

图 7-135　海景路东延段岸滩侵蚀（修复前）

②岸坡减灾能力不足。海景路东延段沙滩总体侵蚀较为严重，沙滩后方直接毗邻土质或土石岸坡，受风暴潮等极端天气影响，蚀退明显，部分碎石已被冲刷至坡脚区域，最窄处仅存 1～3m（图 7-136），且后方绿化和海景路路基直接面临侵蚀风险，且部分区域受排水口影响，沙滩完整性被破坏。

③沙滩质量有待提升。海景路东段一直以来处于相对粗放的经营状态，海滩状态较为自然，但随着人类活动的增加和周边工程建设的影响，目前海景路东段岸滩呈现支离破碎的状态，沙滩沉积物粗化且分布不均匀，滩面散落建筑垃圾和其他塑料垃圾，影响海景路东段的沙滩品质（图 7-137）。

图 7-136　海景路东延段岸坡受损（修复前）

图 7-137　海景路东延段滩面环境受损（修复前）

7.12.3　修复方案

7.12.3.1　修复规模和目标

针对海阳市河口潟湖湿地大量被围填、砂质岸线环境质量下降、侵蚀严重、防灾减灾能力不足的现状，以恢复河口潟湖湿地、周边砂质海岸的生态系统结构和功能为主要目标，以"一湖、两滩、三湾"为总体架构，对 1 个主要沙坝-潟湖湿地和 2 段主要砂质岸线进行全方位、全海域、全过程保护修复，将损坏的、割裂的自然岸线修复为生态岸线，与其他生态岸线等连成一个整体，构建连续完整的多层次的立体生态屏障，增加区域生态系统的稳定性，促进海岸带区域生态、减灾协同增效。

（1）寨前湾潟湖湿地生态修复

通过养殖池塘清退 85.9hm²，恢复潟湖湿地生境，增加潟湖纳潮量；通过水系连通 56.3hm²，恢复潟湖湖盆水域 36.1hm² 和湖滨缓冲带 20.2hm²，提高潟湖内水体交换能力；通过微地形改造，修复盐沼植被 46.0hm²，重塑潟湖盐沼湿地生态系统；通过鸟类生境修复，构建 1.4hm² 鸟类栖息地生态汀洲；通过岸坡生态化使 7.3km 人工岸线生态化，有效恢复了原有潟湖湿地的功能，提升了生物多样性，改善了入海口水体交换能力，提升了区域固碳增汇能力，优化了区域生态环境。

（2）岸滩整治修复（海景路东段）

整治修复长度为 2.4km，全域实施岸滩清表工程，通过营造牡蛎礁生态潜礁 5.6hm²，在构建消浪屏障的同时有效恢复了生物多样性；通过开展岸坡整治 2.4km、地形整理补沙 1.8 万 m³，有效增强了区域生态减灾能力，整体构建了三位一体生态减灾屏障。

（3）岸滩整治修复（万米沙滩段）

整治修复长度为 10.9km，全域实施岸滩清表工程，通过退养还滩 1.7hm² 恢复自然岸滩形态，促进陆海生态系统互联互通；通过岸滩地形整理缓解岸滩侵蚀现状，补沙量 9.9 万 m³；通过后滨植被修复 18.6hm² 实现沙滩固沙，减少了海沙流失。因此，2024 年烟台市海洋生态保护修复项目构建了连续完整的砂质岸线生态减灾屏障，提高了防潮能力和海岸的抗冲刷能力，有效恢复了沙滩，改善了海岸带的自然生态环境，显著提升了海阳市海岸带的生态承载力及综合生态效益。

7.12.3.2　平面布置

修复区域东至寨前湾，西至庄上村，包含万米沙滩段、海景路东段砂质海岸和寨前湾潟湖，生态修复总面积 133.2hm²（图 7-138）。潟湖湿地生态修复区域位于寨前湾潟湖湿地区域。整治修复岸滩包括万米沙滩段和海景路东段，万米沙滩段修复项目主要为羊角畔河口两侧岸线，海景路东段修复项目位于东方航天港东侧至高尔夫东路之间的岸线。

7.12.3.3　修复内容和技术手段

（1）寨前湾潟湖湿地生态修复

针对寨前湾潟湖湿地生态修复采取"退养还湿＋水系连通＋盐沼植被修复＋鸟类生境营造＋岸坡生态化＋养护通道"的修复措施（图 7-139）。

①退养还湿。寨前潟湖湿地区域内养殖池塘密布，对区域内养殖围堰进行拆除，养殖

图 7-138　项目总平面布置图

塘埂拆除量约 55.5 万 m³。

②水系连通。目前潟湖与外海连通性差，潟湖潮汐通道阻塞导致湿地内潮动力减弱，湿地水文环境退化，水体交换能力减弱，潟湖大部分时间处于干滩状态，在对现有养殖塘埂进行拆除后，开展潟湖水系连通，恢复潟湖湿地原有的水生态样貌，水系连通分为潮沟疏通和潟湖水域生境恢复，其中潮沟疏通共计 5 条，潟湖水域生境恢复面积 36.4hm²。疏浚量 206.9 万 m³，其中潮沟疏通疏浚量 16.6 万 m³，潟湖水域生境恢复疏浚量 190.3 万 m³。

A. 潮沟疏通。2024 年烟台市海洋生态保护修复项目通过开展河道治理清理堵塞的河道主汊道，利用现有水系对 5 条分汊潮沟进行疏通，恢复了寨前湾潟湖的多级汊道。潮沟长度分别为 143m、168m、272m、332m、563m，潮沟底高程均为－1.0m。

B. 潟湖水域生境恢复。2024 年烟台市海洋生态保护修复项目通过开展河道治理，清理堵塞的河道主汊道，使潟湖水域面积扩大。对潟湖内水域不同水深的设定，潟湖水域最深处底标高为－3.0m（保证设计低水位下 1.5m 水深），最浅处为－1.0m，其次为－2.0m，使海水受不完全隔绝或周期性隔绝，从而引起水介质的咸化或淡化，形成不同水体性质的潟湖，提高潟湖水动力，从而恢复潟湖水域生境。

③盐沼植被种植。拆除养殖池塘后，在湿地内部进行潮沟疏通及潟湖水域生境恢复，同时对湿地四周进行微地貌改造，改造高程 1.3～1.7m，形成满足盐沼植被种植、生长的自然条件，保证陆域范围内适合植被成活。选取本地盐地碱蓬、芦苇、柽柳等耐盐碱植

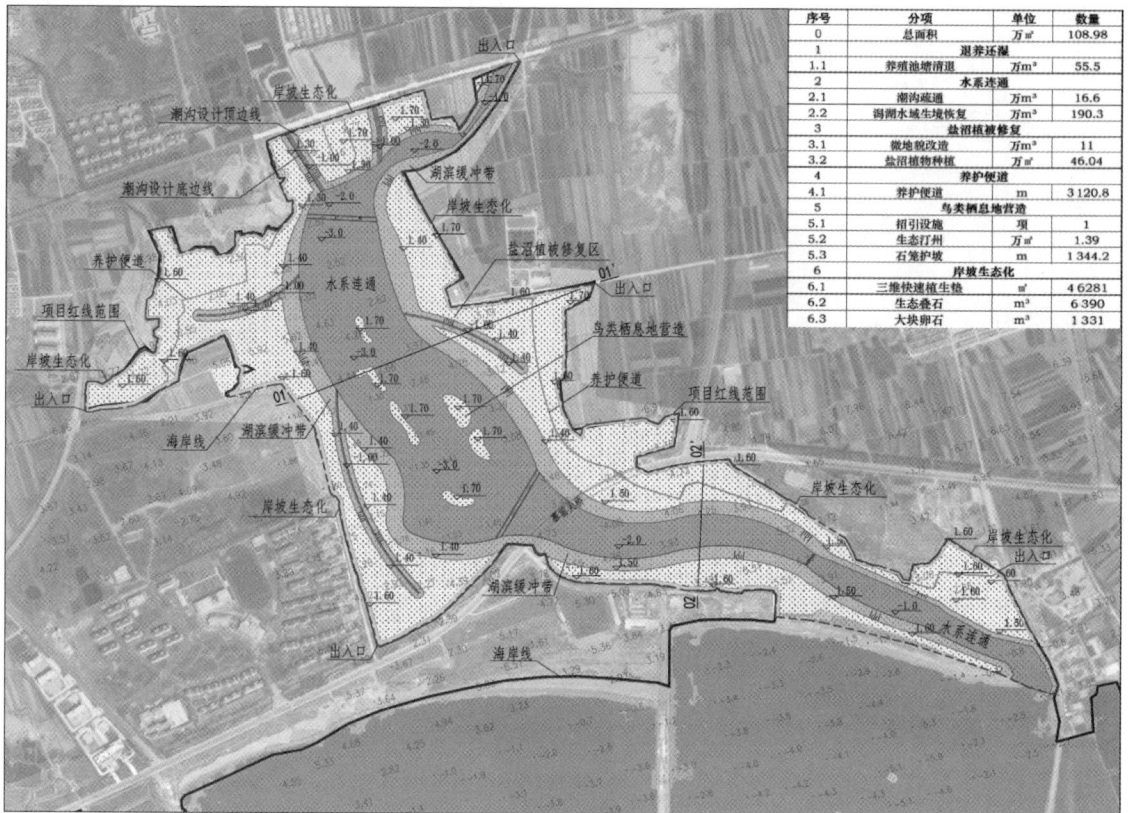

序号	分项	单位	数量
0	总面积	万m²	108.98
1	退养还湿		
1.1	养殖池塘清退	万m³	55.5
2	水系连通		
2.1	潮沟疏通	万m³	16.6
2.2	潟湖水域生境恢复	万m³	190.3
3	盐沼植被修复		
3.1	微地貌改造	万m³	11
3.2	盐沼植物种植	万m²	46.04
4	养护便道		
4.1	养护便道	m	3 120.8
5	鸟类栖息地营造		
5.1	招引设施	项	1
5.2	生态汀州	万m²	1.39
5.3	石笼护坡	m	1 344.2
6	岸坡生态化		
6.1	三维快速植生毯	m²	4 6281
6.2	生态叠石	m³	6 390
6.3	大块卵石	m³	1 331

图7-139　潟湖湿地生态修复平面布置图

被（表7-5），根据各植被形态特征及生存习性对植被密度和结构进行合理配置，形成自然恢复力较强、群种稳定性高的湿地植被群落，为鸟类和昆虫提供适宜的栖息生境。在潮上带（高程>1.64m）的区域种植芦苇，潟湖区域盐地碱蓬的种植高程区间为1.5～1.6m。

④鸟类生境营造。根据不同鸟类尤其是水禽对栖息生境的要求，按照生态规律配置植物群落，充分利用湿地原有的湖面、水系和养殖池塘围堰的地形地貌设计潟湖湖盆深水区落潮后平均水深约1.3m、面积约39hm²，以供游禽类栖息；将部分鱼塘湿地改造为浅水区（落潮后平均水深<0.5m），水面的水生植物疏密相间，以利于涉禽涉水行走，为其活动提供不同空间；营造部分中低潮滩，低潮时滩面出露可为鸟类提供觅食地，面积约为35hm²；拆除围堰顶部以降低高程，通过微地形整理塑造高潮滩，种植耐盐碱植被形成盐沼湿地，作为鸟类栖息和避敌场所，面积约46hm²；环绕湖滨驳岸利用现状围埝营造林地空间，以吸引涉禽栖息繁殖，形成涉禽栖息繁殖地。

利用土方工程在水中设置6座供鸟类栖息的生态汀洲，总面积1.39万m²，鸟岛中部种植部分芦苇等水生植物以及少量树木，将其营造为自然鸟岛。生态汀洲拟采用格宾石笼作为生态护坡，共长1 344.2m。格宾石笼采用高镀锌钢丝或热镀铝锌合金钢丝编织而成，内部填充大块卵石和牡蛎壳，石笼底部铺设300mm厚的二片石垫层（图7-140）。

表7-5　盐沼植被修复植被种类

序号	植被种类	单位	数量	备注
1	芦苇	万 m²	18.05	种植密度 16 株/m²
2	柽柳	万棵	1.5	位于岸坡生态化周边，1m/棵，两排
3	盐地碱蓬	万 m²	27.99	籽播，籽播密度为 24kg/苗

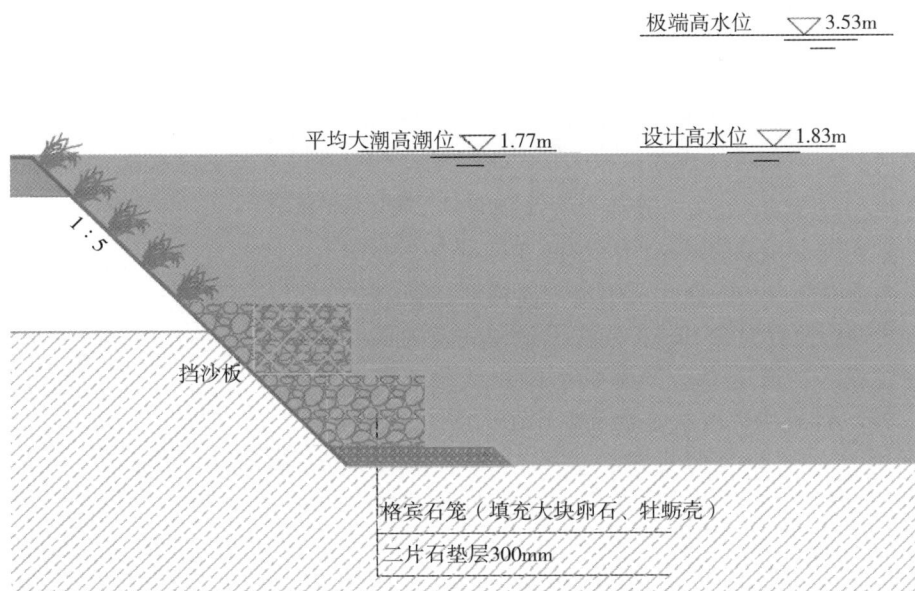

图7-140　生态汀洲岸坡生态化典型断面图

⑤岸坡生态化。对寨前湾潟湖湿地岸线进行生态化建设，提升湿地岸线生态效果。岸坡生态化总长 7.3km；将湿地口门处疏浚至－1.00m 后，对两侧岸坡采用大块卵石及生态叠石防护坡底（图7-141），湿地岸线采用三维快速植生垫进行植被种植使岸坡生态化（图7-142）。三维快速植生垫结合了加筋三维网垫和高性能生态基材。加筋三维网垫能很好地抗侵蚀，使其具有更强的防冲刷结构，且能及时为土体提供保护、为植被的根系提供永久加筋作用；高性能生态基材能加速植被的生长和根系的发育。

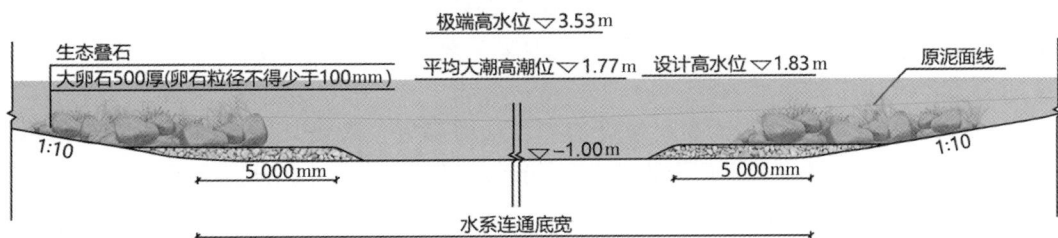

图7-141　湿地口门岸坡生态化典型断面

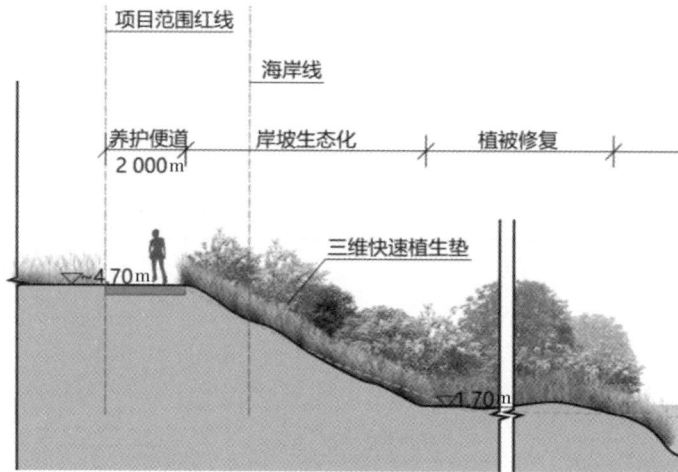

图 7 - 142　湿地岸坡生态化典型断面

⑥养护通道。根据湿地不同区域的实际情况，充分利用岸线及内部现状围堰，采用透水砖道路建设养护通道，建设总长度为 3.1km。依托湿地岸线及内部现有围埝建设养护通道，宽 2m，沿湿地岸线段通道顶标高 5.0m，湿地内部段通道顶标高 1.70m。养护通道采用透水砖路面，具体做法：整平压实后铺设 200mm 厚开级配碎石、30mm 厚 1∶6 干硬性水泥砂浆、60mm 厚透水路面砖（图 7 - 143）。

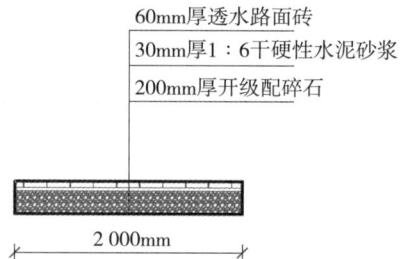

图 7 - 143　养护通道路面结构

（2）岸滩整治修复

针对岸滩整治修复区砂质岸线的冲淤问题及环境现状，秉持生态化减灾、多维度修复的理念，确定岸滩整治修复的具体范围，并在不同岸段采用不同的保护修复模式，结合不同的工程组合方式，形成多样化空间布局。万米沙滩段岸滩整治修复区沙滩滩面宽广、后滨沙丘发育，采用"岸滩清表＋退养还滩＋岸滩地形整理＋后滨植被修复"修复措施，构建沙滩-后滨植被双重防护生态空间格局（图 7 - 144）。海景路东段岸滩整治修复区滩面较窄，采用"岸滩清表＋牡蛎礁生态潜礁＋岸坡整治＋岸滩地形整理"措施，结合陆域植被防护带整体构建近岸消浪屏障-沙滩-岸坡整治-后滨植被的多重生态减灾体系，实现多要素协同治理（图 7 - 145）。通过项目的实施，构建完整的、多层次的立体生态屏障，增强区域生态系统的稳定性，促进海岸带区域生态、减灾协同增效。

①万米沙滩段岸滩整治修复。

A. 岸滩清表。岸滩清表为表层垃圾清理、沙滩筛分、垃圾外运、建（构）筑物拆除及废弃块石外运等，岸滩清表总面积约 86.2hm^2。首先对表层生产生活垃圾进行清理，采用人工清理为主的方式，清理的垃圾统一堆放在指定场地，集中外运至海阳市垃圾处理站处理。表层垃圾清理方量约 0.43 万 m^3。表层垃圾清理完毕后对沙滩表层约 0.3m 厚的沙石进行翻挖过筛，筛离出的垃圾收集后同表层清理出的垃圾统一运往垃圾处理站进行处理，随后将筛分出的原沙回填至岸滩并进行埋坡、平整处理。对羊角畔西侧岸滩上的丁坝

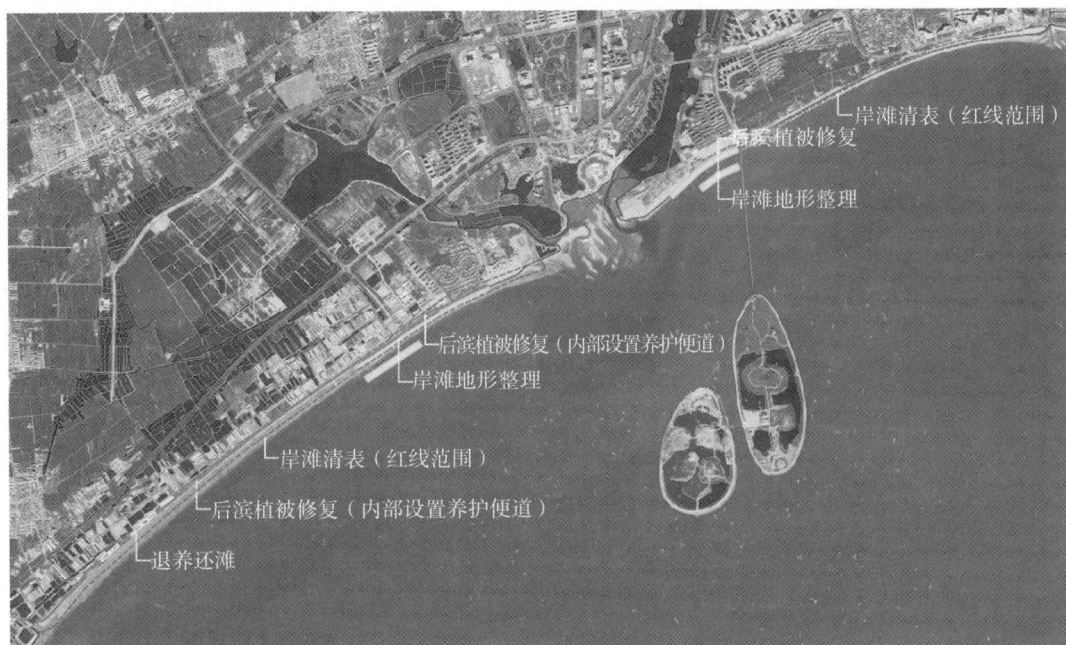

图 7-144　万米沙滩段岸滩整治修复布局

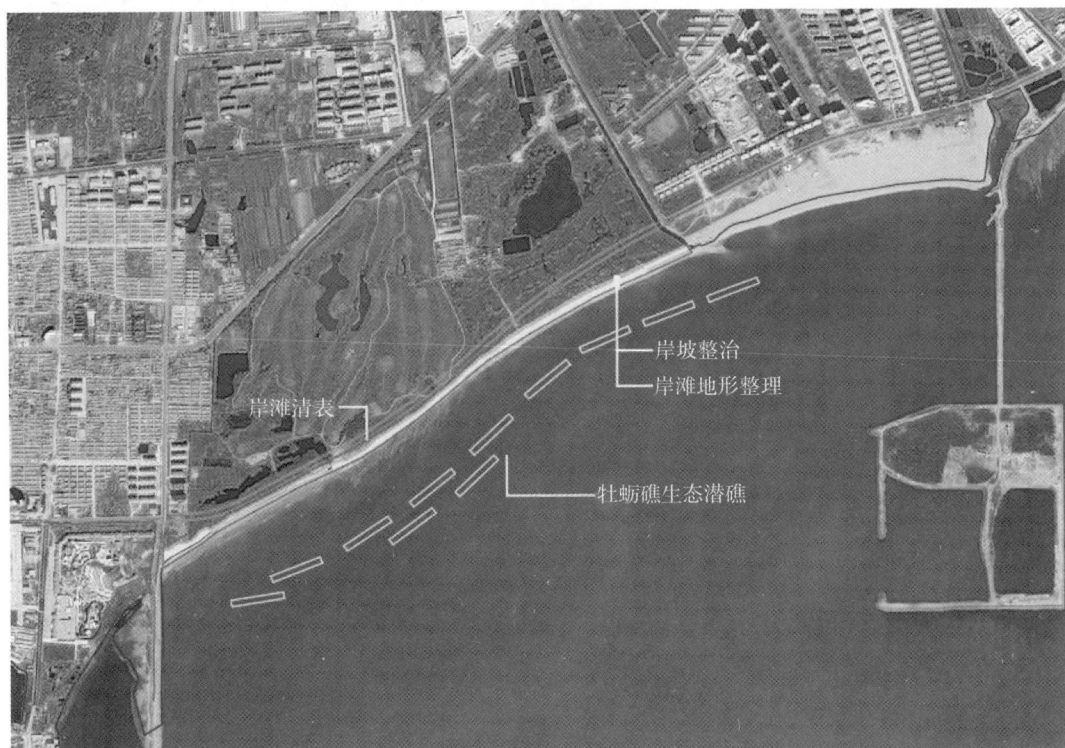

图 7-145　海景路东段岸滩整治修复布局

型建（构）筑物进行拆除，构筑物拆除方量约 0.05 万 m³。同时，对岸滩上建（构）筑物拆除或建设产生的块石进行集中清理，堆放在指定场地，同丁坝型构筑物拆除废弃石方一起集中外运处理，块石清理方量约 0.1 万 m³。

B. 退养还滩。羊角畔西侧万米沙滩段部分养殖池及养殖大棚直接侵占自然岸滩，拟对离岸线较近、干滩占用明显的养殖池及养殖大棚进行养殖设施拆除、清退，清退面积约 1.7hm²。在退养还滩的基础上进行后滨植被种植，固土保沙，形成完整的万米沙滩后滨植被带。

C. 岸滩地形整理。2024 年烟台市海洋生态保护修复项目岸滩地形整理干滩平均补沙宽度在 1.77m 高程基础上外扩 10m，并向海侧以 1∶20 的坡度放坡。结合消浪效果及潟湖湿地清淤沙量，将近岸补沙顶宽定为 20m，向两侧以 1∶10 的坡度放坡。万米沙滩段地形整理量为 9.9 万 m³。羊角畔西侧海岸在距离河口 0.8～2.3km 的范围内进行地形整理。采用潟湖湿地生态修复项目的清淤沙作为沙源对侵蚀区进行补给，羊角畔西侧地形整理段岸滩干滩宽度约 10m，地形整理宽度整体约为 40m。羊角畔东侧补沙长度约为 815m，主要位于人工岛连接桥西侧侵蚀区，地形整理段岸滩干滩宽度约为 10m，地形整理宽度整体约为 40m。

D. 后滨植被修复。对万米沙滩西段现状沙滩后方植被稀疏以及缺失的区域进行植被补植修复，固土保沙，提升沙滩生态功能。植被修复面积约为 18.6hm²。种植宽度为 10～15m，选择乔灌草相结合的方式进行植被种植，其中乔木选择黑松，灌木、地被选择单叶蔓荆、马齿苋、枸杞、紫穗槐、胡枝子等。在后滨植被带内部设置石板嵌草路面作为生态绿道，绿道宽 2m、总长 7 180m（图 7 - 146）。

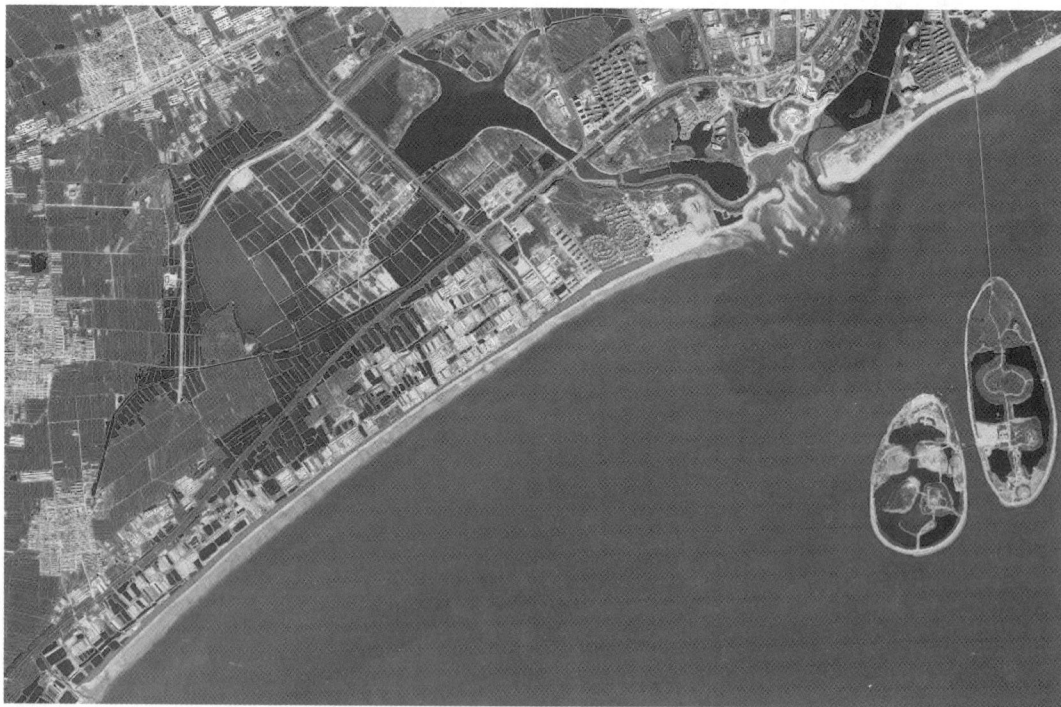

图 7 - 146　后滨植被修复平面布置示意图

②海景路东段岸滩整治修复。

A. 岸滩清表。海景路东段岸滩表层存在数量较多的建筑块石等废弃物,对区域内散落的大块石进行清理,将清理的块石作为岸坡整治回填料整理至后方原有岸坡附近,在此基础上进行岸坡整治。主要大块石集中清理范围面积约为 1.62hm²,大块石清理方量约为 0.65 万 m³。

B. 岸坡整治。岸坡整治岸坡前沿线总长度 2 400m,共分 2 个区段,其中自西向东 2 000m 内的岸坡整治为 Ⅰ 段,采用多孔生态挡墙、多孔护面块体(如空心六角块和栅栏板)、亲水台阶等多种形式的生态护岸结构,东侧 400m 范围内的岸坡整治为 Ⅱ 段,Ⅱ 段沙滩后方的岸坡现状条件较好,仅对其进行适当的植被种植。

断面形式一采用空心六角块形式,坡度为 1∶3,岸坡整平后依次铺设 400g/m² 土工布一层、300mm 厚的碎石垫层、300mm 厚的空心六角块,空心六角块内部填充碎石混种植土供植被生长。

断面形式二采用多孔生态挡墙结构形式。挡墙顶高程根据现状高程设置为 5.50m 或 5.80m,底高程为 3.0m 或 1.0m。对现状岸滩进行土方开挖后,铺设一层 300mm 厚的二片石垫层,上方砌筑生态挡墙。为增加护岸表面粗糙度和孔隙率、提高岸坡结构生态性,在海侧墙面设置生态栖息孔,孔径为 300mm×300mm,间距为 1.5m,正方形布置。挡墙上方以种植槽作为压顶,进一步提升挡墙生态性。墙前安放一层 200～300kg 的块石作为护底,并回填沙覆盖,墙后开挖土回填。

断面形式三采用斜坡式结构,在栅栏板内填种植土作为生态护面,坡顶高程 5.50m,坡底高程 0.75m。对现状土石岸坡开挖后回填沙土并整理岸坡坡度为 1∶1.5,依次铺设 200mm 厚的碎石垫层、400mm 厚的二片石垫层、500mm 厚的块石(10～50kg)后,安放一层栅栏板。栅栏板尺寸为 2.5m×2.0m×0.5m,孔隙内填充种植土供植被生长。坡底安放一层 200～300kg 的块石护底,坡顶设置混凝土种植池。

断面形式四在本段岸坡上每隔约 500m 选取合适位置设置亲水木台阶。台阶宽 5m,坡度为 1∶3。岸坡整平后依次铺设 400g/m² 土工布一层、300mm 厚的碎石垫层、现浇 C35 混凝土台阶,上做木台阶铺面,顶部设置现浇混凝土挡墙,底部回填沙土覆盖。

C. 岸滩地形整理。海景路东段部分岸段侵蚀严重,且在东南向浪及水工构筑物的影响下有自西向东的沿岸输沙趋势,但在输沙下游由于海岸工程的阻挡并不会导致沙滩泥沙大量流失。进行岸滩地形整理,利用寨前湾潟湖湿地口门处沙坝清淤沙对侵蚀严重岸段进行补充,并进行沙滩埋坡,缓解区域内沙滩侵蚀状况。海景路东段地形整理量为 1.8 万 m³。

D. 牡蛎礁生态潜礁。对海景路东段沙滩受侵蚀区域进行生态防护,投放牡蛎礁生态潜礁,并补充牡蛎幼苗。借助牡蛎礁构建以牡蛎为主要物种的生物屏障,修复面积 5.6hm²。

单座礁体群长约 205m,宽 25m,共计构建 11 座,共投放牡蛎礁 11 000 个,其中半圆形牡蛎礁 2 200 个、梯形牡蛎礁 8 800 个,投放位置位于潮滩外围 150～300m 处。为保证礁体消浪和贝类附着,沿岸布置一排牡蛎礁群,侵蚀较为严重区域布置两排,礁群间距为 60～100m。礁体投放区域原滩面高程为 -3.4～-4.3m,投放块石和礁体后,投放区域滩面高程整体提高 2.2m 左右，高程为 -1.2~-2.1m。

牡蛎礁群主体结构包括梯形牡蛎礁和半圆形牡蛎礁，由 10 列礁体组成，其中半圆形牡蛎礁布置于梯形牡蛎礁的外侧，梯形牡蛎礁位于中间（图 7-147）。牡蛎礁下铺 1m 厚的块石，边坡为 1:2，单个块石重量不小于 150kg，块石下铺设 0.3m 厚的二片石垫层，防止礁体沉降（图 7-148）。半圆形牡蛎礁规格为 2.0m×2.0m×1.0m。礁体由钢筋混凝土构成，壁厚为 0.30m 的半圆形结构，礁体直径为 2m、高度为 1m，在半圆形结构四周设置一定数量的透水孔，透水孔直径为 0.2m。梯形牡蛎礁规格为 2m×2m×1.2m，上底为边长为 1m 的正方形，下底为边长为 2m 的正方形。礁体由钢筋混凝土构成壁厚为 0.15m 的梯形空箱，空箱顶面和 4 个侧面设置不同大小的"窗口"，四面和顶部的"窗口"可增强礁体的透气性和透水性，梯形四面使用轧带绑扎玄武岩格栅，在玄武岩格栅上绑扎附着有牡蛎幼苗的牡蛎串。单个礁体空方为 2.8m³。

图 7-147　礁体群典型断面平面布置图

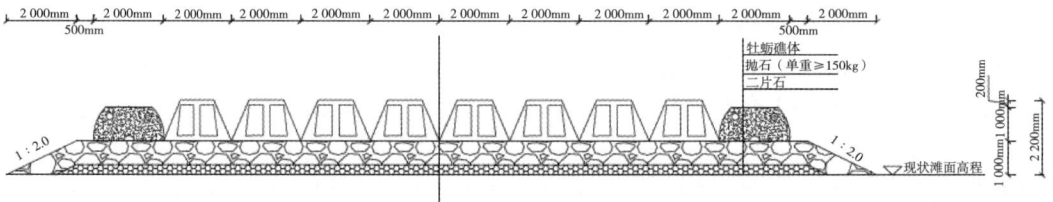

图 7-148　牡蛎礁生态潜礁立面图

7.12.4　修复成效

7.12.4.1　生态效益

2024 年烟台市海洋生态保护修复项目岸滩整治修复构建沙滩-后滨植被双重防护生态空间格局，对潮间带进行补沙后，在沙滩后滨种植沿海防护林固沙。通过该项目的实施，大大增加了植被覆盖度，种植当地本土且防风固沙耐盐碱植被，构建沿海生态绿廊。在保护岸线的同时能维持砂质岸线的稳定，实现岸线保护和生态绿廊自我维护的统一。

万米海滩作为海阳市重要的滨海生态系统，在缓解海岸侵蚀、调节滨海区域的水质和养分循环、捕获沉积物等方面具有生态价值，其植被还能固定和储存来自大气和海洋的碳，在碳循环中起到重要作用，贡献碳汇价值并带来相关的经济效益。项目预计修复形成的万米沙滩后滨植被修复面积 $18.6hm^2$，基于相关研究提供的山东省滩涂湿地固碳能力为 $6.16t/$（年·hm^2），万米海滩植被 CO_2 减排量为 114.51t/年。国内碳交易市场成交价格为 85.03 元/t，后滨植被碳汇项目年平均创造储碳价值 9736.79 元。海阳市万米海滩修复后的总生态价值为 $23.272\ 6\times10^6$ 元/hm^2。潟湖湿地修复工程主要开展养殖池塘清退、水系连通、盐沼植被修复、鸟类生境营造岸坡生态化等，寨前湾潟湖湿地植被 CO_2 减排量 666.96t/年，湿地植被碳汇项目年平均创造储碳价值 56 711.40 元。

7.12.4.2　社会效益

2024 年烟台市海洋生态保护修复项目通过修复砂质海岸、补植后滨植被等措施，可优化海岸带的生态环境，拓展海岸带的旅游休闲空间，有利于以海岸、沙滩为主题的旅游业、服务业的发展，使产业布局空间进一步拓宽，增强海阳市滨海旅游的吸引力，吸引更多的游客来海阳市旅游。通过岸坡生态化，可提高沿岸防护能力，保护后方陆域安全，保障沿海居民安居乐业，为今后滨海地区的开发及利用提供安全保障。通过拆除养殖构筑物、清理建筑垃圾等措施，能够进一步美化城市生态环境，改善城市生活和居住条件，完善城市配套功能，提升城市品位和档次，树立城市的良好形象，对于实现人与社会环境的自然和谐以及社会经济的和谐发展具有积极的作用。项目实施后，进一步优化了投资环境，广泛吸引了国内外资金，吸引了优质项目，提升了开发建设的层次，使海阳市形成布局合理、功能互补、产业清晰的高端产业群，加快了城市建设进程，进而拉动了全市经济增长。

7.12.4.3　经济效益

一方面，通过退岸还海、退养还滩，给水域以空间，结合生态化海堤建设，大大增强了区域防潮能力，减轻了风暴潮灾害带来的损失，提高了人民群众生命财产的安全度，确保工农业生产的正常进行，保障了当地经济稳定发展。另一方面，修复砂质海岸、种植后滨植被、清理建筑垃圾和养殖建（构）筑物等可改善海岸带的生态环境，打造海岸带休闲旅游空间，进而增加旅游人数、促进周边商业发展，带动区域经济发展、增加居民收入，推动城市发展。项目实施后，结合正在实施开展的小孩儿口国家湿地公园和第三届亚洲沙滩运动会会址，形成了旅游景点的组团式发展，为后方陆域腹地提供了良好的生态环境。同时随着项目的实施，海岸生态质量不断提高，有利于改善周边海域的生态环境，为海洋生物提供良好的栖息环境，有利于延长海洋经济的产业链、拓宽产业领域，全面提高海洋经济水平和综合效益，促进相关行业的发展，增加农渔民收入和就业机会。

第 8 章　山东省海洋生态保护修复规划和布局

8.1　山东省海洋生态保护修复发展方向

为精准进行海洋生态保护修复，山东省先后出台了《山东省海洋环境保护条例》《山东省海域使用管理条例》《山东省海洋功能区划（2011—2020 年）》《山东省海洋主体功能区规划》《山东海洋强省建设行动方案》《山东省海洋生态环境保护规划（2018—2020年）》等一系列海洋生态保护和修复文件。沿海七市先后发布实施海岸带保护条例，实现了海岸带保护立法全覆盖，进一步巩固了海洋生态保护修复工作的法律地位。同时，为加强修复资金和项目管理，制定印发了《山东省海域使用金减免管理办法》《山东省海洋环境质量生态补偿办法》《〈海洋生态保护修复资金管理办法〉实施细则》等制度文件。

山东省今后将在全面加强海洋生态保护的基础上，不断加大海洋生态保护修复力度，聚焦盐沼湿地修复、岸线岸滩修复、海堤生态化建设等重点领域，持续推进"蓝色海湾"整治行动、海岸带保护修复工程、渤海综合治理攻坚战海洋生态保护修复任务等重点工程。以山东省岸线、河口、海湾、湿地、海岛等典型生态系统恢复为重点，围绕河口和海湾湿地生态恢复、海湾海岛防灾减灾能力、岸线稳定性、生物多样性等海洋生态系统功能进行生态保护修复。到 2025 年，通过砂质岸线修复、构筑物拆除、海堤生态化建设、沿岸防护林和植被恢复等工作，显著恢复和提升河口、海湾、海岛等典型海洋生态系统稳定性、完整性和生物多样性，使重点生态功能区生态服务功能明显增强、防灾减灾能力明显提升、生态修复和区域经济发展协调推进。规划期内修复滨海湿地 90hm^2，整治修复岸线58km，整治修复重要海岛 7 个，完成国家下达山东省的"十四五"自然岸线保有率管控目标。到 2035 年，滨海湿地质量明显提高，生物多样性更加丰富，海洋生态系统碳汇功能明显增强，生态系统质量明显改善，生态服务功能显著提高，生态稳定性显著增强，生态安全屏障更加牢固，优质生态产品供给能力基本满足人民群众需求。

8.2　山东省海洋生态保护修复总体布局

根据山东省海洋生态环境状况、海洋经济和社会发展、海洋生态文明建设的需求，贯彻新发展理念，以全省海洋生态安全战略格局为基础，以海洋生态系统结构恢复和服务功能的提升为导向，强化对黄河流域生态保护和高质量发展、海洋强省等重大战略的生态支撑，统筹考虑海洋生态系统的完整性、连续性和经济社会发展的可持续性，修复布局涉及山东省行政管辖的全部海域，包括近岸带、离岸带和远岸带。重点对近岸带区域进行修复布局细化，形成"一线、两区、九湾、多点"的近岸带海洋生态保护修复总体布局，实现分区分类开展海洋生态保护修复工作的重点突破。

8.2.1 "一线"生态修复区

"一线"生态修复区是指北起山东、河北交界的漳卫新河东岸，自西向东经渤海、北黄海绕威海市成山头，由东向西经南黄海至山东、江苏交界的绣针河北岸的山东省大陆海岸线及其两侧区域。该区域处于海陆之间相互作用的地带，具备海陆过渡特点的独立环境体系，极易受到台风、风暴潮、海啸等自然灾害以及人类活动的影响。该区域存在岸线受损、岸线防灾减灾能力偏低及互花米草蔓延等生态问题。沿"一线"重点修复张村镇西部、朝阳港、凤城东部、海阳南部、崂山南部、琅琊台东部、白马河河口7个区域。

8.2.2 "两区"生态修复区

"两区"生态修复区是指黄河三角洲和庙岛群岛区域。

黄河三角洲区域存在河口滩涂湿地受损、养殖占用河口岸滩及海草床、牡蛎礁典型生物群落退化等生态问题，重点修复黄河三角洲北部、东部区域。

庙岛群岛区域存在海岛自然岸线受损、养殖围堰占用海岛岸线等生态问题，重点修复北隍城岛、大钦岛、砣矶岛和大黑山岛4个海岛。

8.2.3 "九湾"生态修复区

"九湾"生态修复区是指莱州湾、芝罘湾、石岛湾、靖海湾、乳山湾、丁字湾、胶州湾、灵山湾、海州湾9个湾区。

莱州湾湾区存在自然岸线侵蚀、滨海湿地生态功能减弱和岸线防灾减灾能力差等生态问题，重点修复小清河河口、白浪河河口、胶莱河河口、海庙港、石虎嘴、裕龙岛东部、屺坶岛北部7个区域。

芝罘湾湾区存在砂质岸线受损和岸滩植被缺失等生态问题，重点修复潮水镇北部、八角湾、养马岛西部3个区域。

石岛湾湾区存在围海养殖导致滨海湿地受损和海草床、牡蛎礁典型生物群落退化等生态问题，重点修复桑沟湾南部、石岛湾、槎山南部3个区域。

靖海湾湾区存在围海养殖导致海湾湿地和自然岸线受损等生态问题，重点修复靖海湾、五垒岛湾两个区域。

乳山湾湾区存在海湾湿地受损和外来物种入侵等生态问题，重点修复海阳所镇南部、乳山湾两个区域。

丁字湾湾区存在岸滩防护能力不足和外来物种入侵等生态问题，重点修复丁字湾、鳌山湾、小岛湾3个区域。

胶州湾湾区存在养殖建（构）筑物导致的岸线及滨海湿地受损和外来物种入侵等生态

问题，重点修复胶州湾、薛家岛北部两个区域。

灵山湾湾区存在海草床生态系统退化和岸线防灾减灾能力差等生态问题，重点修复灵山湾区域。

海州湾湾区存在围海养殖、开发等人类活动导致河口湿地受损退化和自然岸线侵蚀等生态问题，重点修复阜鑫渔港、绣针河河口两个区域。

8.2.4 "多点"生态修复区

"多点"生态修复区是指山东省管辖的海岛。该区域存在海岛岸线受损、海岛周边海域水质被破坏等生态问题，重点修复桑岛、马岛、镆铘岛、大王家岛、小王家岛、牛心岛、南小青岛、北小青岛、麻姑岛、白马岛、冒岛 11 个海岛。

8.3 山东省海洋生态保护修复重点任务

根据修复区域存在的海洋生态问题及海洋生态特征、地形地貌特征，以突出重点区域的湿地生态和砂质岸线修复、海岛海岸线防灾减灾能力提升、完善主要海湾的防灾减灾体系、岸线稳定性、海洋生态系统功能为重点，综合考虑海洋生态保护修复需求的迫切性和海洋生态系统修复实施的可行性，确定不同修复区域、不同修复类别的重点任务。

8.3.1 分区修复措施和任务

8.3.1.1 "一线"生态修复区修复措施和任务

张村镇西部修复区：主要修复措施为砂质岸线修复等，修复任务为有效改善岸线受损状况。

朝阳港修复区：主要修复措施为海堤生态化建设、砂质岸线修复等。修复任务为增强岸线防灾减灾能力，恢复砂质岸线生态环境。

凤城东部修复区：主要修复措施为废弃养殖池改造或拆除、砂质岸线修复等。任务为恢复自然岸线生态功能。

海阳南部修复区：主要修复措施为受损砂质岸线修复、海域清淤等。修复任务为逐步恢复砂质海岸生态环境，提高海岸防护能力。

崂山南部修复区：主要修复措施为非法建（构）筑物拆除、礁石与海滩修复、滨海湿地恢复等。修复任务为恢复礁石与砂质海岸生态系统结构和功能。

琅琊台东部修复区：主要修复措施为岸线加固、海堤生态化建设、退养还湿等。修复任务为恢复海岸线自然面貌、改善海岸线生态环境。

白马河河口修复区：主要修复措施为护岸生态化建设等。修复任务为增强海岸抗灾能力，改善海岸面貌。

8.3.1.2 "两区"生态修复区修复措施和任务

（1）黄河三角洲区域

黄河三角洲北部修复区：主要修复措施为湿地修复、海堤生态化建设、互花米草治理等。修复任务为恢复河口湿地生态系统，提高岸线稳定性，提升防灾减灾能力。

黄河三角洲东部修复区：主要修复措施为退养还滩、湿地修复、牡蛎礁修复等。修复任务为恢复鸟类栖息地、河口湿地生态系统。

（2）庙岛群岛区域

北隍城岛修复区：主要修复措施为受损岸线修复、海堤生态化建设等。修复任务为减轻海岛岸线侵蚀，提高岸线稳定性，提升防灾减灾能力，维护岛屿形态。

大钦岛修复区：主要修复措施为受损岸线修复、海堤生态化建设等。修复任务为减轻波浪、潮流对海岛岸线的侵蚀，提升防灾减灾能力。

砣矶岛修复区：主要修复措施为受损岸线修复、海堤生态化建设等。修复任务为提高岸线稳定性，提升防灾减灾能力。

大黑山岛修复区：主要修复措施为受损岸线修复、海堤生态化建设、退养还湿等。修复任务为减轻海岛岸线侵蚀，恢复岸滩自然形态。

8.3.1.3 "九湾"生态修复区修复措施和任务

（1）莱州湾湾区

小清河河口修复区：主要修复措施为退养还湿、河口湿地修复、牡蛎礁修复等。修复任务为建立牡蛎礁自我发育和自我维持的稳定生态系统、恢复海岸生态系统的结构和功能。

白浪河河口修复区：主要修复措施为滩涂湿地修复、海堤生态化建设等。修复任务为提高岸线防灾减灾能力和生态系统生物多样性。

胶莱河河口修复区：主要修复措施为互花米草治理等。修复任务为恢复互花米草入侵区域原生植物生态特征，提升入侵区域生态系统生物多样性。

海庙港修复区：主要修复措施为海堤生态化建设、砂质岸线修复、互花米草治理等。修复任务为有效提升岸线稳定性。

石虎嘴修复区：主要修复措施为砂质岸线修复、海堤生态化建设等。修复任务为提高岸线的抗风浪、流的能力，恢复沙滩原有生境。

裕龙岛东部修复区：主要修复措施为砂质岸线修复等。修复任务为提升岸线防灾减灾能力，遏制滨海湿地环境恶化趋势。

屺坶岛北部修复区：主要修复措施为海堤生态化建设等。修复任务为防止海岸侵蚀，修复优美沙滩。

（2）芝罘湾湾区

潮水镇北部修复区：主要措施为退养还湿、海湾湿地修复、生态缓冲屏障建设等。修复任务为构建生态防护体系，恢复自然岸线，增加滨海湿地面积。

八角湾修复区：主要修复措施为自然岸线修复、非法建（构）筑物拆除、植被防护带修复等。修复任务为修复砂质岸线和基岩岸线，提升砂质海岸和基岩海岸的生态空间和生物多样性。

养马岛西部修复区：主要修复措施为岸线整治修复、养殖构筑物拆除等。修复任务为恢复海岸带和滨海湿地的生态功能。

（3）石岛湾湾区

桑沟湾南部修复区：主要修复措施为退养还湿、非法建（构）筑物拆除、砂质岸线修复等。修复任务为修复砂质岸线和基岩岸线，增加砂质海岸和基岩海岸的生态空间和生物多样性。

石岛湾修复区：主要修复措施为不合理建（构）筑物拆除、砂质岸线修复、牡蛎礁布设等。修复任务为促进生态环境的恢复，恢复当地的水下生态空间和生物多样性。

槎山南部修复区：主要修复措施为退养还滩、退养还海、海堤生态化建设等。修复任务为提升沿海抵御台风、风暴潮等海洋灾害的能力。

（4）靖海湾湾区

靖海湾修复区：主要修复措施是砂质岸线修复、礁石岸线修复、退养还湿、海堤生态化建设、植被防护带修复等。修复任务为恢复砂质海岸及礁石海岸自然属性，提升沿海抵御台风、风暴潮等海洋灾害的能力及生态化程度。

五垒岛湾修复区：主要修复措施为砂质岸线修复、海堤生态化建设、退养还湿等。修复任务为有效修复重点侵蚀岸滩，明显改善五垒岛湾滨海湿地生态环境。

（5）乳山湾湾区

海阳所镇南部修复区：主要修复措施为砂质岸线修复、退养还湿、海堤生态化建设等。修复任务为构建砂质海岸-生态护岸生态防护体系。

乳山湾修复区：主要修复措施为退养还湿、海堤生态化建设、湿地修复等。修复任务为构建生态护岸防护体系，恢复自然岸线，增加滨海湿地面积。

（6）丁字湾湾区

丁字湾修复区：主要修复措施为滨海湿地修复、海湾湿地面积扩大、水动力环境改善、互花米草治理等。修复任务为恢复海岸生态系统，丰富海岸线多样性，改善海域及海岸带生态环境现状。

鳌山湾修复区：主要修复措施为生态缓冲屏障建设、海湾湿地修复等。修复任务为修复自然岸线，恢复岸线生态功能，提高海岸带防灾减灾能力。

小岛湾修复区：主要修复措施为浅滩整治、退养还湿、非法建（构）筑物拆除等。修复任务为恢复河口湿地及岩礁生态系统。

（7）胶州湾湾区

胶州湾修复区：主要修复措施为自然湿地修复、海湾湿地面积扩大、水动力环境改善、互花米草治理等。修复任务为打造人与自然和谐的海湾型国家级海洋公园典范，形成"水清、岸绿、滩净、湾美、岛丽"的"蓝色海湾"。

薛家岛北部修复区：主要修复措施为互花米草治理。修复任务为恢复互花米草入侵区域原有植物生态特征。

（8）灵山湾湾区

灵山湾修复区：主要修复措施为退养还湿、养殖等生产活动清退、非法建（构）筑物拆除、海堤生态化建设和海草床修复等。修复任务为改善海岸线生态环境、恢复海草床典型生境。

（9）海州湾湾区

阜鑫渔港修复区：主要修复措施为退养还湿、海堤生态化建设、河口浅滩修复等。修复任务为恢复原有河口湿地功能、生物多样性，使区域生态环境明显改善。

绣针河河口修复区：主要修复措施为退养还湿、互花米草治理等。修复任务为恢复绣针河的湿地海洋生态环境。

8.3.1.4　"多点"生态修复区修复措施和任务

桑岛修复区：主要修复措施为不合理构筑物拆除、岛陆及岸滩植被修复。修复任务为逐步恢复自然海岸的原生风貌，改善岛屿海岸带环境状况。

马岛修复区：主要修复措施为非法构筑物拆除，岛陆及岸滩植被修复。修复任务为提高自然岸线保有率。

镆铘岛修复区：主要修复措施为非法构筑物拆除和海岛人工岸线生态化建设。修复任务为提高海岛岸线防灾减灾能力，改善海岛周边水动力条件及潮流场。

大、小王家岛修复区：主要修复措施为非法构筑物拆除和海岛人工岸线生态化建设。修复任务为提高海岛岸线防灾减灾能力和生态功能。

牛心岛修复区：主要修复措施为岛陆及岸滩植被修复。修复任务为增加海岛植被盖度，恢复海岛生态系统。

南、北小青岛修复区：主要修复措施为非法构筑物拆除。修复任务为改善海岛周边海域生态环境质量。

麻姑岛修复区：主要修复措施为滨海湿地面积扩大、水动力环境改善、岛陆及岸滩植被修复。修复任务为完善海岛岸线稳定性和海岛生态系统的稳定性、多样性。

白马岛修复区：主要修复措施为岸滩修复和岛陆及岸滩植被修复。修复任务为改善岛屿海岸带环境状况，提升海岛岸线稳定性。

冒岛修复区：主要修复措施为岛陆及岸滩植被修复和沙滩养护。修复任务为提升海岛自然岸线保有率和周边海域生态环境质量。

8.3.2　分类修复任务

8.3.2.1　滩涂湿地修复任务

滩涂湿地是宝贵的海域自然资源，重点加强黄河三角洲、小清河口、白浪河口、莱州湾、桑沟湾、胶州湾等区域的滩涂湿地修复，坚持自然恢复为主、人工修复为辅，采取退养还湿、海湾水交换通道疏通、清淤疏浚、沉积物环境修复、滩涂植被补种等措施推进滩涂湿地修复工作，增加滩涂湿地面积，提升滩涂湿地生态系统完整性和稳定性；对入海污染源进行源头控制，减少入海污染物总量，完善入海排污口管理制度，对受到人类活动污染的底泥进行无害化处理，开展重点湿地水环境综合整治。

通过对近岸带滩涂湿地的修复工作，基本遏制滩涂湿地退化的趋势，显著改善滩涂湿地生态环境。

8.3.2.2　岸线修复任务

岸线修复是恢复海岸带生态服务功能、保障沿岸城镇安全的重要措施。重点加强莱州湾东部、养马岛附近、烟台南部海岸以及日照南部海岸分布的典型沙质岸线的保护修复，严格保护典型沙质岸线，拆除砂质岸线区域内的非法建（构）筑物，恢复原有砂质岸线生态；对受损严重岸线，采取人工沙源、旁通输沙、拦沙堤等手段补沙、补种沙生植被等措施进行修复，优化海滩修复布局，并通过水动力环境整治工作改善砂质岸线冲刷侵蚀现状。重点推进屺坶岛、浪暖口、人和镇、崂山南部、灵山湾等区域的海堤生态化建设工作，采用堤身生态化改造、堤后缓冲带构建等手段，增强岸线防灾减灾能力，提升岸线生态功能。

通过对近岸带岸线的修复工作，基本遏制砂质岸线受损灭失的现状，显著提升典型砂质岸线连续性和人工岸线生态服务功能。

8.3.2.3　互花米草治理任务

互花米草治理是山东省滨海湿地生态系统保护的迫切需求。加快推进黄河三角洲、莱州湾、乳山湾、丁字湾、胶州湾、棋子湾等互花米草入侵严重区域的互花米草治理工作，采取刈割＋围淹、刈割＋翻耕、喷洒环境友好型试剂以及人工拔除等方式对区域内分布的互花米草进行治理，通过清淤、移植当地植被等工作修复原有湿地生态。

通过对近岸带互花米草入侵区域的修复工作，遏制互花米草面积快速增长趋势，恢复互花米草入侵区域原生植物生态特征和生物多样性。

8.3.2.4　海岛修复任务

海岛是保护海洋环境、维护生态平衡的重要平台，是捍卫国家权益、保障国防安全的战略前沿。突出海岛区域特点，坚持整治修复的整体性、协调性和统一性，区域统筹规划，分步实施，全面改善海岛的自然景观和生态环境，还原海岛风貌，恢复海岛自然岸线，防止海岸侵蚀扩大，改善水环境质量，恢复生物资源，提高海洋生物多样性。

重点开展庙岛群岛、崆峒列岛、田横岛岛群、灵山岛岛群、荣成岛群、乳山岛群等岛群，三平岛、马岛、褚岛、养马岛、镆铘岛、刘公岛、千里岩、豆卵岛、海驴岛、小管岛、马儿岛、高坨子岛、长门岩、大公岛、前三岛、斋堂岛、黑岛、花斑彩石等海岛以及荣成东部、滨州、东营等沙泥岛、乳山南部等海岛的保护和修复工作，采取影响海岛生态环境和自然景观的建（构）筑物拆除、海岛岸滩植被修复、沙滩养护、海岛人工岸线生态化建设等措施进行海岛岸滩的整治修复，提升海岛岸线防灾减灾能力；采取海岛植被修复、海岛珍稀物种保护、岛陆特殊生态系统保护等措施进行岛陆整治修复；采取建设海藻（草）场、投放人工藻礁、建立海底植被固着带、增殖放流、控制岛陆污染物入海总量等措施恢复海岛周边海域生物资源。

通过海岛的生态保护和整治修复工作，有效保护和改善海岛及其周边海域生态系统，增强重要海岛生态系统的完整性和稳定性，构筑沿海经济带发展的蓝色生态屏障，保障国家海洋权益，促进海岛经济社会可持续发展。

8.3.2.5　典型生态系统恢复任务

典型生态系统是重要的海洋资源，典型生态系统恢复是保护海洋生态系统生物多样性的重要内容。重点加强黄河三角洲、小清河口、老河口、胶莱河口、石岛、唐岛湾等区域的海草床生态系统和牡蛎礁生态系统恢复工作，采取海草床移植、牡蛎礁体重建等手段，恢复海草床和牡蛎礁生态系统，清除区域内影响海草床和牡蛎礁生存的相关设施，修复区域水动力环境，监测、保障区域海水水质，进行水体污染防控，为海草床和牡蛎礁生态系统的生存和繁衍营造良好的环境。

通过典型生态系统恢复工作，遏制海草床、牡蛎礁生态系统退化的趋势，改善受损区域生态环境，恢复受损区域生物多样性。

第9章 山东省海洋生态保护修复的思考与建议

9.1 海洋生态保护修复总体思路

充分吸收国土空间规划"双评价"、第三次全国国土调查、海岸线修测等成果,结合国土空间规划和海岸带保护与利用规划,对已有海洋生态保护修复工作进行调研分析,开展海洋生态系统现状评估,重点研究河口生态、海湾生态、海岛生态的生物多样性、生产力和生态防护能力的演变规律和机制,掌握典型海洋生态系统的分布特征、相互作用和受损退化程度,梳理各生态空间要素存在的问题及现有修复工作的薄弱环节,综合评价受损空间生态系统的退化程度与恢复水平,识别拟开展生态保护修复的重要空间、敏感脆弱空间、受损破坏空间等的范围、面积与分布,统筹陆域和海域,提出海洋生态保护修复相关任务。收集国内外海洋生态保护修复实践与案例,在此基础上分析海洋生态保护修复的时间演化、区域分布和统筹治理等规律,总结海洋生态保护修复的规律、模式和措施,明确山东省海岸线、滨海湿地、河口海湾、海岛及黄河三角洲等典型海洋生态系统保护修复的目标和重点区域,针对不同保护修复类型制定分类保护修复工作指引和保护修复策略。结合全省海洋生态保护修复的顶层设计和地方生态保护修复计划需求,提出近期生态保护修复重点任务、"蓝色海湾"整治和海岛生态保护修复等行动计划的重大工程安排建议。

9.2 海洋生态保护修复具体过程

海洋生态保护修复是一项复杂的工程,根据近年来山东省海洋生态整治修复项目实施情况及取得实效,总结出具有共性和一定可操作性的生态保护修复过程,理清和凝聚如何更好、更科学地开展生态保护修复工作思路和认识,为开展海洋生态保护修复提供技术保障。

海洋生态保护修复需要注意以下问题:首先需要模仿自然生态的发展过程,在对退化生态系统的修复过程中需要尽可能地选择本地的物种,需要尽可能地选择干预能力较小、最接近自然情况的修复模式,全面加快生态系统的修复和完善,将人类对生态系统的影响降到最低,在进行海洋生态的修复过程当中需要特别注意对于关键物种的培养,关键物种修复之后,其余的物种就会不断地进入以完成自然修复。并且需要满足海洋生态自然演变的模式发展，使用先锋物种实现对于生态的恢复，保证为后续物种的进入提供相应的条件。在自然生态的过程当中发挥最大的作用，需要明确生态系统的恢复是为了自然而不是为了满足人类的需求，需要保证用友好的态度对其进行修复。最后，尚未了解海洋生态系统退化的具体机制，要从先进的案例、理念和技术中寻找灵感，对沿海海洋生态系统退化的原因展开研究，通过评估预期的修复效果，在抑制海洋生态系统退化趋势的基础上，做到有方法、有目标地修复海洋生态系统。

9.2.1　海洋生态保护修复目标和保护修复规划的确定

修复目标的确定很重要，生态修复的最终目标是使受损生态系统恢复为能够自我组织、自我维持、面对外界干扰能自我调节的自然生态系统，但如果短期目标就是把一个受损地区恢复到原始的未开发的状态或使其拥有自然的结构和功能，那么失败的可能性很大，因而需要做好生态修复规划，分期安排好需要达到的目标，即某个阶段只是修复生态系统某些特点、修复某些自然功能、实现某些服务价值，那么成功的机会就会大很多。当然，由于受损的海洋生态系统修复的时间较长，修复目标和长期规划的设定是动态的，需要根据修复进行状况随时调整。通常这样的生态修复规划要涉及国家、地方和社区3个层面。

9.2.2　保护修复地点的选择

生态修复地点的选择对于修复工作能否成功非常重要，包括几个方面：外来压力的评估、选择适合的同类型的参照生态系统和水文条件是否满足。

一是外来压力的评估，即预修复地点历史上是否有过此类海洋生态系统？该处是否和附近未受干扰的生态系统有相似的环境条件？受损生态系统的退化原因是什么，是自然因素还是人为因素？是否还有潜在的压力？这些因素带来的压力是否可以消除？因为只有外在的压力消除，受损生态系统的自然修复才可以进行，受损群落的次级演替才可能发生。

二是选择适合的同类型的参照生态系统，选择附近未受干扰的自然生态系统，调查其地形、水文和盐度等环境因素，以及生物种类、组成和多样性等生物指标，这将为修复地点的生态修复提供参照。

三是水文条件是否满足，如果受损地区已经建设了不可拆除或更改的基础设施，该处的水文条件已经不可能通过修复使生态系统恢复到自然的状态，那么此处不适宜作为修复点。如果水文条件目前虽然达不到，但可通过生态水文修复到正常状态，那么可以选择作为修复点。这种修复地点的选择也可以理解为在整个地区生态修复工作中，先选择其中一部分合适的地点作为修复的试点。修复地点的选择非常重要，例如一些海草床修复工程没有考虑受损海草床为什么没有发生自然恢复就立即开始种植海草，即在压力因素评估前就开始投入种植海草或试图在之前没有生长过海草的地区种植海草，这就容易导致生态修复项目的失败。

9.2.3　海洋生态保护修复措施的选择

海洋生态修复注重的是自然修复，只有在自然修复很难达到或较慢达到时，才会选用辅助的生态修复措施，即水文修复和生物修复两个方面：

水文修复：由于水文控制着目标生物（如碱蓬、芦苇、牡蛎、海藻或海草）的分布、定居和生长，首先要明确修复地点的水文模式，其次要对应所选的参照典型海洋生态系统，相应地对地形、基底或坡度以及潮汐通道等进行修复，使其恢复到接近自然的状态，如阻碍或限制水动力的堤坝或围堰的拆除、人工直线水道的弯曲处理等。

生物修复：进行生物修复前要了解修复地点的目标生物的个体生态学，尤其是繁殖、繁殖体分布和幼苗定居，这对开展生物移植来说很关键，生物修复同样需要考虑物种的选择。当然，水文修复和生物修复如何进行、何时进行也是有条件的。通常，在一个生态修复项目中，水文修复和生物修复并不都是必须进行的，如果该修复地点通过外部压力的消除就可以进行水文和生物的自然恢复，即自然的幼体可以进来补充，或是次级演替可以发生，那么水文修复和生物修复都可以不用进行；如果修复地点通过进行水文修复能够吸引自然繁殖体或幼虫、幼苗来定居，且可以持续地恢复到自然的群落组成，那么生物修复就可以不进行；如果在水文修复后，在自然补充仍然满足不了成功定居的幼苗或幼虫的数量、稳定率、生长率或覆盖率目标的前提下，考虑移植，即利用实际的繁殖体、收集的幼体或培育的幼体帮助自然恢复；而如果要重建一个新的生态系统，水文修复和生物修复一般都需要进行。

9.2.4　监测、评价与反馈

对修复地点进行连续的监测可以为管理者和决策者提供有价值的信息以对受损生态系统的修复状态进行诊断和评估。当然，这个监测包含了整个修复过程，包括修复开始前、修复中以及修复结束后。除了传统的监测方法，可利用遥感、地理信息系统和全球定位系统等动态监测技术为海洋生态修复评价提供新的技术支持。设定合适的评价指标对于判别生态修复是否成功非常重要。评价指标包括生态方面、经济方面和社会方面。生态方面的指标应从 3 个尺度来看，即群落、生态系统和景观，具体包括环境和生物因子。经济指标是指修复的海洋生态系统带来的服务价值是否为当地人带来经济收益。而社会指标则是指由此带来的当地归属感和社会满意度等。反馈则是在现有修复工作的监测和评估基础上，决定下一步修复工作如何开展。

9.2.5　海洋生态保护修复管理

海洋生态保护修复管理的目的是要达到生态、经济和社会的"三赢"状态。现在比较普遍的是以下 3 种管理方式，而三者又是相通的。

基于生态系统的管理是海洋生态保护修复管理的主流，这种管理方式是针对资源环境的管理，具有先进的管理理念，其目的是维护海洋生态系统的持续健康和发展，强调从海洋生态系统整体出发、多学科参与、多部门合作，以实现海洋资源开发与生态保护的协调发展。

基于社区的生态管理概念则是重视社区公众的参与，联合了政府和社会、科学和决策者、公共的和私人利益相关者参与生态保护修复的设计、实施、监测、评估和保证法律支持的全面管理，它是一个动态的、连续的、重复的过程。

适应性管理是海洋生态保护修复中另一种常见的管理模式，被广泛应用于海洋生境修复和生物资源养护实践，其管理目标是解决海洋生态保护修复过程中出现的一些无法预测或不确定会发生的事件。该模式包括实施备选的修复计划、对受损生态系统中的部分区域实施实验研究、对受损系统和参考系统的对比研究以及对整个海洋生态系统保护修复的有效性进行评估等。

9.3 主要举措及成效

近年来，山东省坚持以习近平生态文明思想为指导，把海洋作为高质量发展的战略要地，主动融入黄河重大国家战略，积极推进国家"双重规划"和"十四五"规划海洋生态保护修复重点任务落地，山东全省海洋生态保护修复工作稳步推进。

9.3.1 主要举措

一是坚持提高站位，主动融入国家战略。2021年10月，习近平总书记亲临山东东营视察并作出重要指示，为黄河三角洲生态保护和高质量发展指明了前进方向，赋予山东省新的重大使命。山东省深入贯彻落实习近平总书记对黄河三角洲生态保护的重要指示，坚持重在保护、要在治理，将黄河三角洲区域作为山东省海洋生态保护修复规划重点生态修复区域，科学谋划、积极组织东营等市申报海洋生态保护修复项目，为融入黄河重大国家战略添砖加瓦。通过退养还湿、滨海盐沼植被修复、牡蛎礁投放、海草床移植等多种差异化修复措施，东营市生态修复总面积达 2 200hm²，打造了蔚为壮观的黄河三角洲红海滩湿地。

二是坚持规划引领，制度先行。在摸清全省海洋生态家底、深度分析生态脆弱区和敏感区的基础上，编制《山东省海洋生态保护修复规划（2021—2025年）》，明确目标任务，科学规划重点生态修复区，明确修复范围、主攻方向及修复措施，构建"一线、两区、九湾、多点"的海洋生态保护修复格局，统筹推进全省海洋生态保护修复工作。印发实施《山东省贯彻落实〈海洋生态保护修复资金管理办法〉实施细则》《关于加强中央海洋生态保护修复项目监督管理的通知》等文件，进一步加强和规范中央海洋生态保护修复项目管理，提高资金使用效益，规范项目申报、实施和验收等环节，提高项目管理制度化、规范化、科学化水平。山东省财政厅、生态环境厅、自然资源厅、海洋局联合印发实施了《山东省海洋环境质量生态补偿办法》，将海洋生态保护修复成效纳入财政奖励机制。

三是坚持整体保护，系统修复。坚持岸线、河口、海湾、湿地、海岛统筹考虑，妥善处理保护和发展、近期和远期的关系，保障海洋生态安全，恢复海洋生态功能。开展乳山湾、石岛湾系统整治修复。在黄河三角洲和庙岛群岛等区域开展综合整治修复，通过退围还海、退养还滩、岸线整治修复、海堤生态化建设、海草床修复、牡蛎礁构建互花米草整治、入海污染物治理等多种方式，一体推进陆域、流域、海域高水平保护。

四是加强监管，规范实施。建立"周调度、季监测"工作机制，及时跟进项目进展。每季度组织开展项目监视监测，全面掌握项目实施情况和存在问题。强化监管结果应用，及时将监测报告反馈沿海市，督促抓好问题整改。加强项目督导服务，定期召开座谈会、推进会，精准提供业务支持，协调解决实际困难，加快推进项目实施，持续推动形成实物工作量。

9.3.2　取得的成效

通过开展滨海湿地修复、岸线整治修复和海堤生态化建设等，使近岸海域水质环境显著改善，2023年山东省近岸海域优良水质比例达到95.6%，历史性进入全国前三。重点生态功能区生态服务功能明显增强，防灾减灾能力明显提升，生态修复和区域经济发展协调推进。在工作实践中，形成了一些成效明显的典型案例。2023年8月，生态环境部公布第二批美丽海湾优秀案例，威海桑沟湾、烟台八角湾、长岛庙岛诸湾成功入选，占第二批全国12个美丽海湾的1/4，数量全国第一。

(1) 退港还海，海洋动物与生态岸线"双回归"

日照市按照生态优先、港城融合的总体工作思路，实施海龙湾"退港还海"项目，将周围海域水质提升至国家海水二类标准，国家级保护野生动物海龟、江豚等10余种海洋生物频繁出现在项目周边海域，港口工业岸线变成优美的生态岸线，创造了优质岸线恢复新模式。2023年，"日照退港还海建设美丽'金海岸'"案例入选自然资源部海洋生态保护修复十大典型案例。2020年以来，通过开展海洋生态保护修复，山东省将7km人工岸线修复为生态恢复岸线，提高了自然岸线保有率。

(2) 变绿为产，生态价值与经济价值"双凸显"

潍坊市坚持海洋保护与开发并重，创新"柽柳＋肉苁蓉"种植模式，从"盐碱荒滩"到"绿水青山"，从"投钱变绿"到"以绿生钱"，探索出一条滨海盐碱地生态治理和产业化发展的新路子。威海市通过实施朝阳港海岸带保护修复工程，打造了清洁、有序的生态海岸带，为新能源、休闲度假等产业发展带来了优质发展空间，为区域发展开辟了新赛道。朝阳港内湖成为新晋网红打卡地，该区域2023年游客数突破10万人次，实现了人与海洋环境的协调发展，促进了当地经济走上可持续发展的轨道。

(3) 协同增效，滨海系统与生态减灾"双提升"

东营市构建海堤-植被-潮滩综合防护体系，通过退养还湿、潮沟疏通、滨海盐沼植被修复、牡蛎礁投放、海草床移植等多种差异化修复措施，恢复了红海滩湿地，东方白鹳、黑嘴鸥等多种鸟类翔集，形成了更加稳定、健康的滨海湿地生态系统，提升了温带风暴潮防御能力，促进了海岸带生态减灾协同增效。"中国山东省东营市黄河口以南滨海盐沼生态减灾案例"在2023年全球滨海论坛上发布。

9.4　存在的主要问题

山东省积极推进海洋生态保护修复工作并取得了明显的成效，但仍存在一些短板和不足。

9.4.1　距离海洋生态保护修复规划的要求仍有差距

根据《海岸带生态保护和修复重大工程建设规划（2021—2035年）》：山东省需在滨州市无棣县，东营市河口区、垦利区、东营区、利津县、广饶县，潍坊市寒亭区，寿光市，昌邑市开展黄河三角洲及邻近海域湿地生态保护和修复项目；需在烟台市蓬莱区开展庙岛群岛及周边海域生态保护和修复项目；需在威海市环翠区、荣成市开展威海湾—荣成湾生态保护修复项目；需在青岛市黄岛区、城阳区、李沧区、市北区、市南区、崂山区、即墨区，胶州市，烟台市莱阳市，海阳市开展胶州湾—丁字湾生态保护修复项目。

　　根据《"十四五"海洋生态保护修复行动计划》要求，山东省需完成两项海洋生态保护修复重点任务，包括黄河口及邻近海域生态保护修复和北黄海生态保护修复，海洋生态保护修复目标为整治修复滨海湿地面积 $87km^2$、整治修复岸线长度 58km。

　　根据《重点海域综合治理攻坚战行动方案》要求，山东省需因地制宜实施黄河口等河口湿地保护修复并继续加强斑海豹、黑嘴鸥等珍贵濒危物种及其栖息地保护。

　　根据《全国重要生态系统保护和修复重大工程总体规划（2021—2035 年）》《山东省国土空间规划（2021—2035 年）》要求，山东省大陆自然岸线保有率不得低于 40%。

　　目前，山东省已完成岸线修复 59.6km、滨海湿地修复 5 350hm²，自然岸线保有率38.36%，但与规划确定的绩效指标尚有差距（图 9-1），因此，山东省需在"十四五"中后期加快推进湿地、岸线的生态保护和修复，提升自然岸线保有率，着力解决核心生态问题，优化山东省海洋生态屏障，确保规划的落地实施。

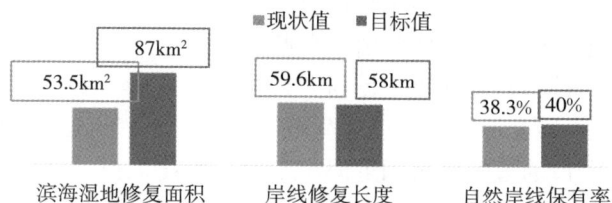

图 9-1　山东省"十四五"期间生态修复现状与规划目标

9.4.2　生态受损状况有待继续改善

　　滨海湿地生态服务功能下降。黄河口、小清河口等河口湿地水文连通受阻，生境斑块离散，鸟类栖息地退化甚至丧失，河口生态安全面临威胁。

　　海草床、牡蛎礁等重要生态系统的退化尚未恢复。自 2019 年开始，山东省通过实施海岸生态保护修复项目修复海草床约 $390hm^2$、修复牡蛎礁约 $1\,080hm^2$，但整体海草床盖度、牡蛎礁覆盖率与 20 世纪 50 年代仍有较大差距，东营、烟台部分区域存在海草床、牡蛎礁退化现象。

　　岸线受损严重、生态功能较低。由于人工开发利用以及自然侵蚀等原因，滨州、东营等部分区域自然岸线被占用，生态功能退化，防灾减灾能力减弱。

9.5　关于山东海洋生态保护修复的对策建议和工作经验

9.5.1　海洋生态保护修复工作实施的对策建议

9.5.1.1　深入贯彻生态文明内涵，推动海洋生态文明建设

　　生态文明建设是科学发展观的必然要求，是经济持续健康发展的关键保障，是顺应人

民群众新期待的迫切需要。海洋生态文明是陆地生态文明的拓展和延伸，随着人类开发利用海洋进程的发展而形成和演化，是对人类生态文明的补充和完善，它和陆地生态文明一起组成了人类生态文明建设的全部内涵，是我国社会主义生态文明建设的逻辑必然。深入贯彻习近平新时代中国特色社会主义思想，坚决贯彻落实党中央、国务院的部署，按照"五位一体"总体布局和"四个全面"战略布局，以创新、协调、绿色、开放、共享新发展理念为引领，坚定不移走"绿水青山就是金山银山"发展路子，以生态文明建设为核心，以综合统筹、协调管控为主线，最大限度降低涉海工程对海洋水动力和生物多样性的影响，促进海洋资源的集约利用和海洋生态的有效修复，有利于树立生态保护优先理念，实现人与自然和谐相处，构建海洋生态环境治理体系，全面加强生态环境保护，为建设美丽中国、美丽山东作出贡献。

　　海洋生态文明建设是新时期我国海洋强国建设的重要保障和有机组成部分。海洋生态文明建设是一项长期、复杂的系统工程，要通过不断培育和提高全社会海洋生态文明意识、改变传统落后的用海方式和理念、集约高效利用海洋资源、加强海洋科技创新能力、维持海洋生态环境秩序和完善海洋生态管理制度等一整套科学、完整的体系建设来推动完成。海洋生态文明建设不能简单地理解为大力改善环境，同时既不能坚持"人类中心论"，也不能强调"自然中心论"，而是应以海洋经济发展壮大来维护海洋生态环境的平衡，以海洋环境的良性生态循环推动海洋经济的更大发展，两者既相互独立，又相互支撑，最终形成和谐共荣的海洋生态文明局面。

9.5.1.2　加强组织领导，实行修复目标责任制

　　沿海各级政府要充分认识到海洋生态修复的重要意义，建立健全海洋生态修复工作组织协调机制，加大对山东省海洋生态修复重大决策、重大工程项目的统筹协调及政策措施的督促落实，着力解决海洋生态修复工程中面临的重大事项和问题，实行海洋生态修复目标责任制。对目前的海洋自然保护区、海洋特别保护区、海洋公园等海洋保护地进行有效整合，建立以国家公园为主体的自然保护地体系。沿海地区要对本辖区的海洋生态修复项目负责，把海洋生态修复工作纳入各级政府海洋生态环境保护的议事日程，将海洋生态修复目标作为考核干部政绩的指标内容。

　　加强审定海洋生态修复项目总体方案、实施方案及有关规章制度，建立健全海洋生态修复工作运行情况定期发布制度，及时提供重点项目建设情况和评价分析资料，开展海洋生态修复工作运行监测与评估，全力确保各项工作衔接推进，争取海洋生态修复早日见成效、出形象。

9.5.1.3　加强陆海统筹协同治理，强化整体规划引导

　　陆海统筹强调将陆域和海洋两个相对独立的区域联系起来，统一规划和整体设计，综合考虑二者的经济、生态、文化、社会功能。基于我国陆海统筹的战略、陆海机构改革的契机，连通陆地与海洋，贯通陆地污染治理和海洋生态保护，构建河口流域、陆地土壤和海岛海岸带等多环境主体的全面整体治理结构机制，以国家的政策法规、地方政府的公共权力、公众的认知文化、科研的力量技术作为控制参量，调整可持续发展的整体治理方案，建立陆海联动的现代化生态环境协同治理体系及治理能力。以沿岸流域和近岸海域生态环境质量改善为核心，建立综合集成的流域、土壤和海洋生态管理模式，推动流域、海

域问题的协同解决，实现多生态环境协同治理的有效性、高效性和优质性。

　　坚持海洋生态环境与陆地流域整治同步规划、同步实施。生态保护修复项目在立项之初应加强规划引导，形成以陆促海、以海带陆、海陆统筹的生态修复整体空间格局，完善顶层设计，深入开展本地生态系统调查，科学评估生态损害状况，针对性规划本地生态修复对策，科学编制海洋生态修复规划，突出多区域科学修复，对于分析充分、工程可行性较高的区域，尽快研究修复对策，申请纳入国家级、省级修复项目库。

9.5.1.4　强化科技支撑，构建有效的生态修复技术标准化制度

　　各地各类型的生态保护修复工程持续开展，为了避免投入大量修复资金而不见修复成效的尴尬局面，应在海洋生态保护修复项目实施过程中主动探索开展适应性管理，进一步提高修复工程质量和效益；加强海洋生态保护修复技术的标准化制度建设，构建长期监测-保护修复-效果评估系统化的海洋生态保护修复技术标准体系，制定或引用科学的海洋生态受损分析、问题诊断、修复实施、跟踪监测和成效评估等关键技术标准，在开展海洋生态保护修复项目过程中有抓手；出台统一的海洋整治修复项目验收办法，制定海洋生态保护修复验收规范，明确验收组织、对象、要求和程序等，提高验收效率；完善专业性和针对性的海洋保护修复项目评价标准体系，监督海洋生态修复项目的进程。

9.5.1.5　保障和拓宽资金投入，推动生态保护修复多元化融资

　　2020年，财政部印发了《海洋生态保护修复资金管理办法》，明确了中央修复资金管理部门以及修复资金分配办法，提出实施预算绩效管理等措施，充分体现中央资金在生态修复项目上的支持性和引导性。继续完善中央修复资金管理办法，规范细化到项目前期资金投入制度、工程预算制度、经费配套制度、工程经费使用制度等，以进一步提高资金使用效益，加强和规范海洋生态保护修复资金管理。建立保护修复项目与海域使用权利人、地方政府以及社会投资主体之间有效关联。在积极争取国家项目经费支持的前提下，将海洋生态保护修复纳入地方国民经济和社会发展规划，按照"取之于海、用之于海"的原则，对于征收的海域使用金、海岛使用金收入，由财政安排一定比例用于开展海洋生态保护修复。

　　落实"区域整治、系统修复"理念，进一步整合全省项目库，制定分期分批建设方案，因地制宜、突出重点地推进全省海洋修复工作。积极推进国土空间生态保护修复市场化机制建设，拓展资金渠道，引导和支持社会资金参与海洋生态保护修复项目实施。各项目资金筹措采用PPP模式（政府和社会资金合作模式），发挥PPP模式融资作用，鼓励社会资金参与海洋生态保护修复等公共事业和基础设施建设，积极引进各方资金、先进技术和管理经验，提高海洋生态保护修复技术、装备和管理水平。项目的实施应坚持重点突出、遵循循序渐进和量力而行的原则，切实解决实际存在的海洋资源与生态环境等问题。

9.5.1.6　科学谋划海洋生态修复发展新布局，着力激发"生态＋"产业发展新动力

　　根据山东省海洋生态环境状况、海洋经济和社会发展、海洋生态文明建设的需求，贯彻新发展理念，以全省海洋生态安全战略格局为基础，以海洋生态系统结构恢复和服务功能的提升为导向，强化对黄河流域生态保护和高质量发展、海洋强省等重大战略的生态支撑，统筹考虑海洋生态系统的完整性、连续性和经济社会发展的可持续性，推进"蓝色海湾"、海洋生态文明示范区、生态岛礁和美丽海岸建设，持续实施海域整治工程，深入实

施海洋生态保护修复工程，加强海洋生态保护修复的实践水平。因地制宜建设海岸公园、人造砂质岸线等海岸景观；科学规划海域海岛海岸带功能布局、优化海洋生态环境、培育特色海洋产业、推进基础设施配套。

深化海洋生态保护修复和产业融合发展，积极探索生态产品价值实现途径，拓宽生态保护修复市场化渠道，如海草床蓝碳交易、沙滩修复＋滨海旅游等。营造绿色畅通的营商环境，制定市场化参与的政策指导、收益分配制度和资金监督管理办法。借助信息化手段，建立统一化、智能化、现代化的生态保护修复项目管理平台，畅通政府相关部门之间，政府和高校之间、科研机构之间，政府和企业之间，高校、科研机构和企业之间的协同参与渠道，简化项目审批流程，提高监督管理效率，保障项目实施质量。

9.5.1.7　强化海洋生态环境保护，加大海洋监督执法力度

加大生态保护与整治修复的力度。根据"蓝色海湾"、生态岛礁等国家的一系列整治修复项目指导方针，针对海湾生态破坏状况、滨海居民面临的主要民生问题、特殊保护对象等，积极开展海域海岛海岸带整治修复，围绕典型生态系统，实施湿地修复、岸滩整治、"蓝色海湾"治理和"生态海岛"保护修复等工程。在重要渔业海域、沿海滩涂等生态敏感海区，开展增殖放流、人工鱼礁、海贝藻养殖等海洋生态保护修复工程，建设海洋牧场，大力推行生态化养殖模式，增加渔业资源量。积极开展互花米草等外来物种治理工程，恢复滨海湿地生态功能和生物栖息功能。严守海洋生态保护红线，严格围填海处置和退填还海还滩，拓展海洋生态空间。

推进执法队伍建设，完善海洋监督执法机制，强化执法巡查，进一步规范、维护海域、海岛开发利用秩序。加强无居民海岛巡航检查，严厉打击未经审批擅自开发利用和破坏海岛地形地貌等行为。进一步加强海洋工程的监管，监督建设单位切实落实各项环保措施。全力打击破坏海洋环境的各类违法行为，从严从重打击违法围填海、非法用海及污染海洋环境等行为，使海洋生态环境受损趋势得到遏制。完善海洋生态环境监管长效措施，加强对海域海岛海岸带生态保护修复工作的监管，确保海洋生态保护修复项目有序推进，不断优化海洋生态环境。

9.5.1.8　加大宣传力度，鼓励公众参与

构筑多元化的海洋生态文化宣传平台，特别是"全国海洋宣传日"活动、海洋科普教育基地、海洋公园等，提升公众认知。建立与广播、电视台、互联网等媒体有效合作的机制，充分发挥广播、电视、报刊、网络等主流媒体的导向和监督作用，开展多层次、多形式的海洋生态保护与修复宣传教育活动，运用评优评先、树立榜样、惩治违法等手段，形成推进海洋生态保护修复建设的良好氛围。深入开展海洋普法活动，加大涉海法律法规的宣贯力度，创新法律法规宣传模式，推进法律法规的多渠道、多形式宣传。不断提高企业对海洋生态保护修复的关注度，引导沿海企业履行社会责任，自觉控制污染、推行清洁生产、采用先进技术和工艺，追求绿色效益。

9.5.2　海洋生态保护修复项目监管的对策建议

9.5.2.1　事前监管阶段

探索中央和地方生态保护修复共同受益的机制，以实现区域整体性生态保护修复为目

标，扩展生态保护修复项目的资金来源和管理方式。采用自上而下和自下而上相结合的方式，建立长效机制，将大尺度的生态保护修复任务分解，合理安排资金支持的先后顺序，逐一完成海洋生态保护修复内容。其中：大尺度的生态保护修复项目采用自上而下的申报模式，由上级做好规划、开展区域生态合作和发起任务；小尺度的生态保护修复项目采用自下而上的申报模式，由下级根据需求以及结合规划，对接上级发起的任务，灵活时间申报，争取资金奖补。组建中央生态修复基金，接受民间组织捐赠，面向社会申请，设立生态保护修复指标跨区域交易中心，设立专门的风险补偿基金，与政策性银行对接，增强风险补偿基金的杠杆作用。

完善海洋生态保护修复项目价格核算体系，结合 GIS 建立海洋生态保护修复项目管理体系，建立与项目对应的唯一识别代码，使中央与地方项目结合后能够清晰地针对中央资金和地方资金开展管理。

在项目规划阶段与所有关键利益相关者进行充分沟通，主动开展宣传和培训，调动其积极性，增强利益相关者参与海洋生态保护修复的意愿和行动力。

加强对生态保护修复理念的认识以及对生态系统的整体性考虑，将生态理念融入项目规划方案的各项内容；强化对生态保护修复效果的评估，弱化将工程量作为资金核算的依据；注意生态保护修复项目与园林绿化工程、水利工程和林业工程等的区别与联系。

9.5.2.2　事中监管阶段

在项目实施过程中，参考已有的监管要求和标准指标，如参考大型水利工程监管质量体系。同时，为减少工程建设对生态环境的干扰，施工现场应通过监管加强对生态环境的保护。

细化中央资金支持生态保护修复项目的调整程序、审批权限和责任，开展联合监督检查，各部门在开展中央资金支付、结算、决算和审计工作时与业务检查单位相互通报，在项目调整和终止过程中明确界定中央资金与地方资金的使用范围。

严格项目进度安排，需要项目实施期限调整的，按照审批权限细化审批程序，采用以施工单位信用约束为手段的督促措施。

9.5.2.3　事后监管阶段

生态保护修复项目的竣工验收不同于有明确时间节点的一般工程，应预留充足的时间开展后期评估，建立长期效果评估指标体系，做到有章可循；引入质保金管理制度，确保技术指标的长期执行；规范竣工验收专家组成、标准依据和报送程序等，加强竣工验收管理。

划定项目的"及格线"和"优秀线"，将守住生态安全底线作为生态保护修复项目的"及格线"，评价指标包括近岸海域优良水质比例、陆海统筹治理情况、控制用海活动情况以及垃圾污染防治等；将建设"美丽中国"作为生态修复保护项目的"优秀线"，评价指标包括海洋健康指数以及海洋生态关键指示性物种恢复等。通过项目评比提高工程质量。

9.5.3　海洋生态保护修复项目工作经验

9.5.3.1　加强保护修复项目前期申报工作

近两年，山东省申报中央海洋生态保护修复项目成功率显著提高，2023 年、2024 年年度项目申报成功率达100%。山东省项目申报的高成功率与扎实的前期工作密不可分，主要经验有以下三方面：

一是建立项目储备库，系统推进项目申报。山东省以《全国重要生态系统保护和修复重大工程总体规划（2021—2035年）》《海岸带生态保护和修复重大工程建设规划（2021—2035年）》《"十四五"海洋生态保护修复行动计划》等国家规划确定的任务为刚性约束，统筹规划项目布局，建立省级项目储备库，指导各市形成预申报稿，合理设置修复项目相关绩效指标，确保规划指标任务落到实处。

二是提前组织申报准备，提高项目可行性。山东省海洋局与山东省财政厅联合印发通知，在国家印发申报通知之前提前近一年部署年度海洋生态保护工程项目预申报工作，引导各地提前开展申报准备工作，提高项目成熟度。指导沿海地市在申报前完成充分的前期调查论证，全面掌握项目实施区域生态环境数据和问题，为准确识别生态问题、提出有针对性的修复措施奠定了坚实基础。以2024年威海市海洋生态保护修复项目为例，该项目提前一年多就开始谋划准备，进行了十余次专家咨询，先后开展了8个专题的调查研究，形成了相关专题研究报告并进行了专家评审。

三是加强审核把关，提高项目科学性。山东省海洋局委托技术单位对拟申报实施方案进行现场核验、技术审查及负面清单审核，组织召开中央资金支持海洋生态保护修复项目省级评审会，邀请领域权威专家严格把关，将项目成熟度作为重要审查内容，确保项目技术方案可行、概算经济合理、绩效目标设置科学，可达到预期修复效果。

9.5.3.2 "双碳工作"探索生态产品价值实现

灵山岛自然保护区将实现生态产品价值与打造负碳海岛有机结合，通过碳排放核算和成果认证等系列工作，制定了《灵山岛省级自然保护区碳达峰、碳中和行动方案》，完成了碳排放清单编制、碳排放核算、专家评审、成果认证等系列工作。2021年12月31日，经中国质量认证中心认证，青岛西海岸新区灵山岛省级自然保护区全年产生的二氧化碳当量为－1333t，成为我国首个负碳海岛。通过负碳海岛的品牌效应，灵山岛的旅游业更加出名，2018—2023年居民人均可支配收入由2.2万元增加到3万余元。

青岛市组织黄海水产研究所、中国船级社、平安财产保险、兴业银行、自然碳汇研究院等机构成立青岛市海洋碳汇交易试点工作组，以2023东亚海洋合作平台青岛论坛"碳中和"项目为切入点，开展海洋碳汇交易试点，筛选和对接相关渔业企业，协调组委会和技术第三方，共同完成《2023东亚海洋合作平台青岛论坛零碳实施方案》《青岛东基海业有限公司海产养殖碳汇核算报告》并通过专家评审。推动东亚海洋合作平台青岛论坛执委会与青岛东基海业有限公司签订海洋碳汇交易协议，以贝类碳汇抵消论坛产生的温室气体排放，完成山东省首笔海洋碳汇交易。

9.5.3.3 建立自然岸线占补制度

为加强海岸线保护与利用管理，进一步强化岸线整治修复，2023年山东省海洋局印发《关于建立实施自然岸线占补制度的通知》，在全省范围内建立实施自然岸线占补制度：项目用海用岛范围内涉及自然岸线或生态恢复岸线，在项目实施后将损害海岸地形地貌、改变海岸自然形态或影响海岸生态功能，导致海岸线类型、位置发生变化，要进行岸线整治修复，按要求将人工岸线恢复为自然岸线或生态恢复岸线。

参 考 文 献

安鑫龙，顾继光，李元超，等，2023. 海洋生物礁类型、生态功能及其生态修复［J］. 生态学报，43
　　（19）：1-12.

白中科，2022. 关于国土空间一体化生态保护修复的若干思考［J］. 中国土地（8）：9-12.

白中科，师学义，周伟，等，2020. 人工如何支持引导生态系统自然修复［J］. 中国土地科学，34（9）：
　　1-9.

陈彬，俞炜炜，陈光程，等，2019. 滨海湿地生态修复若干问题探讨［J］. 应用海洋学学报，38（4）：
　　464-473.

陈丹婷，陈绵润，章柳立，2022. 国外海洋生态环境修复做法及启示［J］. 中国土地（7）：45-47.

陈克亮，吴侃侃，黄海萍，等，2021. 我国海洋生态修复政策现状、问题及建议［J］. 应用海洋学学报，
　　40（1）：170-178.

丰爱平，刘建辉，2019. 海洋生态保护修复的若干思考［J］. 中国土地（2）：30-32.

傅伯杰，2021. 国土空间生态修复亟待把握的几个要点［J］. 中国科学院院刊（1）：64-69.

高世昌，吕红亮，张海燕，等，2022. 国土空间生态保护修复范式与实践［M］. 北京：中国大地出
　　版社.

高世昌，肖文，李宇彤，2020. 德国的生态补偿实践及其启示［J］. 中国土地（5）：49-51.

关道明，刘长安，左平，等，2009. 中国滨海湿地米草盐沼生态系统与管理［M］. 北京：海洋出版社.

郭书海，李晓军，吴波，等，2020. 生态修复工程原理与实践［M］. 北京：科学出版社.

李古月，王先鹏，赵艳莉，等，2020. 加强宁波海岸带综合管理的对策建议［J］. 宁波经济（三江论坛）
　　（9）：21-23.

李家彪，杨志峰，王宇飞，等，2021. 陆海统筹海洋生态环境治理实践与对策［M］. 上海：上海科学技
　　术文献出版社.

李京梅，刘娟，2022. 海洋生态修复：概念、类型与实施路径选择［J］. 生态学报，42（4）：
　　1241-1251.

李沛然，2023. 我国海洋生态保护修复资金监管法律制度研究［D］. 广西：广西师范大学.

李小明，苏子航，2023. 国土空间生态修复的技术路径与成效评价：以陕西省为例［J］. 陕西地质，41
　　（2）：65-69.

李衍祥，2021. 浅析海洋生态保护和修复的实践问题［J］. 中国土地（10）：38-39.

李兆宜，仇王炜，郭妍，等，2024. 完善自然资源领域生态产品价值实现机制的探索与展望［J］. 中国
　　土地（1）：4-7.

刘红丹，金信飞，徐坚，等，2020. 宁波市海洋生态修复实践与发展［M］. 北京：海洋出版社.

刘亮，岳奇，王厚军，2020. 滨海湿地生态修复技术简析［M］. 北京：海洋出版社.

刘卫先，2022. 陆海统筹在自然生态保护法中的实现［J］. 东方法学（3）：85-95.

刘鑫，李承玉，2020. 绩效导向的海洋生态保护修复项目预算管理［J］. 绩效管理（17）：67-69.

鹿红，2018. 我国海洋生态文明建设研究［D］. 大连：大连海事大学.

罗敏，闫玉茹，2021. 基于生态保护与修复理念的海洋空间规划的思考［J］. 城乡规划（4）：11-20.

马金星，2021. 生态系统完整性理念视域下无居民海岛治理法治路径探析［J］. 中国海商法研究，32（3）：76-89.

欧阳玉蓉，戴娟娟，吴耀建，等，2021. 海洋生态修复项目绩效评估指标体系研究［J］. 应用海洋学学报，40（1）：91-99.

潘静云，章柳立，李挚萍，等，2022. 陆海统筹背景下我国海洋生态修复制度构建对策研究［J］. 海洋湖沼通报，44（1）：152-159.

潘毅，胡湛，许春阳，等，2021. 海洋生态环境保护与修复［M］. 北京：科学出版社.

戚洪帅，蔡锋，刘建辉，等，2022. 我国海洋生态修复技术标准现状及体系建设的思考［J］. 应用海洋学学报，41（2）：201-207.

戚洪帅，陈光程，欧阳玉蓉，等，2021. 海洋生态修复技术指南［S］. 北京：中国标准出版社.

尚玉昌，2020. 普通生态学［M］. 北京：北京大学出版社.

邵飞，张文涛，邢成龙，等，2024. 山东省国家公园生态产品价值实现路径研究［J］. 山东林业科技（1）：91-95.

苏玮林，阳阳，2021. 海洋生态修复研究进展与热点分析［J］. 资源节约与环保（2）：13-19.

孙倩文，熊兰兰，李红亮，2023. 广东省海洋生态修复现状研究［J］. 中国资源综合利用，41（9）：117-119.

唐学玺，2015. 庙岛群岛大叶藻生态系统修复：以小黑山岛为例［D］. 山东：中国海洋大学.

王承武，董靖雯，2023. 生态产品价值实现路径研究［J］. 国土资源科技管理，40（6）：122-134.

王厚军，袁广军，刘亮，等，2021. 海岸线分类及划定方法研究［J］. 海洋环境科学，40（3）：430-434.

王丽荣，于红兵，李翠田，等，2018. 海洋生态系统修复研究进展［J］. 应用海洋学学报，37（3）：435-446.

王在峰，徐敏，谢素美，等，2022. 海岸带生态环境保护与修复［M］. 北京：海洋出版社.

毋瑾超，仲崇峻，程杰，等，2013. 海岛生态修复与环境保护［M］. 北京：海洋出版社.

吴飞，郭杰，于梦林，等，2021. 构建生态产品价值实现逻辑闭环机制的江苏探索［J］. 中国土地（1）：18-20.

吴亮，陈克亮，汪宝英，等，2013. 海岸带环境污染控制实践技术［M］. 北京：科学出版社.

吴霖，欧阳玉蓉，吴耀建，等，2021. 典型海洋生态系统生态修复成效评估研究进展与展望［J］. 海洋通报，40（6）：601-608.

吴姗姗，刘亮，2023. 海岛生态修复成效综合评价指标体系研究［J］. 海洋开发与管理（12）：97-102.

吴晓青，王国钢，都晓岩，等，2017. 大陆海岸自然岸线保护与管理对策探析：以山东省为例［J］. 海洋开发与管理（3）：29-32.

肖武，阮琳琳，岳文泽，等，2023. 面向国土空间生态保护修复的多尺度成效评估体系构建［J］. 应用生态学报，34（9）：2566-2574.

谢花林，李致远，2023. 自然资源领域生态产品价值实现的多主体协同机制与路径［J］. 自然资源学报，38（12）：2933-2949.

谢永宏，张琛，蒋勇，等，2019. 湿地生态修复技术与模式［M］. 北京：中国林业出版社.

徐淑升，严淑青，谢素美，等，2022. 海洋生态修复项目监管的现状、问题与建议［J］. 海洋开发与管理（10）：86-90.

徐淑升，郑兆勇，陆遥，等，2021. 从政策、资金和技术三者关系探讨破解海洋生态修复难题［J］. 海洋开发与管理（6）：65-69.

徐文力，赵云皓，卢静，等，2023. 基于典型案例的近岸海域环境整治 EOD 模式实施路径研究［J］.

　　生态经济（12）：1447；1458.

徐尧，巫丹，袁鑫，等，2023. 江苏省美丽海湾建设实践路径及对策建议［J］. 海洋开发与管理（11）：83-92.

杨波，付辉，郭世麒，等，2023. 中国海洋生态保护与绿色发展［J］. 科技导报，41（22）：22-29.

杨红生，许帅，林承刚，等，2020. 典型海域生境修复与生物资源养护研究进展［J］. 海洋与湖沼，51（4）：809-820.

杨林，沈春蕾，2024. 海洋碳汇产品价值实现的困境与对策［J］. 东南学术（1）：92-102.

永智丞，刘吉平，司薇，2020. 向海退化盐沼湿地修复效果评估［J］. 生态学报，40（20）：7401-7409.

翟磊，赵紫涵 .2022. 社会资金参与生态保护修复项目的路径探讨［J］. 项目管理技术，20（12）：87-92.

张翠萍，贾后磊，吴玲玲，等，2020. 海堤生态化建设技术的研究进展及推进我国海堤生态化建设的建议［J］. 海洋开发与管理（9）：57-61.

张琥顺，仲霞铭，王燕平，等，2023. 海洋渔业生态损害补偿研究进展［J］. 生态学杂志（12）：1615-1622.

张林波，虞慧怡，郝超志，等，2021. 国内外生态产品价值实现的实践模式与路径［J］. 环境科学研究，34（6）：1407-1416.

张妙，巢移，皇甫荣荣，2024. 上海滨海海岸带生态修复方案与实施路径探讨［J］. 中国水运（2）：64-66.

张小霞，陈新平，米硕，等，2020. 我国生物海岸修复现状及展望［J］. 海洋通报，39（1）：1-11.

张志卫，刘志军，刘建辉，2018. 我国海洋生态保护修复的关键问题和攻坚方向［J］. 海洋开发与管理（10）：26-30.

赵博，张盼，于永海，等，2021. 渤海海洋生态修复现状、不足及建议［J］. 海洋环境科学，40（6）：975-980.

赵丹，2018. 中国海洋生态损害赔偿制度研究［D］. 杭州：浙江大学 .

朱晖，高海淳，2020. 美国海洋环境保护立法体系及其启示［J］. 浙江海洋大学学报（人文科学版），37（6）：42-47.